KB052120

2024

조경기능사 필기 900제

시스컴

2024

조경기능사 필기 900제

인쇄일 2024년 1월 5일 2판 1쇄 인쇄
발행일 2024년 1월 10일 2판 1쇄 발행
등 록 제17-269호
판 권 시스컴2024

ISBN 979-11-6941-256-8 13520
정 가 16,000원

발행처 시스컴 출판사
발행인 송인식
지은이 이성수

주소 서울시 금천구 가산디지털1로 225, 514호(가산포휴) | **홈페이지** www.nadoogong.com
E-mail siscombooks@naver.com | **전화** 02)866-9311 | **Fax** 02)866-9312

이 책의 무단 복제, 복사, 전재 행위는 저작권법에 저촉됩니다. 파본은 구입처에서 교환하실 수 있습니다.
발간 이후 발견된 정오 사항은 나두공 홈페이지 도서 정오표에서 알려드립니다(나두공 홈페이지 → 자격증 → 도서정오표).

INTRO

본서는 조경기능사 자격을 취득하기 위해 학습한 내용을 기반으로 스스로의 실력을 점검할 수 있는 최종문제집이다. 국가전문자격시험인 조경기능사 교재는 시중에 많이 있지만, 본서의 경우 수험생 여러분들이 학습한 내용을 기반으로 기출 유형의 문제에 가까운 형태로 900제를 제시하여 마지막 점검을 하고 이를 체계적으로 피드백 할 수 있도록 구성하였다. 동시에 수험생들의 강한 부분, 약한 부분을 한 눈에 파악할 수 있고 시험 직전 최대의 효과를 낼 수 있도록 하는 것에 중점을 두었다.

본서는 아래와 같이 4단계의 시스템으로 수험생 여러분들의 학습내용을 향상시킬 수 있도록 하였으며 이를 살펴보면 다음과 같다.

01 CBT 모의고사 · PBT 모의고사

실전에 가장 가까운 형태의 문제들을 출제기준에 맞추어 실제 시험을 보는 것과 동일한 문항으로 제시하여 수험생 스스로가 시간을 재고 풀어봄으로써 실전감각을 쌓을 수 있도록 하였다. 이해를 필요로 하는 그림 형태의 문제들을 삽입함으로써 글로써만 제시되는 문제가 아닌 그림 형태의 문제를 빠르게 이해함으로써 실전 시험에 자신감을 불어넣을 수 있도록 하였다.

02 정답 및 해설

해당 문제에 대한 정답 및 해설을 제공하여 문제에서 요구하는 사항이 무엇인지, 내용에 대한 이해도를 효과적으로 높일 수 있도록 구성하였다.

03 빈출 개념 문제 300제

조경기능사 시험에 실제 출제된 문항 중 빈출의 횟수가 많은 부분들을 여러 가지 형태의 문제로 다각화하여 응용이 가능하도록 구성하였다. 그 만큼 많이 접해봄으로써 실전에서도 떨지 않고 바로 문제풀이를 할 수 있도록 하였다.

본서는 수험생 여러분들이 많이 풀어보고 눈에 자주 익힘으로써 조경기능사 필기시험에 익숙해지고 짧은 시간 안에 스스로의 실력향상과 더불어 고득점을 취득하는데 주안점을 두고 기획되었으므로 최소의 노력으로 최대의 효과를 거둘 수 있을 것이라 확신한다.

조경기능사 시험안내

수행직무

자연환경과 인문환경에 대한 현장조사를 수행하여 기본구상 및 기본계획을 이해하고 부분적 실시설계를 이해하고, 현장여건을 고려하여 시공을 통해 조경 결과물을 도출하고 이를 관리하는 행위를 수행하는 직무

관련부처

국토교통부

실시기관명

한국산업인력공단

실시기관 홈페이지

http://www.q-net.or.kr

진로 및 전망

① 조경식재 및 조경시설물 설치공사업체, 공원(실내, 실외), 학교, 아파트 단지 등의 관리부서, 정원수 및 재배업체에 취업할 수 있으며, 거의 대부분 일용직으로 근무 하고 있다.

② 조경공사는 건축물이 어느 정도 완공된 시점부터 시작되므로 건설경기가 회복된 시점 보다 1~2년 정도 늦게 나타나게 된다. 따라서 조경기능사 자격취득자에 대한 인력수요는 당분간 현수준을 유지할 것으로 보이지만 각종 자연의 파괴, 대기오염, 수질오염 및 소음 등 각종 공해문제가 대두됨으로써 쾌적한 생활환경에 대한 욕구를 충족시키기 위해 조경에 대한 중요성이 증대되어 장기적으로 인력수요는 증가할 전망이다.

관련학과

전문계 고등학교의 조경과, 원예과, 농학과

시험과목 및 수수료

구분	시험과목	수수료
필기	1. 조경일반 2. 조경재료 3. 조경시공및관리	14,500원
실기	• 1일차 : 동영상 접수(도면설계작업, 수목감별) • 2일차 : 조경시공 접수(조경실무 작업 2개 과제)	30,400원

검정방법 및 출제문항수

구분	검정방법	시험시간	문제수
필기	객관식 4지 택일형	60분	60문항
실기	작업형	3시간 30분 내외	–

합격기준

100점 만점 60점 이상

조경기능사 시험안내

출제기준(필기)

(2022.1.1.~2024.12.31. 출제기준)

필기과목명	문제수	주요항목	세부항목	세세항목
조경설계, 조경시공, 조경관리	60	1. 조경양식의 이해	1. 조경일반	1. 조경의 목적 및 필요성 2. 조경과 환경요소 3. 조경의 범위 및 조경의 분류
			2. 서양조경 양식	1. 고대 국가 2. 영국 3. 프랑스 4. 이탈리아 5. 미국 6. 이슬람 국가 및 기타
			3. 동양조경 양식	1. 한국의 조경 2. 중국/일본의 조경 3. 기타 국가 조경
		2. 조경계획	1. 자연, 인문, 사회 환경 조사분석	1. 지형 및 지질조사 2. 기후조사 3. 토양조사 4. 수문조사 5. 식생조사 6. 토지이용조사 7. 인구 및 산업조사 8. 역사 및 문화유적조사 9. 교통조사 10. 시설물조사 11. 기타 조사
			2. 조경 관련 법	1. 도시공원 관련 법 2. 자연공원 관련 법 3. 기타 관련 법
			3. 기능분석	1. 환경심리학 2. 환경지각, 인지, 태도 3. 미적 지각 · 반응 4. 문화적, 사회적, 감각적 환경 5. 척도와 인간 6. 도시환경과 인간 7. 자연환경과 인간 8. 환경시설 연구방법
			4. 분석의 종합, 평가	1. 기능분석 2. 규모분석 3. 구조분석 4. 형태분석
			5. 기본구상	1. 기본개념의 확정 2. 프로그램의 작성 3. 도입시설의 선정 4. 수요측정하기 5. 다양한 대안의 작성 6. 대안 평가하기
			6. 기본계획	1. 토지이용계획 2. 교통동선계획 3. 시설물배치계획 4. 식재계획 5. 공급처리시설계획 6. 기타계획
		3. 조경기초설계	1. 조경디자인요소 표현	1. 레터링기법 2. 도면기호 표기 3. 조경재료 표현 4. 조경기초도면 작성 5. 제도용구 종류와 사용법 6. 디자인 원리
			2. 전산응용도면(CAD) 작성	1. 전산응용장비 운영 2. CAD 기초지식

필기과목명	문제수	주요항목	세부항목	세세항목
			3. 적산	1. 조경적산 2. 조경 표준품셈
		4. 조경설계	1. 대상지 조사	1. 대상지 현황조사 2. 기본도(basemap) 작성 3. 현황분석도 작성
			2. 관련분야 설계 검토	1. 건축도면 이해 2. 토목도면 이해 3. 설비도면 이해
			3. 기본계획안 작성	1. 기본구상도 작성 2. 조경의 구성과 연출 3. 조경소재 재질과 특성
			4. 조경기반 설계	1. 부지 정지설계 2. 급 · 배수시설 배치 3. 조경구조물 배치
			5. 조경식재 설계	1. 조경의 식재기반 설계 2. 조경식물 선정과 배치 3. 식재 평면도, 입면도 작성
			6. 조경시설 설계	1. 시설 선정과 배치 2. 수경시설 설계 3. 포장설계 4. 조명설계 5. 시설 배치도, 입면도 작성
			7. 조경설계도서 작성	1. 조경설계도면 작성 2. 조경 공사비 산출 3. 조경공사 시방서 작성
		5. 조경식물	1. 조경식물 파악	1. 조경식물의 성상별 종류 2. 조경식물의 분류 3. 조경식물의 외형적 특성 4. 조경식물의 생리 · 생태적 특성 5. 조경식물의 기능적 특성 6. 조경식물의 규격
		6. 기초 식재공사	1. 굴취	1. 수목뿌리의 특성 2. 뿌리분의 종류 3. 굴취공정 4. 뿌리분 감기 5. 뿌리 절단면 보호 6. 굴취 후 운반
			2. 수목 운반	1. 수목 상하차작업 2. 수목 운반작업 3. 수목 운반상 보호조치 4. 수목 운반장비와 인력 운용
			3. 교목 식재	1. 교목의 위치별, 기능별 식재방법 2. 교목식재 장비와 도구 활용방법
			4. 관목 식재	1. 관목의 위치별, 기능별 식재방법 2. 관목식재 장비와 도구 활용방법
			5. 지피 초화류 식재	1. 지피 초화류의 위치별, 기능별 식재방법 2. 지피 초화류식재 장비와 도구 활용방법
		7. 잔디식재공사	1. 잔디 시험시공	1. 잔디 시험시공의 목적 2. 잔디의 종류와 특성 3. 잔디 파종법과 장단점 4. 잔디 파종 후 관리
			2. 잔디 기반 조성	1. 잔디 식재기반 조성 2. 잔디 식재지의 급 · 배수 시설 3. 잔디 기반조성 장비의 종류
			3. 잔디 식재	1. 잔디의 규격과 품질 2. 잔디 소요량 산출 3. 잔디식재 공법 4. 잔디식재 후 관리

조경기능사 시험안내

필기과목명	문제수	주요항목	세부항목	세세항목
			4. 잔디 파종	1. 잔디 파종시기 2. 잔디 파종방법 3. 잔디 발아 유지관리 4. 잔디 파종 장비와 도구
		8. 실내조경공사	1. 실내조경기반 조성	1. 실내환경 조건 2. 실내 조경시설 구조 3. 실내식물의 생태적 · 생리적 특성 4. 실내조명과 조도 5. 방수공법 6. 방근재료
			2. 실내녹화기반 조성	1. 실내녹화기반의 역할과 기능 2. 인공토양의 특성과 품질 3. 실내녹화기반시설 위치 선정
			3. 실내조경 시설 · 점경물 설치	1. 실내조경 시설과 점경물의 종류 2. 실내조경 시설과 점경물의 설치
			4. 실내식물 식재	1. 실내식물의 장소와 기능별 품질 2. 실내식물 식재시공 3. 실내식물의 생육과 유지관리
		9. 조경인공재료	1. 조경인공재료 파악	1. 조경인공재료의 종류 2. 조경인공재료의 종류별 특성 3. 조경인공재료의 종류별 활용 4. 조경인공재료의 규격
		10. 조경시설물공사	1. 시설물 설치 전 작업	1. 시설물의 수량과 위치 파악 2. 현장상황과 설계도서 확인
			2. 측량 및 토공	1. 토양의 분류 및 특성(지형묘사, 등고선, 토량변화율 등) 2. 기초측량 3. 정지 및 표토복원 4. 기계장비의 활용
			3. 안내시설물 설치	1. 안내시설물의 종류 2. 안내시설물 설치위치 선정 3. 안내시설물 시공방법
			4. 옥외시설물 설치	1. 옥외시설물의 종류 2. 옥외시설물 설치위치 선정 3. 옥외시설물 시공방법
			5. 놀이시설 설치	1. 놀이시설의 종류 2. 놀이시설 설치위치 선정 3. 놀이시설 시공방법
			6. 운동시설 설치	1. 운동시설의 종류 2. 운동시설 설치위치 선정 3. 운동시설 시공방법
			7. 경관조명시설 설치	1. 경관조명시설의 종류 2. 경관조명시설 설치위치 선정 3. 경관조명시설 시공방법
			8. 환경조형물 설치	1. 환경조형물의 종류 2. 환경조형물 설치위치 선정 3. 환경조형물 시공방법
			9. 데크시설 설치	1. 데크시설의 종류 2. 데크시설 설치위치 선정 3. 데크시설 시공방법
			10. 펜스 설치	1. 펜스의 종류 2. 펜스 설치위치 선정 3. 펜스 시공방법
			11. 수경시설	1. 수경시설의 종류 2. 수경시설 설치위치 선정 3. 수경시설 시공방법
			12. 조경석 (인조암)설치	1. 조경석(인조암)의 종류 2. 조경석(인조암) 설치위치 선정 3. 조경석(인조암) 시공방법

필기과목명	문제수	주요항목	세부항목	세세항목
			13. 옹벽 등 구조물 설치	1. 옹벽 등 구조물의 종류 2. 옹벽 등 구조물 설치위치 선정 3. 옹벽 등 구조물 시공방법
			14. 생태조경 설치(빗물처리시설, 생태못, 인공습지, 비탈면, 훼손지, 생태숲)	1. 생태조경의 종류 2. 생태조경 설치위치 선정 3. 생태조경 시공방법
		11. 조경포장 공사	1. 조경 포장기반 조성	1. 배수시설 및 배수체계 이해 2. 조경 포장기반공사의 종류 3. 조경 포장기반공사 공정순서 4. 조경 포장기반공사 장비와 도구
			2. 조경 포장경계 공사	1. 조경 포장경계공사의 종류 2. 조경 포장경계공사 방법 3. 조경 포장경계공사 공정순서 4. 조경 포장경계공사 장비와 도구
			3. 친환경 흙포장 공사	1. 친환경흙포장공사의 종류 2. 친환경흙포장공사 방법 3. 친환경흙포장공사 공정순서 4. 친환경흙포장공사 장비와 도구
			4. 탄성포장 공사	1. 탄성포장공사의 종류 2. 탄성포장공사 방법 3. 탄성포장공사 공정순서 4. 탄성포장공사 장비와 도구
			5. 조립블록 포장 공사	1. 조립블록포장공사의 종류 2. 조립블록포장공사 방법 3. 조립블록포장공사 공정순서 4. 조립블록포장공사 장비와 도구
			6. 조경 투수포장 공사	1. 조경 투수포장공사의 종류 2. 조경 투수포장공사 방법 3. 조경 투수포장공사 공정순서 4. 조경 투수포장공사 장비와 도구
			7. 조경 콘크리트포장 공사	1. 조경 콘크리트포장공사의 종류 2. 조경 콘크리트포장공사 방법 3. 조경 콘크리트포장공사 공정순서 4. 조경 콘크리트포장공사 장비와 도구
		12. 조경공사 준공전 관리	1. 병해충 방제	1. 병해충 종류 2. 병해충 방제방법 3. 농약 사용 및 취급 4. 병충해 방제 장비와 도구
			2. 관배수관리	1. 수목별 적정 관수 2. 식재지 적정 배수 3. 관배수 장비와 도구
			3. 토양관리	1. 토양상태에 따른 수목 뿌리의 발달 2. 물리적 관리 3. 화학적 관리 4. 생물적 관리
			4. 시비관리	1. 비료의 종류 2. 비료의 성분 및 효능 3. 시비의 적정시기와 방법 4. 비료 사용 시 주의사항 5. 시비 장비와 도구
			5. 제초관리	1. 잡초의 발생시기와 방제방법 2. 제초제 방제 시 주의 사항 3. 제초 장비와 도구
			6. 전정관리	1. 수목별 정지전정 특성 2. 정지전정 도구 3. 정지전정 시기와 방법
			7. 수목보호 조치	1. 수목피해의 종류 2. 수목 손상과 보호조치
			8. 시설물 보수 관리	1. 시설물 보수작업의 종류 2. 시설물 유지관리 점검리스트

조경기능사 시험안내

필기과목명	문제수	주요항목	세부항목	세세항목
		13. 일반 정지전정 관리	1. 연간 정지전정 관리 계획 수립	1. 정지전정의 목적 2. 수종별 정지전정계획 3. 정지전정 관리 소요예산
			2. 굵은 가지치기	1. 굵은 가지치기 시기 2. 굵은 가지치기 방법 3. 굵은 가지치기 장비와 도구 4. 상처부위 보호 5. 굵은 가지치기 작업 후 관리
			3. 가지 길이 줄이기	1. 가지 길이 줄이기 시기 2. 가지 길이 줄이기 방법 3. 가지 길이 줄이기 장비와 도구 4. 가지 길이 줄이기 작업 후 관리
			4. 가지 솎기	1. 가지 솎기 대상 가지 선정 2. 가지 솎기 방법 3. 가지 솎기 장비와 도구 4. 가지 솎기 작업 후 관리
			5. 생울타리 다듬기	1. 생울타리 다듬기 시기 2. 생울타리 다듬기 방법 3. 생울타리 다듬기 장비와 도구 4. 생울타리 다듬기 작업 후 관리
			6. 가로수 가지치기	1. 가로수의 수관 형상 결정 2. 가로수 가지치기 시기 3. 가로수 가지치기 방법 4. 가로수 가지치기 장비와 도구 5. 가로수 가지치기 작업 후 관리 6. 가로수 가지치기 작업안전수칙
			7. 상록교목 수관 다듬기	1. 상록교목 수관 다듬기 시기 2. 상록교목 수관 다듬기 방법 3. 상록교목 수관 다듬기 장비와 도구 4. 상록교목 수관 다듬기 작업 후 관리
			8. 화목류 정지전정	1. 화목류 정지전정 시기 2. 화목류 정지전정 방법 3. 화목류 정지전정 장비와 도구 4. 화목류 정지전정 작업 후 관리
			9. 소나무류 순 자르기	1. 소나무류의 생리와 생태적 특성 2. 소나무류의 적아와 적심 3. 소나무류 순 자르기 시기 4. 소나무류 순 자르기 방법 5. 소나무류 순 자르기 장비와 도구 6. 소나무류 순 자르기 작업 후 관리
		14 관수 및 기타 조경관리	1. 관수 관리	1. 관수시기 2. 관수방법 3. 관수장비
			2. 지주목 관리	1. 지주목의 역할 2. 지주목의 크기와 종류 3. 지주목 점검 4. 지주목의 보수와 해체
			3. 멀칭 관리	1. 멀칭재료의 종류와 특성 2. 멀칭의 효과 3. 멀칭 점검
			4. 월동 관리	1. 월동 관리재료의 특성 2. 월동 관리대상 식물 선정 3. 월동 관리방법 4. 월동 관리재료의 사후처리
			5. 장비 유지 관리	1. 장비 사용법과 수리법 2. 장비 유지와 보관 방법
			6. 청결 유지 관리	1. 관리대상지역 청결 유지관리 시기 2. 관리대상지역 청결 유지관리 방법 3. 청소도구

필기과목명	문제수	주요항목	세부항목	세세항목
			7. 실내 식물 관리	1. 실내식물 점검 2. 실내식물 유지관리방법 3. 입면녹화시설 점검 4. 입면녹화시설 유지관리방법
		15. 초화류관리	1. 계절별 초화류 조성 계획	1. 초화류 조성 위치 2. 초화류 연간관리계획
			2. 시장 조사	1. 초화류 시장조사계획과 가격조사 2. 초화류의 유통구조
			3. 초화류 시공 도면작성	1. 초화류 식재 소요량 산정 2. 초화류 식재 설계도 작성
			4. 초화류 구매	1. 초화류 구매방법 2. 초화류 반입계획
			5. 식재기반 조성	1. 식재기반 구획경계 2. 객토 등 배양토 혼합
			6. 초화류 식재	1. 시공도면에 따른 초화류 배치 2. 초화류 식재도구
			7. 초화류 관수 관리	1. 초화류 관수시기 2. 초화류 관수방법 3. 초화류 관수장비
			8. 초화류 월동 관리	1. 초화류 월동관리재료 2. 초화류 월동관리재료 설치 3. 초화류 월동관리재료의 사후처리
			9. 초화류 병충해 관리	1. 초화류 병충해 관리 작업지시서 이해 2. 초화류 농약의 구분과 안전관리 3. 초화류 농약조제와 살포
		16. 조경시설물관리	1. 급배수시설	1. 급배수시설의 점검시기 2. 급배수시설의 유지관리 방법
			2. 포장시설	1. 포장시설의 점검시기 2. 포장시설의 유지관리 방법
			3. 놀이시설물	1. 놀이시설물의 점검시기 2. 놀이시설물의 유지관리 방법
			4. 편의시설	1. 편의시설의 점검시기 2. 편의시설의 유지관리 방법
			5. 운동시설	1. 운동시설의 점검시기 2. 운동시설의 유지관리 방법
			6. 경관조명 시설	1. 경관조명시설의 점검시기 2. 경관조명시설의 유지관리 방법
			7. 안내시설물	1. 안내시설물의 점검시기 2. 안내시설물의 유지관리 방법
			8. 수경시설	1.수경시설의 점검시기 2.수경시설의 유지관리 방법
			9. 생태조경시설(빗물처리시설, 생태못, 인공습지, 비탈면, 훼손지, 생태숲)	1. 생태조경시설의 점검시기 2. 생태조경시설의 유지관리 방법

구성 및 특징

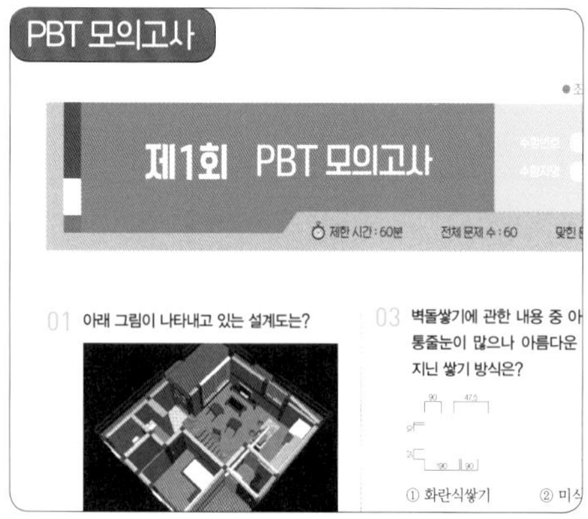

수험생 여러분이 다양한 문제 형식을 접했으면 하는 마음으로 PBT 모의고사를 준비하였습니다. 핵심이론과 관련된 문제들을 수록하였습니다.

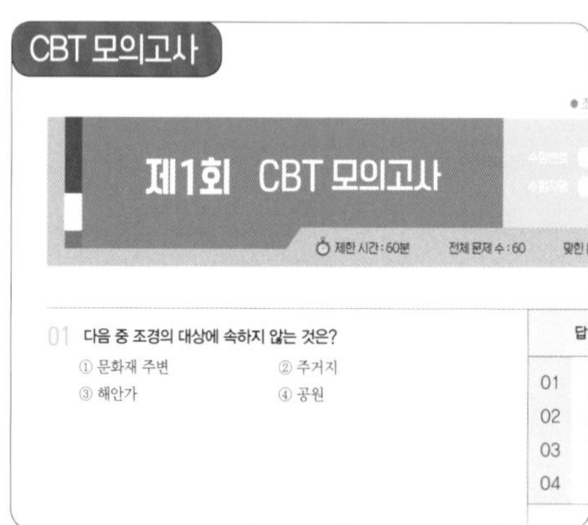

실제 CBT 필기시험과 유사한 형태의 실전모의고사를 통해 실제로 시험을 마주하더라도 문제없이 시험에 응시할 수 있도록 5회분을 실었습니다.

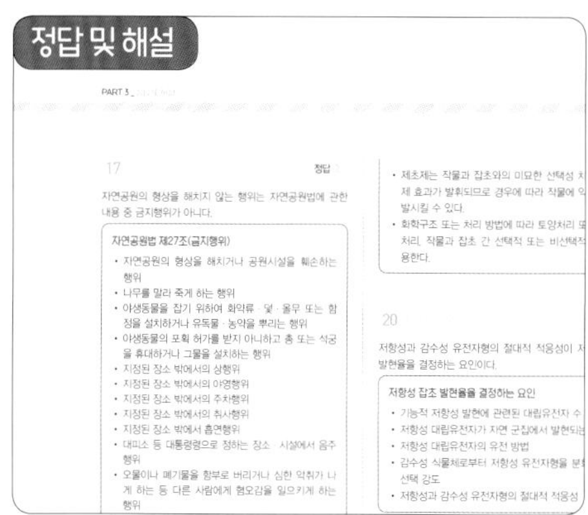

정답 및 해설

PART 3

17 정답

자연공원의 형상을 해치지 않는 행위는 자연공원법에 관한 내용 중 금지행위가 아니다.

자연공원법 제27조(금지행위)

- 자연공원의 형상을 해치거나 공원시설을 훼손하는 행위
- 나무를 말라 죽게 하는 행위
- 야생동물을 잡기 위하여 화약류 · 덫 · 올무 또는 함정을 설치하거나 유독물 · 농약을 뿌리는 행위
- 야생동물의 포획 허가를 받지 아니하고 총 또는 석궁을 휴대하거나 그물을 설치하는 행위
- 지정된 장소 밖에서의 상행위
- 지정된 장소 밖에서의 야영행위
- 지정된 장소 밖에서의 주차행위
- 지정된 장소 밖에서의 취사행위
- 지정된 장소 밖에서 흡연행위
- 대피소 등 대통령령으로 정하는 장소 · 시설에서 음주행위
- 오물이나 폐기물을 함부로 버리거나 심한 악취가 나게 하는 등 다른 사람에게 혐오감을 일으키게 하는 행위

- 제초제는 작물과 잡초와의 미묘한 선택성 차
제 효과가 발휘되므로 경우에 따라 작물에 약
발시킬 수 있다.
- 화학구조 또는 처리 방법에 따라 토양처리 또
처리, 작물과 잡초 간 선택적 또는 비선택적
용한다.

20

저항성과 감수성 유전자형의 절대적 적응성이 저
발현율을 결정하는 요인이다.

저항성 잡초 발현율을 결정하는 요인

- 기능적 저항성 발현에 관련된 대립유전자 수
- 저항성 대립유전자가 자연 군집에서 발현되는
- 저항성 대립유전자의 유전 방법
- 감수성 식물체로부터 저항성 유전자형을 분
선택 강도
- 저항성과 감수성 유전자형의 절대적 적응성

빠른 정답 찾기로 문제를 빠르게 채점할 수 있고, 각 문제의 해설을 상세하게 풀어내어 문제 개념을 이해하기 쉽도록 하였습니다.

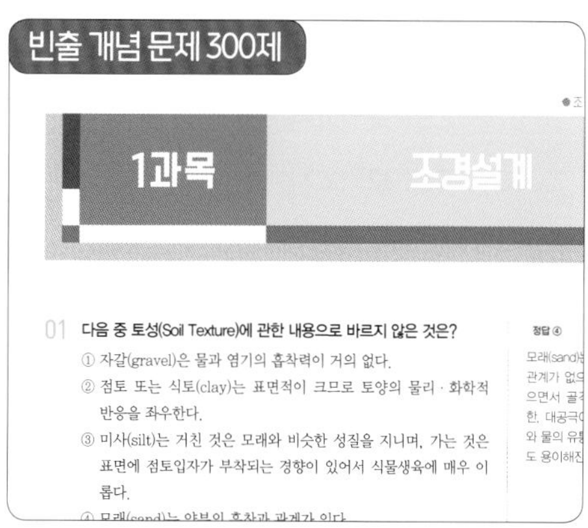

빈출 개념 문제 300제

1과목 조경설계

01 다음 중 토성(Soil Texture)에 관한 내용으로 바르지 않은 것은?

① 자갈(gravel)은 물과 염기의 흡착력이 거의 없다.
② 점토 또는 식토(clay)는 표면적이 크므로 토양의 물리 · 화학적 반응을 좌우한다.
③ 미사(silt)는 거친 것은 모래와 비슷한 성질을 지니며, 가는 것은 표면에 점토입자가 부착되는 경향이 있어서 식물생육에 매우 이롭다.

정답 ④

모래(sand)는
관계가 없으
으면서 골격
한. 대공극이
와 물의 유동
도 용이해진

단원별 빈출 개념을 모아서 시험 전 꼭 보고 들어가야 할 300문제를 수록하였습니다. 동일 페이지에서 정답을 바로 확인할 수 있도록 우측에 답안을 배치하였습니다.

목 차

PART 1 PBT 모의고사

PART 2 CBT 모의고사

PART 3 정답 및 해설

PART 4 빈출 개념 문제 300제

Study Plan

영역		학습일	학습시간	정답 수
PBT 모의고사	1회			/60
	2회			/60
	3회			/60
	4회			/60
	5회			/60
CBT 모의고사	1회			/60
	2회			/60
	3회			/60
	4회			/60
	5회			/60
빈출 개념 문제 300제	조경설계			/100
	조경시공			/100
	조경관리			/100

SISCOM Special Information Service Company
독자분들께 특별한 정보를 제공하고자 노력하는 마음

www.siscom.co.kr

조경기능사 필기

Craftsman Landscape Architecture

PART 1

PBT 모의고사

CRAFTSMAN
LANDSCAPE
ARCHITECTURE

제1회 PBT 모의고사

수험번호
수험자명

제한 시간 : 60분 전체 문제 수 : 60 맞힌 문제 수 :

01 아래 그림이 나타내고 있는 설계도는?

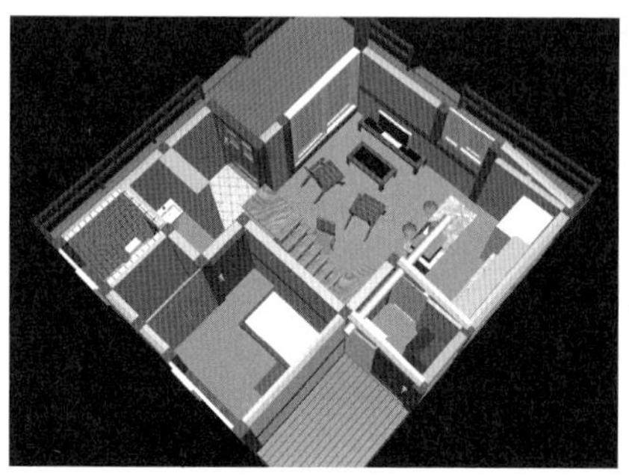

① 상세도 ② 단면도
③ 평면도 ④ 입면도

02 다음 중 쓰레기 등을 적재할 때 사용하는 굴착 기계의 부속장치로 적절한 것은?

①
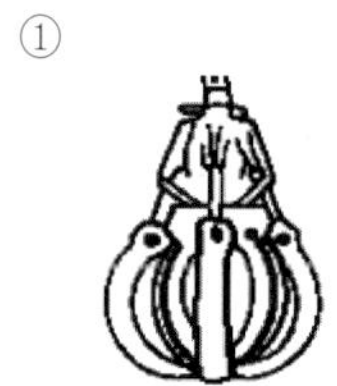

②

③

④

03 벽돌쌓기에 관한 내용 중 아래 그림과 같이 통줄눈이 많으나 아름다운 외관의 장점을 지닌 쌓기 방식은?

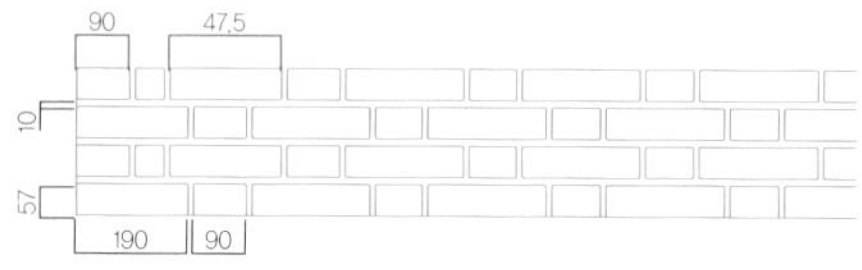

① 화란식쌓기 ② 미식쌓기
③ 영식쌓기 ④ 프랑스식 쌓기

04 자연공원법에 관한 내용 중 공원관리청은 공원구역 중 일정한 지역을 자연공원 특별보호구역 또는 임시 출입 통제구역으로 지정하여 일정 기간 사람의 출입 또는 차량의 통행을 금지·제한하거나, 일정한 지역을 탐방 예약구간으로 지정하여 탐방객 수를 제한할 수 있는데, 이에 해당하지 않는 것은?

① 자연공원에 들어가는 자의 안전을 위한 경우
② 자연적 또는 인위적인 요인으로 훼손된 자연의 회복을 위한 경우
③ 자연생태계와 자연경관 등 자연공원의 보호를 위한 경우
④ 자연공원의 비체계적인 보전관리를 위하여 필요한 경우

05 다음 중 유도식재에 해당하지 않는 것은?

① 계수나무 ② 잣나무
③ 피나무 ④ 구상나무

06 삼식재에 대한 내용 중 환경조절에 속하는 것을 모두 고르면?

ㄱ. 차폐식재 ㄴ. 경계식재
ㄷ. 지표식재 ㄹ. 방화식재
ㅁ. 지피식재

① ㄱ, ㄴ, ㅁ ② ㄴ, ㄷ, ㄹ
③ ㄷ, ㅁ ④ ㄹ, ㅁ

07 아래 그림과 같은 축석공사는?

① 견치석 쌓기 ② 무너짐 쌓기
③ 호박돌 쌓기 ④ 평석 쌓기

08 다음 중 시설 내 기온의 상하 분포가 달라지는 이유는?

① 상하 공중습도의 차이 때문이다.
② 공기의 대류현상이 있기 때문이다.
③ 주야간 온도교차가 크기 때문이다.
④ 노지보다 지온이 낮기 때문이다.

09 온실 내 공기의 조성성분 가운데 가장 큰 비중을 차지하는 것은?

① 질소 ② 산소
③ 수소 ④ 이산화탄소

10 시설토양의 전기전도도가 높다는 것은 어떤 의미인가?

① 염류농도가 높다.
② 수분함량이 낮다.
③ 점토함량이 높다.
④ 토양공극이 적다.

11 다음 중 수경재배에서 가장 널리 이용되는 용수는?

① 하천수 ② 지하수
③ 증류수 ④ 수돗물

12 다음 중 시설 재배에서 객토를 하는 가장 큰 이유는?

① 토양 통기성을 개선하기 위해
② 염류농도장해를 방지하기 위해
③ 토양 전염성 병해를 막기 위해
④ 바이러스를 예방하기 위해

13 다음 중 엽록소의 구성 원소로 결핍되면 잎의 황화 원인이 되는 것은?

① 질소, 인산
② 인산, 칼슘
③ 칼슘, 마그네슘
④ 질소, 마그네슘

14 다음 중 플라스틱이나 스티로폼으로 만든 베드 내에 영양액을 간헐적으로 흘러보내서 식물을 재배하는 방식으로 상하부 뿌리로부터 산소 흡수가 용이한 재배방식은?

① 분무수경
② 박막수경(NFT)
③ 암면재배
④ 담액수경(DFT)

15 다음 콘크리트용 재료 중 시멘트에 관한 설명으로 틀린 것은?

① 중용열포틀랜드시멘트는 수화작용에 따르는 발열이 적기 때문에 매스콘크리트에 적당하다.
② 알칼리 골재반응을 억제하기 위한 방법으로써 내황산염포틀랜드시멘트를 사용한다.
③ 조강포틀랜드시멘트는 조기강도가 크기 때문에 한중콘크리트공사에 주로 쓰인다.
④ 조강포틀랜드시멘트를 사용한 콘크리트의 7일 강도는 보통포틀랜드시멘트를 사용한 콘크리트의 28일 강도와 거의 비슷하다.

16 다음 중 농약의 상호작용 평가법이 아닌 것은?

① Gowing의 방법
② Colby의 방법
③ Isobole 방법
④ Bovey의 방법

17 자연공원법에 관한 내용 중 금지행위로 보기 가장 어려운 것은?

① 지정된 장소 밖에서 흡연행위
② 자연공원의 형상을 해치지 않는 행위
③ 나무를 말라 죽게 하는 행위
④ 지정된 장소 밖에서의 야영행위

18 디페닐에테르계(diphenyl ether group) 제초제의 내용으로 적절하지 않은 것은?

① 접촉형 제초제로서 잡초 발생 전에 처리하면 토양표면에 막을 형성하여 갓 발아하는 유묘가 접촉하여 고사시킨다.
② 토양에 흡착되지 않으므로 토양 중 이동성이 크다.
③ 포유동물에 대한 독성은 다른 것에 비해 상대적으로 낮다.
④ 식물체 내 이행은 아주 작거나 거의 되지 않는다.

19 다음 중 제초제의 특성으로 바르지 않은 사항은?

① 적절한 제초효과 발현을 위해 처리 방법 및 시기를 준수하여야 한다.
② 제초제를 오 · 남용하면 약해가 발생 되지만, 환경에 부담을 주지 않는다.
③ 제초제는 주변 환경에 민감하게 반응한다.
④ 제초제는 다른 방제법보다 저렴하고 빠르게 잡초를 방제할 수 있다.

20 다음 중 저항성 잡초 발현율을 결정하는 요인으로 바르지 않은 것은?

① 기능적 저항성 발현에 관련된 대립유전자 수
② 저항성 대립유전자의 유전 방법
③ 저항성 대립유전자가 자연 군집에서 발현되는 빈도
④ 저항성과 감수성 유전자형의 상대적 적응성

21 다음 점토광물 중에서 양이온교환용량이 가장 낮은 것은?

① 일라이트군
② 카올리나이트
③ 몽모리오나이트군
④ 벤토나이트

22 다음 중 우리나라 토양환경보전법 상 오염물질이 아닌 것은?

① Cu ② Cd
③ Co ④ Zn

23 다음 비료 중에서 부숙유기질 비료에 속하지 않는 비료는?

① 가축분퇴비
② 퇴비
③ 혼합유기질 비료
④ 분뇨잔사

24 다음 중 금속재에 관한 내용으로 옳지 않은 것은?

① 금속재는 부식되지 않는 금속으로 된 것을 채택하거나 부식방지를 위한 도장·도금처리 등 표면 보호조치를 하도록 반영한다.
② 접합 부위나 마감 부위는 이용자의 안전을 위해 외부로 돌출하도록 처리한다.
③ 강은 성질에 부합되는 구조재로 사용해야 하며, 특수한 성질이 필요한 경우에는 다른 금속을 적당량 첨가한 특수강을 사용할 수 있다.
④ 스테인리스강은 외부공간에 노출되더라도 녹슬지 않는 종류를 채택한다.

25 다음 중 경관조사 분석에 관한 사항으로 바르지 않은 것은?

① 경관의 조사 분석 및 평가는 우수한 자연경관, 역사 문화 경관지역이 개발사업으로 인한 경관의 훼손, 변화가 예상되는 사업에 적용한다.
② 대상 사업의 중요한 구조물, 공간, 기타 시설물로서 사업 시행에 의해 직접적으로 영향을 받는 지역과 주변 지역에 경관적 영향을 미치는 구역을 가시 지역으로 하여 가시권과 비가시권으로 구분하며, 가시권 내에서 주요 이동통로를 선정하여 위치변동에 따른 이동 경관을 분석한다.
③ 경관평가는 정성적 방법으로 하는 것을 원칙으로 하며, 책임자가 정성적 평가가 어렵다고 판단할 경우에는 정량적 방법으로 대신할 수 있다.
④ 조사 분석은 경관의 특성을 이해하는 데 초점을 두기보다는 주요 시각 자원으로써 주변 경관과 조화된 개발사업으로 유도하고, 경관 훼손을 저감하는 대안 제시를 포함한다.

26 관광지 및 휴양지의 조경에 관한 설명으로 가장 거리가 먼 것은?

① 유원지의 경우 토지의 제약을 받기 쉬우므로 토지의 집약적 이용을 고려한 설계가 바람직하다.
② 수변 · 해양 관광휴양지의 경우 수변공간과 육상공간과의 연계성 확보는 수변 생태계의 교란을 최대화하도록 고려한다.
③ 농어촌휴양지의 경우 시설은 기존 농촌 경관을 훼손하지 않는 범위 내에서 설치하고, 이용자의 휴양과 더불어 농어촌의 소득원이 될 수 있는 시설을 중점적으로 고려한다.
④ 온천관광휴양지의 경우 노천탕 등 자연의 경관적 요소를 직접 이용할 수 있도록 조경적으로 설계하며 단순한 목욕행태와 야외휴식이 가능하도록 옥외시설을 적정 배치한다.

27 문화재 및 사적지의 조경에 관한 내용 중 바르지 않은 것은?

① 사적지의 경우 역사 문화유적의 시대적 배경에 부합하도록 역사성에 어울리는 소재, 디자인 요소, 마감 방법 등을 고려한다.
② 민속촌의 입지는 풍수의 개념을 고려하여 정하고, 민속시설물과 공간구성은 우리나라 고건축의 외부공간 특성을 반영한다.
③ 전적지는 자연 지형의 변화 및 훼손이 없는 범위 내에서 주변과 조화되게 설계한다.
④ 전적지의 경우 관리자가 별도로 상주하는 점을 고려하여 관리 측면을 설계한다.

28 다음 중 휴게시설의 재료 품질 기준으로 바르지 않은 것은?

① 햇빛이나 비(수분)에 직접적으로 노출되는 부위는 내구성이 있는 재료를 사용한다.
② 의자나 탁자 등의 표면은 오염이 안 되고 청소하기 쉬운 마감 방법으로 설계한다.
③ 지붕재로서 합성수지나 막재료를 사용할 경우 변색이나 형태 변화가 일어나지 않도록 자외선 및 열에 대해 저항성이 큰 것을 사용한다.
④ 의자에 사용되는 재료는 내수성이 낮고, 열 흡수율이 높은 재료를 선정해야 한다.

29 다음 중 정자의 배치, 형태 및 규격에 관한 내용으로 부적절한 것은?

① 언덕 · 절벽 위 · 하천변 등 자연경관이 수려한 장소와 조망성이 뛰어난 장소에 주변 경관과의 조화를 고려하여 배치한다.
② 구조는 안전과 휴게 기능을 고려하여 마루 및 난간이 없는 형태, 마루 없이 기둥과 지붕만 있는 형태로 구분하여 설계한다.
③ 설치장소와 설치 목적에 적합한 규모와 구조로서 주변 경관과 조화될 수 있도록 설계한다.
④ 주보행동선에서 조금 벗어나게 배치하여 휴식의 장소를 제공한다.

30 **다음 중 단위 놀이시설에서 모래밭에 관한 사항으로 적절하지 않은 것은?**

① 모래밭에는 흔들 놀이시설 등 작은 규모의 놀이시설이나 놀이벽 · 놀이조각을 배치한다.

② 모래밭에는 큰 규모의 놀이시설은 배치하지 않도록 한다.

③ 모래밭은 휴게시설에서 먼 곳에 배치한다.

④ 모래밭의 바닥은 빗물의 배수를 위하여 맹암거 · 잡석 깔기 등 적절한 배수시설을 설계한다.

31 **다음 기성 제품 놀이시설에 관한 내용으로 바르지 않은 것은?**

① 대부분의 부품들이 제조공장에서 가공 · 마감 · 도장 처리된다.

② 설치장소에서는 복잡한 조립만으로 설치되는 놀이시설을 말한다.

③ 기성 제품 놀이시설은 제품생산업체가 제출한 관련 자료를 바탕으로 기능성 · 안전성 · 경제성 · 내구성 · 마감질 · 미관 · 시공성 · 이용성 · 독창성 · 다양성 · 전문성 · 하자 · 제품보증 등의 품질을 검토한 뒤 적정하다고 판단될 경우에 설계에 반영한다.

④ 제조업체에 따라 재료 · 마감 · 색상 · 형상 등에 있어 특성이 있으므로, 하나의 놀이터에는 각 시설들이 조화를 이를 수 있도록 고려하여 선정한다.

32 **다음 운동시설 중 농구장에 관한 내용으로 옳지 않은 것은?**

① 코트의 주위에는 울타리를 치고 수목을 식재하여 방풍 역할을 하도록 한다.

② 코트는 미끄러지지 않는 포장재로 포장한다.

③ 코트는 바닥이 단단한 직사각형이어야 한다.

④ 농구코트의 방위는 동−서 축을 기준으로 한다.

33 **다음 수경시설에 관한 내용 중 설계 고려사항으로 바르지 않은 것은?**

① 적설, 동결, 바람 등 지역의 기후적 특성을 고려한다.

② 바이 패스(by pass)와 워터 디텍터(water detector)를 설치하여 수동 급수 시스템을 갖추어야 한다.

③ 원활한 급수를 위하여 충분한 수량을 확보한다.

④ 유지관리 및 점검보수가 용이하도록 설계한다.

34 다음 관리시설 중 전망대에 관한 내용으로 바르지 않은 것은?

① 공원 · 휴양림 · 유원지 등의 설계 대상 공간이나 주변 경관을 조망할 수 있는 낮은 지형에 배치한다.
② 장애인 등이 접근하기에 불편이 없도록 경사로 · 승강기 등으로 설계한다.
③ 설계 대상 공간의 성격 · 규모 · 이용량을 고려하여 규모를 결정한다.
④ 설계 대상 공간의 성격 · 규모 및 전망대 주변의 경관 등과 조화되는 형태로 설계한다.

35 다음 중 안내표지 시설의 배치에 관한 사항으로 적절하지 않은 것은?

① 한 곳에 여러 개의 표지를 배치할 경우에는 혼동을 주지 않도록 고려한다.
② 유도 안내 표지판은 보행자나 이용자로 하여금 현재의 위치에서 목적대상물까지의 유도를 위해 교통의 결절부나 진입부에 배치한다.
③ 기능 및 내용이 중복되도록 한다.
④ 종합안내표지판은 이용자가 많이 모이는 장소 등 인지도와 식별성이 높은 지역에 배치한다.

36 다음 중 나무가 인간에게 제공하는 것은?

① 맑은 공기
② 철제농기구
③ 친환경 콘크리트
④ 바위

37 다음의 내용이 설명하는 나무는?

> 우리나라에서 절개를 상징하였으며 아기가 태어났을 때 대문에 이 나뭇가지를 이용하여 금줄을 만들기도 하였고, 궁중에서 관으로 사용하기도 하여 일부 지역에서는 이 나무의 관리를 엄격하게 하였다.

① 참나무 ② 은행나무
③ 소나무 ④ 굴참나무

38 다음 중 솎아베기를 하면서 최종 수확 때까지 남길 우세한 나무에 해당하는 것은?

① 중용목 ② 보호목
③ 피압목 ④ 미래목

39 다음 환경 조형 시설의 재료선정기준으로 바르지 않은 것은?

① 석재 · 철재 · 합성수지 등 각 재료의 특성과 요구도 및 기능성을 조화시켜 선정한다.
② 작품의 특성상 신소재나 다양한 복합재료를 사용할 수 없다.
③ 재료의 특성이 작품의 내용을 충실히 전달할 수 있는지와 설치 대상지 주변 환경과의 적합성이 검토되어야 한다.
④ 내구성과 유지 관리성, 시공성, 미관성 및 환경 친화성 등 다양한 평가 항목을 고려하여 종합적으로 판단 · 선정한다.

40 **다음 경관조명 시설에서 광섬유 조명에 관한 내용으로 옳지 않은 것은?**

① 옆면조명의 경우 설계 대상 공간의 경계 표시와 같이 대상물의 윤곽을 보여주기에 적합하므로 수조 · 계단 · 데크 등과 같은 시설물이나 구조물의 윤곽선에 배치한다.
② 끝 조명의 경우 조형물 · 벽천 · 분수의 몸체나 보행로 바닥 포장의 문양 · 글씨 · 방향표지에 적용한다.
③ 조광기를 수경시설에 적용할 경우에는 수조에 먼 녹지에 배치한다.
④ 빛의 색상이나 밝기는 광섬유의 옆면이나 끝에 설치하는 재료 · 규격을 다양하게 적용하여 설계한다.

41 **다음 중 추가 피복재로는 사용할 수 없는 것은?**

① 판유리 ② 부직포
③ 연질필름 ④ 보온매트

42 **다음 최근 장미묘의 증식에 가장 많이 쓰이는 방법은?**

① 맞춤접 ② 안장접
③ 잎눈꽂이 ④ 분주

43 **다음 중 줄기의 무늬나 색깔이 흰색으로 관상의 대상이 되는 종류는?**

① 플라타너스 ② 배롱나무
③ 단풍나무 ④ 자작나무

44 **다음 중 열관류율이 높아 보온성이 가장 떨어지는 피복자재는?**

① 판유리 ② 플라스틱판
③ 염화비닐필름 ④ 폴리에틸렌필름

45 **다음 중 펠레트하우스의 가장 큰 장점은 무엇인가?**

① 보온성이 높다. ② 내구성이 크다.
③ 자동화가 쉽다. ④ 설치비가 싸다.

46 다음 중 작물생육에 유효한 토양수분의 상태는?

① 최대용수량과 포장용수량의 사이
② 포장용수량과 위조계수의 사이
③ 위조계수와 흡착계수의 사이
④ 최대용수량과 위조계수의 사이

47 다음 중 가정에서 취미오락용으로 사용하기에 바람직한 유리온실은?

① 외지붕형 온실　② 스리쿼터형 온실
③ 벤로형 온실　④ 둥근지붕형 온실

48 자연석 100ton을 절개지에 쌓으려 한다. 다음 표를 참고할 때 노임이 얼마인지 구하면?

구분	조경공	보통인부
쌓기	2.5인	2.3인
놓기	2.0인	2.0인
1일 노임	30,000원	10,000원

① 2,500,000원　② 5,600,000원
③ 8,260,000원　④ 9,800,000원

49 다음 그림과 같은 유리 온실의 내용으로 바르지 않은 것은?

① 그늘이 많아 실내가 어둡다.
② 건축비가 다소 많이 소요된다.
③ 미관이 수려하다.
④ 지붕이 반원형 또는 그에 가까운 곡선형태이다.

50 다음 중 조경에 관한 설명으로 옳지 않은 것은?

① 주택의 정원만 꾸미는 것을 말한다.
② 경관을 보존 정비하는 종합과학이다.
③ 우리의 생활환경을 정비하고 미화하는 일이다.
④ 국토 전체 경관의 보존, 정비를 과학적이고 조형적으로 다루는 기술이다.

51 다음 중 골프장 코스 중 출발지점을 무엇이라 하는가?

① 티이(tee)
② 그리인(green)
③ 페어웨이(fair way)
④ 하자드(hazard)

52 다음 중 고대 그리스에 만들어졌던 광장의 이름은?

① 아트리움 ② 길드
③ 무데시우스 ④ 아고라

53 다음 중 옥외 장치물에서 벤치, 퍼걸러, 정자 등의 시설은 무슨 시설인가?

① 휴게 시설 ② 안내 시설
③ 편익 시설 ④ 관리 시설

54 다음 중 물의 수직이동이나 뿌리의 신장에 가장 불리한 토양구조는?

① 입상 ② 원괴상
③ 판상 ④ 각주상

55 다음 중 스터블 멀칭(stubble mulching)을 하는 주된 이유는?

① 잡초방제 ② 토양수분보존
③ 온도상승 ④ 토양침식방지

56 다음 중 잔디의 특징을 잘못 설명한 것은?

① 벼과 식물이다.
② 단자엽 식물이다.
③ 일년생 식물이다.
④ 지피식물로 쓰인다.

57 다음 중 잔디밭의 배토효과와 거리가 먼 것은?

① 탯취층의 형성을 억제한다.
② 잔디면을 평탄하게 만든다.
③ 겨울철에 동해를 방지한다.
④ 부정근의 발생을 억제한다.

58 다음 다짐기계 중 전압식에 해당하지 않는 것은?

① 타이어롤러 ② 머캐덤롤러
③ 진동콤팩터 ④ 탠덤롤러

59 다음 조경구조물에서 보도교의 계획검토사항으로 옳지 않은 것은?

① 구조적으로 안정하고 경제적이어야 한다.
② 시공의 확실성, 용이성, 신속성을 고려한다.
③ 교량의 적정한 위치 및 노선 선형을 고려한다.
④ 교량계획의 내부적 제요건을 만족하여야 한다.

60 다음 중 화단을 조성하는 목적을 가장 잘 나타낸 것은?

① 온도 및 광도 조절
② 화려함과 변화감
③ 녹색공간 제공
④ 놀이터 제공

제2회 PBT 모의고사

수험번호
수험자명

제한 시간 : 60분　　전체 문제 수 : 60　　맞힌 문제 수 :

01 아래 그림이 나타내고 있는 것으로 가장 적절한 것은?

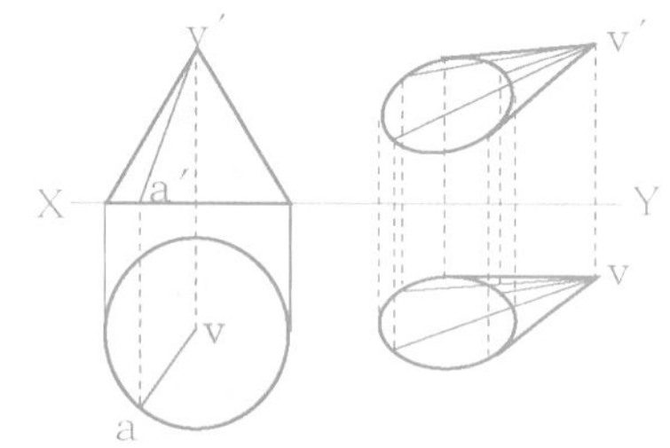

① 투시도　　② 상세도
③ 입면도　　④ 투영도

02 아래 그림과 같이 벽돌 쌓기법 중 가장 튼튼한 쌓기법을 무엇이라고 하는가?

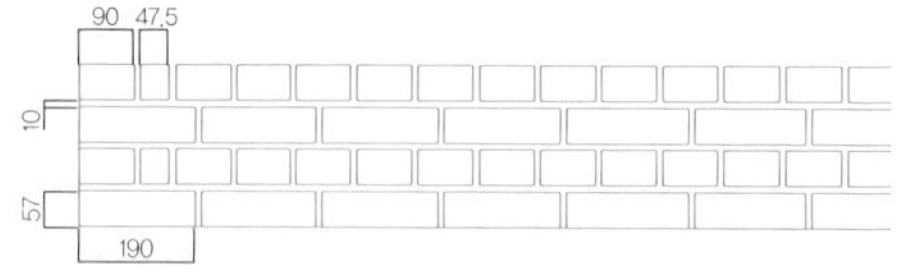

① 화란식쌓기　　② 영식쌓기
③ 미식쌓기　　④ 프랑스식쌓기

03 도시공원 및 녹지 등에 관한 법률에서 공청회 및 지방의회의 의견청취에 대한 내용으로 적절하지 않은 것은?

① 공원녹지기본계획 수립권자는 공원녹지기본계획을 수립하거나 변경하려면 미리 공청회를 열어 주민과 관계 전문가 등으로부터 의견을 들어야 한다.
② 공원녹지기본계획 수립권자는 규정에 따른 공청회, 도시공원위원회에의 자문, 지방의회의 의견청취 과정에서 제시된 의견이나 조언의 내용이 타당하다고 인정하는 경우에는 이를 공원녹지기본계획에 반영하여야 한다.
③ 공원녹지기본계획 수립권자는 공원녹지기본계획을 수립하거나 변경하기 전에 도시공원위원회에 자문할 수 있다.
④ 공원녹지기본계획 수립권자는 공원녹지기본계획을 수립하거나 변경하려면 미리 지방의회의 의견청취 절차를 거쳐야 하는데 이 경우 지방의회는 특별한 사유가 없으면 45일 이내에 의견을 제시하여야 한다.

04 다음 중 차폐식재에 속하지 않는 것은?

① 식나무 ② 잣나무
③ 계수나무 ④ 사철나무

05 다음 중 시설의 보온력을 증대시키기 위해 늘려야 하는 것은?

① 지붕면적 ② 외표면적
③ 바닥면적 ④ 창문면적

06 다음 중 시설 천장에 맺힌 물방울의 전기전도도를 측정하여 알 수 있는 것은?

① 토양 염류집적 정도
② 피복재의 표면장력
③ 시설 내의 상태 습도
④ 유해가스 축적 여부

07 시설토양의 관리내용 중 객토 대신에 할 수 있는 것은?

① 석회시용 ② 지중관수
③ 담수처리 ④ 중경제초

08 양액조제 시에 Fe-EDTA를 첨가하는 목적은?

① 산소의 공급 ② 산도의 조절
③ 완충능력강화 ④ 철분의 공급

09 시설 내 병해발생의 특징과 관련이 없는 것은?

① 시설의 기온은 병원균의 발육에 적당하다.
② 시설의 작물은 병충해에 대한 내성이 크다.
③ 연작으로 토양전염성 병이 많이 발생한다.
④ 다습으로 인해 잿빛곰팡이가 많이 생긴다.

10 다음 중 순수 수경방식이 아닌 것은?

① DFT ② NFT
③ 분무경 ④ 펄라이트

11 다음 중 수경재배에서 양액의 전기전도도를 측정하여 알 수 있는 것은?

① 수분퍼텐셜
② 양액의 양분농도
③ 양액 중 미생물 수
④ 양액의 산도

12 다음 중 생물학적 방제용으로 도입되는 천적이 구비해야 할 조건이 아닌 것은?

① 대상 잡초에만 피해를 주고 잡초가 없어지면 천적 자체도 소멸될 것
② 천적 자신의 기생식물에는 피해를 주지 않을 것
③ 비산 또는 분산하는 능력이 작고 숙주인 잡초에 잘 이동할 것
④ 인공적으로 배양 또는 증식이 용이하며 생식력이 강할 것

13 다음 중 두 종류 이상의 화학물질을 동시에 처리하였을 때, 길항제가 제초제의 작용점에 결합되지 못하도록 방해함으로써 발생되는 길항작용을 무엇이라 하는가?

① 생화학적 길항작용
② 경합적 길항작용
③ 생리적 길항작용
④ 화학적 길항작용

14 자연공원법에 관한 내용 중 공원관리청은 자연공원의 자연자원을 몇 년마다 조사하여야 하는가?

① 1년 ② 2년
③ 3년 ④ 5년

15 다음 중 디니트로아닐린(dinitroaniline group)계 제초제에 대한 내용으로 옳지 않은 것은?

① 토양에서의 잔효성은 12개월 이내이다.
② 작물의 파종 전이나 잡초 발아 전에 사용하는 토양처리제이다.
③ 잡초종자가 발아할 때 살초력이 발휘된다.
④ 작용기작은 세포분열을 억제하여 뿌리나 신초의 발달을 저해한다.

16 제초제를 작용기구(특성)에 따라 분류했을 시에 그 연결이 바르지 않은 것은?

① Hormone 작용형 – 페녹시계
② 호흡작용 저해형 – 디니트로아닐린계
③ 색소 합성 저해형 – 벤조산계
④ 핵산대사 및 단백질 합성 저해형 – 산아미드계

17 밭 잡초의 효율적 방제를 위한 고려사항으로 바르지 않은 것은?

① 밭 작물은 종류가 많고 재배시기가 다양하다.
② 밭에서는 잡초발생 전 토양처리제를 살포하여 초기 방제하는 것이 중요하다.
③ 밭 잡초는 종류가 다양하여 발생예측이 가능하고 발생이 균일하다.
④ 재배지의 토성, 수분, 유기물 함량 등이 다양하다.

18 다음 중 산성에서 양분의 유효도가 높은 것은?

① N ② P
③ K ④ Fe

19 다음 중 토양침식 방지를 위한 방법이 아닌 것은?

① 상하경운 ② 대상재배
③ 등고선재배 ④ 계단식재배

20 다음 중 비료시용과 관련된 다음 설명 중 옳지 않은 것은?

① 비료의 흡수율이란 비료로 토양에 처리한 성분량 중 실제로 작물이 흡수한 성분량의 비율을 말한다.
② 증수율이란 주성분이 같은 여러 종류의 비료를 가지고 그와 같은 성분을 주지 않았을 때에 비하여 수확량이 증가하는 비율을 말한다.
③ 논에 질소비료를 줄 때는 질산태질소를 표층시비 하여야 한다.
④ 3요소 적량시험에서 질소, 인산, 칼륨을 모두 처리한 시험구를 3요소구 또는 완전구라 한다.

21 다음 중 석재에 관한 내용으로 옳지 않은 것은?

① 석재는 휨 강도가 강하므로 들보나 가로대의 재료로 채택한다.
② 포장용으로 사용하는 석재는 내수성 및 내마모성이 높은 것을 사용해야 하며, 미끄럼을 방지하기 위하여 표면을 거칠게 마감하도록 설계한다.
③ 자연석을 경관석으로 이용할 경우에는 형태 · 색채 · 질감 및 크기 등에 대해 미리 조사하여 설계에 반영한다.
④ 석재는 암석의 종류 · 형상 및 물리적 성질 등이 용도에 적합하도록 선정하되, 수분에 의한 팽창이나 수축이 적은 것으로서 풍화에 의해 변색 · 변질하는 광물 등을 포함하지 않은 것이어야 한다.

22 교육 연구단지의 조경에 관한 사항으로 옳지 않은 것은?

① 연구소, 연수원 복합단지 등은 수림이 우거진 야산 등의 전원지대를 선정하여 녹지율을 10% 이상 확보한다.
② 삼림, 하천, 계곡, 호수 등의 자연환경 조건 특히 자연경관을 최대한 보전 · 활용한다.
③ 보행통로, 산책로 등은 녹도로 설계하고 의자 등의 휴게시설을 적정거리마다 배치한다.
④ 대학 캠퍼스는 여름철의 짙은 녹음과 겨울철의 일조 확보를 위해 낙엽수 위주로 배식한다.

23 다음 중 녹지의 일반적인 사항으로 바르지 않은 것은?

① 도시미관의 증대와 도시기능의 능률성 및 후생, 교화에 이바지할 수 있도록 설계한다.
② 녹지내부가 생물서식공간의 역할을 다할 수 있도록 설계하며, 주변 자연환경을 고려하여 생태 네트워크(ecological network)가 형성될 수 있도록 설계한다.
③ 녹지 생태계의 보전을 위하여 자생식물 및 향토수종을 적극적으로 도입하지 않으며, 환경 친화적인 재료를 사용하지 않는다.
④ 녹지의 안전성, 위락성, 능률성, 쾌적성의 효과가 극대화될 수 있도록 설계한다.

24 다음 중 수렵장의 조경에 관련한 내용으로 바르지 않은 것은?

① 수렵장은 엽사들의 수렵활동과 동물 등의 이용이 용이하도록 부지 전체에 적절히 배치한다.
② 기존 우수한 산림을 최소한으로 활용하고 부지의 단계적 개발이 가능하도록 한다.
③ 시설물은 유사기능끼리 인접시키고 먼 것은 격리시켜 배치하며 주변환경과 조화되도록 재료, 외형, 규모를 결정한다.
④ 토지이용은 수렵장, 편익공간, 지원공간, 사육공간, 휴양공간으로 구분한다.

25 **다음 중 휴게시설의 배치에 관한 사항으로 적절하지 않은 것은?**

① 하나의 설계 대상 공간에서는 단위 휴게공간마다 시설을 동일하게 하여 장소별 통일성을 부여한다.
② 하나의 휴게공간에 설치하는 시설물 사이에는 색깔 · 재료 · 마감방법 등에서 시설물이 서로 조화될 수 있도록 계획한다.
③ 전체적인 보행동선체계 및 공간특성을 파악하여 휴식 및 경관감상이 쉽고 개방성이 확보된 곳에 배치하며, 점경물로서 효과를 높일 경우 시각 상 초점이 되는 곳에 배치한다.
④ 휴게 공간 내부의 주보행동선에는 보행과 충돌이 생기지 않도록 시설물을 배치하지 않는다.

26 **다음 단위놀이시설 중 미끄럼대에 관한 내용으로 옳지 않은 것은?**

① 미끄럼판과 상계판의 연결부는 틈이 생기지 않도록 밀착 또는 연속되어야 한다.
② 급속한 감속으로 몸이 넘어가지 않도록 착지판과 미끄럼판의 연결부는 직각 면으로 설계한다.
③ 주동에 인접한 놀이터는 미끄럼대 위에서의 조망 등으로 인근 세대의 사생활이 침해되지 않도록 설치한다.
④ 오르는 동작과 미끄러져 내리는 동작이 반복되므로 미끄럼판의 끝에서 계단까지는 최단거리로 움직일 수 있도록 하고, 이 동선에는 다른 시설물이 설치되지 않도록 빈 공간으로 설계한다.

27 **다음 중 동력 놀이시설에 관한 내용으로 바르지 않은 것은?**

① 시설의 유지관리에 대한 지침을 설정하고, 이에 따른 단기적인 관리계획을 수립한다.
② 시설의 바닥은 미끄러지지 않도록 설계하는 등 관련 설계기준을 충족시킨다.
③ 동력놀이시설의 설계는 관련규정이나 제조설치 업체의 안전기준 등 관련 절차와 규정을 따른다.
④ 동력놀이시설의 설계 · 제작 및 설치는 동력놀이시설에 대한 전문업체에 의해 일관성 있게 추진되도록 한다.

28 **다음 운동시설 중 체력단련장에 관한 내용으로 옳지 않은 것은?**

① 각각의 시설이 체계적으로 배치되어 연계적인 운동이 가능하도록 한다.
② 포장은 흙 포장으로 한다.
③ 단지의 외곽녹지 주변 및 공원산책로 주변에 설치하지 않는다.
④ 몸의 유연성, 평행성, 적응성의 유지와 순발력 향상 및 근력과 근지구력의 향상을 목표로 하며 철봉, 매달리기, 타이어타기, 팔굽혀펴기, 윗몸일으키기, 평행봉, 발치기, 평균대 등을 설치한다.

29 다음 수경시설 중 (연)못에 관한 내용으로 옳지 않은 것은?

① 못 안에 분수 및 조명시설 등의 시설물을 배치할 경우에는 물을 뺀 다음의 미관을 고려해야 한다.
② 콘크리트 등의 인공적인 못의 경우에는 바닥에 배수시설을 설계하고, 수위조절을 위한 오버플로(over flow)를 반영한다.
③ 점토 · 벤토나이트 · 콘크리트 · 블록 · 화강석 깔기 · 자연석 · 자갈 · 타일 붙임 등으로 못의 특성에 어울리는 마감 방법을 선택하되, 내구성과 유지관리를 고려한다.
④ 설계 대상 공간 배수시설을 겸하도록 지형이 높은 곳에 배치한다.

30 다음 관리시설 중 자전거 보관시설에 관한 내용으로 바르지 않은 것은?

① 주택단지 · 공원 · 관광지 · 지하철역 등과 같이 자전거의 보관대가 필요한 공간의 입구에 배치한다.
② 기차역 · 지하철역 · 버스터미널에는 출입구에서 가까운 광장이나 보도에 배치한다.
③ 주택단지에서는 이용자의 야간안전과 편리한 이용 · 보관을 위해 현관 입구나 보안등이 비치지 않는 곳, 공중화장실 주변 등에 배치한다.
④ 공원 · 보행자 전용로 등에는 주요 출입구의 입구 광장 포장 부위에 배치한다.

31 다음 중 안내표지 시설의 형태 및 규모에 관한 내용으로 바르지 않은 것은?

① 기본형태는 선꼴(standing), 매달림꼴(hanging), 붙임꼴(sticking), 움직임꼴(movable) 등이 있다.
② 재료 치수를 고려하여 모듈화에 의한 표준화, 규격화로 제작 관리에 용이성과 경제적 효용성이 제고되어야 한다.
③ 시각적으로 명료한 전달을 하기 위한 시인성에 중점을 두고 주변 환경과 차별화한다.
④ 사인 시스템 간의 형태적 조화와 통일성이 약한 디자인의 연계화 방안을 수립한다.

32 다음 우리의 숲과 전통문화에 대한 설명 중 틀린 것은?

① 천마총의 천마도 장니는 자작나무 47겹의 수피로 만들어졌다.
② 천마총 금관의 곡옥은 자작나무의 나뭇잎을 상징한다.
③ 팔만대장경을 온전하게 보전하는데 옻나무가 이용되었다.
④ 고려청자나 조선백자를 만들기 위해 땔감으로 많은 소나무가 사용되었다.

33 다음 중 자연공원의 자연보존지구에 해당되지 않는 곳은?

① 생물 다양성이 특히 풍부한 곳
② 자연생태계가 원시성을 지니고 있는 곳
③ 특별히 보호할 가치가 높은 야생동식물이 살고 있는 곳
④ 공원자연보존지구의 완충공간으로 보전할 필요가 있는 지역

34 다음 중 국립공원 내 자연 탐방로와 같이 적극적으로 관리가 이루어지는 숲길에 해당하는 용어는?

① 법정 탐방로 ② 비법정탐방로
③ 등산로 ④ 자연관찰로

35 다음 환경 조형 시설에서 시비 등 기념비에 관한 내용으로 바르지 않은 것은?

① 노래 · 시 · 초상 · 땅이름 등 수록할 내용이나 기념하고자 하는 주제를 형상화한다.
② 글씨는 음각 · 양각 등으로 이용자들이 읽기에 적합한 크기 · 간격 등으로 설계한다.
③ 널리 알려진 시인 · 가수 · 문화가 등의 인물이나 장소 · 전설 · 지명유래 또는 건설공사 · 행사 등의 기념할 만한 대상과 지리적으로 관련성이 낮은 곳에 배치한다.
④ 설계 대상 공간의 어귀 · 중앙의 광장 등 넓은 휴게공간의 포장 부위 또는 녹지에 배치한다.

36 다음 급수 시설에서 급수 계통에 관한 내용으로 바르지 않은 것은?

① 급수 계통은 루프형 혹은 수지형으로 한다.
② 루프형의 계통은 수압을 일정하게 유지하고, 단수 구역을 최대한으로 할 경우에 사용한다.
③ 수지형의 계통은 소면적일 경우에 사용한다.
④ 급수 계통은 단지의 종류, 규모, 성격 및 시설의 중요도에 적합하게 구성한다.

37 다음 중 비닐하우스의 기초피복재로서 보온성이 가장 뛰어난 자재는?

① 유리 ② FRP
③ PVC ④ PE

38 다음 중 작물체 내에서 수분의 기능과 거리가 먼 것은?

① 각종 무기양분의 용매이다.
② 양분의 이동을 가능하게 한다.
③ 호흡작용의 기질이 된다.
④ 식물의 체온을 유지해 준다.

39 다음 중 온실의 규격을 나타낼 때 동고(지붕 높이)란?

① 지면에서 서까래까지의 길이
② 지면에서 갖도리까지의 길이
③ 지면에서 보까지의 길이
④ 지면에서 용마루까지의 길이

40 다음 가지의 종류에 대한 설명 중 틀린 것은?

① 덧가지 : 새 가지의 곁눈이 그 해에 자라서 된 가지
② 덧원가지 : 원가지에서 발생하여 원가지 사이의 공간을 메우는 큰 가지
③ 흡지 : 지하부에서 발생한 가지
④ 1년생 가지 : 그해에 자란 잎이 붙어 있는 가지

41 성토 $4500m^3$를 축조하려 한다. 토취장의 토질은 점성토로 토량변화율은 L=1.20, C=0.90이다. 자연 상태의 토량을 어느 정도 굴착하여야 하는가?

① $5,000m^3$ ② $5,400m^3$
③ $6,000m^3$ ④ $4,860m^3$

42 다음 그림과 같은 유리 온실의 내용으로 바르지 않은 것은?

① 단동온실은 2개 이상 연결한 것이다.
② 적설에 의한 피해 우려가 낮다.
③ 보온성이 뛰어나다.
④ 연결부분의 누수가 우려된다.

43 다음 중 구조재료의 용도상 필요한 물리·화학적 성질을 강화시키고, 미관을 증진시킬 목적으로 재료의 표면에 피막을 형성시키는 액체 재료를 무엇이라고 하는가?

① 도료 ② 착색
③ 강도 ④ 방수

44 다음 중 우리나라에서의 최초의 유럽식 정원은 무엇인가?

① 덕수궁 석조전 앞 정원
② 파고다공원
③ 장충공원
④ 구 중앙청사 주위 정원

45 다음 중 수성암(퇴적암)계통의 석재가 아닌 것은?

① 점판암 ② 사암
③ 석회암 ④ 안산암

46 다음 중 우리나라에서 대중을 위해 만들어진 최초의 공원은?

① 장충 공원 ② 파고다 공원
③ 사직 공원 ④ 남산 공원

47 다음 중 토양의 전용적밀도가 $1.5g/cm^3$일 때 이 토양의 공극률은 얼마인가? (단, 토양의 입자밀도는 $2.6g/cm^3$ 이다)

① 58% ② 42%
③ 27% ④ 23%

48 다음 중 채소재배에서 멀칭을 해 주는 이유는?

① 잡초방지 ② 도복방지
③ 착색촉진 ④ 분구억제

49 다음 중 잔디의 이용적인 측면에서 반드시 요구되는 조건이 아닌 것은?

① 밟아도 잘 견뎌야 한다.
② 깎아도 재생이 잘돼야 한다.
③ 지면을 항상 피복해야 한다.
④ 사계절 녹색을 유지해야 한다.

50 다음 중 수경재배에 대한 설명으로 잘못된 것은?

① 물만으로도 가능하다.
② 토양 없이 가능하다.
③ 연작재배도 가능하다.
④ 실내에서도 가능하다.

51 기초는 상부구조물의 하중을 지반에 전달하여 구조물을 안전하게 지지하기 위한 하부구조를 말하며, 구조물이 최하위 부분을 차지하고 있고 대부분이 지하에 매설되어 있는데, 다음 중 기초의 구조 상 요구조건으로 바르지 않은 것은?

① 침하가 허용치를 넘을 것
② 내구적이고 경제적일 것
③ 최소의 근입심도를 가질 것
④ 안전하게 하중을 지지할 수 있을 것

52 다음 중 조경석에 관한 사항으로 바르지 않은 것은?

① 자연석은 산석, 강석, 해석 및 가공자연석으로 구분하며 지정된 크기와 형상을 가지고 있고 석질이 경질이어야 하며 개개가 미적 · 경관적 가치를 지니고 있어야 한다.
② 조형성이 강조되는 자연석이 필요할 경우에는 상세도면을 추가로 작성하지 않는다.
③ 호박돌쌓기는 바른 층 쌓기로 하되 통줄눈이 생기지 않도록 한다.
④ 경관석은 경질의 돌로서 표면의 질감, 색채, 광택 등이 우수하여 관상적 가치가 있어야 한다.

53 다음 중 건물의 벽, 울타리, 또는 담벽 등을 등지고 있는 자리나 보도, 정원 길의 양쪽 등에 설치하여 지나가면서 옆으로 감상하게 만든 화단은?

① 모둠화단 ② 경재화단
③ 화문화단 ④ 침상화단

54 다음 중 시설의 피복재에 물방울이 부착되지 않고 흘러내리는 정도를 나타내는 것은?

① 유적성 ② 방진성
③ 투습성 ④ 내후성

55 다음 중 벤소산계(benzoic acid group) 제초제의 특성으로 옳지 않은 것은?

① 일년생 및 다년생 광엽잡초만을 방제하는 선택성 제초제이다.
② 대사활동이 왕성한 분열조직에 축적되어 기형이 발생된다.
③ 벤조산계 제초제는 광엽잡초의 뿌리나 잎을 통해 쉽게 흡수되지 않는다.
④ 식물체 내에서 증산류나 광합성 물질의 이행부위를 통해 이행된다.

56 다음 조경시공에서 지주목세우기의 내용으로 바르지 않은 것은?

① 지주목과 맞닿지 않는 나무의 수간부위에 새끼줄을 감는다.
② 지주목이 흔들리지 않도록 지주목을 단단히 땅 속에 묻는다.
③ 하나의 지주목에 검정고무줄을 묶은 후, 세 개의 지주목을 서로 엇갈리게 하여 고무줄로 돌리며 묶는다.
④ 주로 삼발이 지주를 가장 많이 실시한다.

57 레크레이션에 의한 손상의 속성을 이해하기 위한 측면으로 바르지 않은 것은?

① 활동특성에 따른 손상
② 가격특성에 따른 영향
③ 공간특성에 따른 영향
④ 손상의 상호관련성

58 다음 한지형 잔디 중 켄터기 블루그래스에 대한 내용으로 바르지 않은 것은?

① 엽폭이 2~3mm정도로 매우 가늘어 치밀하고 고운 잔디를 형성한다.
② 잎의 끝이 보트형을 이루어 다른 잔디와 쉽게 구별이 가능하다.
③ 배수가 잘되고 비교적 습하며, 중성 또는 약산성으로 비옥한 토양에서 잘 자란다.
④ 지하경을 옆으로 뻗어 번식한다.

59 다음 중 축척(scale)에 대한 내용으로 옳지 않은 것은?

① 축척의 크기는 참조기준이 되는 틀을 말한다.
② 도면 안에 사용한 척도는 도면의 표제란에 기입한다.
③ 일반적으로 요소가 상세할수록 척도는 작아진다.
④ 척도는 주어진 단위에 대해 바람직한 길이를 정함으로써 만들어진다.

60 다음 중 가로수 식재에 대한 내용으로 바르지 않은 것은?

① 가로수의 넓은 수관은 녹음을 제공한다.
② 대기질 향상 및 정화 기능이 있다.
③ 상록수는 겨울에 눈이 잘 녹아 사고 위험의 발생이 없다.
④ 가로수는 도시의 이미지와 정체성을 형성한다.

제3회 PBT 모의고사

수험번호
수험자명

제한 시간 : 60분 전체 문제 수 : 60 맞힌 문제 수 :

01 다음 중 녹음식재에 해당하지 않는 것은?

① 느티나무 ② 느릅나무
③ 칠엽수 ④ 맥문동

02 아래 그림과 같은 형태의 축석공사는 무엇인가?

① 호박돌 쌓기 ② 평석 쌓기
③ 견치석 쌓기 ④ 무너짐 쌓기

03 다음 중 난방설비 용량을 결정하는 지표가 되는 것은?

① 최대난방부하 ② 기간난방부하
③ 난방부하계수 ④ 난방적산온도

04 시설재배에서 문제되는 유해가스인 암모니아가스의 주된 발생원은?

① 토양 유기물
② 온풍난방기
③ 이산화탄소 발생기
④ 생장조절제

05 다음 중 관비(fertigation)에 대해 바르게 설명한 것은?

① 엽면시비의 일종이다.
② 완효성 비료의 시비법이다.
③ 기체비료의 시비법이다.
④ 관수를 겸한 시비를 뜻한다.

06 다음 중 수경재배에 사용되는 양액에 대해 잘못 설명한 것은?

① 재배 중 양액의 pH는 높아지기 쉽다.
② 양액의 온도를 조절해 주는 것이 좋다.
③ 양액의 온도가 높으면 용존산소가 많아진다.
④ 양액은 필요시 물과 양분을 추가해 준다.

07 다음 중 수경재배의 장점이라고 볼 수 없는 것은?

① 작물의 연작이 가능하다.
② 청정재배가 가능하다.
③ 자동화가 편리하다.
④ 양액의 완충능력이 크다.

08 다음 중 배양액 내 용존산소를 높이는 방법이 아닌 것은?

① 배양액의 수온을 높여 포화산소량을 늘린다.
② 기포발생기나 에어펌프를 설치한다.
③ 순환펌프를 이용하여 배양액을 순환시킨다.
④ 박막수경이나 분무수경방식을 이용한다.

09 다음 중 가정 수경재배에서 지하수를 이용할 때 적합한 용수 기준으로의 전기전도도 수준은?

① 0.3dS/m이하 ② 0.3&0.5dS/m
③ 0.5&0.8dS/m ④ 1.5&2.5dS/m

10 제초제 중 글리포세이트(gly-phosate)의 특성이 아닌 것은?

① 이행성 제초제이다.
② 비선택성 제초제이다.
③ 과수원이나 비농경지에 발생하는 잡초방제용으로 많이 사용한다.
④ 토양처리형 제초제이다.

11 다음 중 입제형 제초제의 장점이 아닌 것은?

① 살포가 간편하다.
② 바람이나 물에 쉽게 이동하지 않는다.
③ 살포할 때 물이 필요하지 않다.
④ 작물 잎에 붙지 않아 약해를 유발하지 않는다.

12 자연공원법에 관한 내용 중 공원관리청은 토지의 매수를 청구 받은 날부터 몇 개월 이내에 매수대상 여부 및 매수 예상가격 등을 매수 청구인에게 통보하여야 하는가?

① 1개월 ② 2개월
③ 3개월 ④ 4개월

13 비피리딜리움계(bipyridilium group) 제초제의 내용으로 가장 옳지 않은 것은?

① 식물에 신속하게 흡수되며, 토양에 강하게 흡착된다.
② 살포작용은 빛이 있을 때 신속히 일어난다.
③ 물에 잘 용해된다.
④ 강한 음이온 형태이다.

14 다음 중 제초제를 처리시기에 따라 분류했을 시에 그 내용이 바르지 않은 것은?

① 이앙 전 처리제 – 이앙 전 써레질할 때 사용하는 제초제
② 초기 처리 제초제 – 이앙 후 15일 이내 살포
③ 초 · 중기 처리 제초제 – 이앙 후 10~12일 이내 살포
④ 후기 처리 제초제 – 이앙 후 20일 이후에 살포

15 다음 중 토양 3상에 대한 설명 중에서 틀린 것은?

① 고상의 비율이 클수록 보수성과 통기성이 나빠진다.
② 고상의 비율이 작을수록 뿌리 뻗기가 쉬워진다.
③ 고상의 비율이 일정할 때 액상의 비율이 커지면 통기성이 좋아진다.
④ 고상의 비율이 일정할 때 기상의 비율이 커지면 수분 흡수량이 적어진다.

16 다음 중에서 물과 반응하여 토양을 산성으로 만드는 것은?

① Al ② Cu
③ Zn ④ Si

17 다음 중 우리나라에서 발견되지 않는 토양목은?

① 인셉티졸 ② 안디졸
③ 아리디졸 ④ 엔티졸

18 다음 중 토양의 탄소 저장 능력을 증가시키는 방법으로 옳지 않은 것은?

① 단위 비료 사용량 당 작물의 생육량 증가
② 토지 사용의 극대화
③ 토양 비옥도 유지
④ 토양 침식 방지

19 다음 중 콘크리트에 관한 내용으로 가장 적절하지 않은 것은?

① 콘크리트는 용도에 적합한 강도와 내구성을 가져야 하며, 필요한 경우 수밀성도 있어야 한다.
② 콘크리트의 성능 개선을 위하여 혼화 재료를 사용하거나 특수 목적을 위해서 특수 콘크리트를 사용할 수 없다.
③ 콘크리트의 인장강도를 높일 필요가 있는 경우에는 철근이나 와이어메쉬를 보강한 구조로 한다.
④ 골재는 깨끗하고, 강하고, 내구적이고, 알맞는 입도를 가지며, 얇은 석편 · 유기 불순물 · 염화물 등의 유해 물질을 기준 이상으로 함유해서는 안 된다.

20 생태도시 및 생태 마을의 조경에 관한 내용으로 적절하지 않은 것은?

① 생태도시(ecopolis)는 도시를 하나의 유기체로 보고 도시에서 다양한 활동이나 구조를 자연생태계가 가지고 있는 다양성, 자립성, 안정성, 순환성에 가깝도록 계획 · 설계하는 등의 환경정책을 받아들여 인간과 환경이 공존할 수 있는 도시를 조성한다.
② 생태도시계획의 구체성, 실효성을 높이기 위해 대상 구역 면적은 어느 정도 넓게 하고 생태도시계획의 목표 실현과 관계 깊은 도시정비사업이나 현재 계획되거나 먼 장래에 구체화될 것으로 예상되는 지역을 선택한다.
③ 환경과 공생하는 생태적인 생활양식과 활동을 지향한다.
④ 생태 마을(permaculture)은 사람들이 자연 속에서 조화를 이루며 살 수 있도록 자연의 순환 체계를 존중하고 복원한 농촌 환경 또는 도시 환경 속에서의 지속가능한 정주지를 조성한다.

21 다음 정원조경에 관한 내용으로 적절하지 않은 것은?

① 주택정원은 전정(public area), 주정(private or living area) 및 측정(service area)으로 기능을 배분하며, 각 세부공간별로 기능에 맞게 설계되어야 한다.
② 운수시설정원(공항 및 항만)에서 공항의 활주로 주변에는 잔디를 피복하여 가시권을 확보한다.
③ 주택정원의 기초 부분에는 관목류나 소교목류를 식재하여 건물 상단부의 거친 면을 가리도록 한다.
④ 공장 정원의 바닥은 나지로 남겨두어서는 안 된다.

22 다음 중 조경 포장에 관한 내용으로 적절하지 않은 것은?

① 간이포장은 주로 차량의 통행을 위한 아스팔트 콘크리트 포장과 콘크리트 포장을 포함한 기타의 포장을 말한다.
② 강성 포장은 시멘드 곤크리트 포상을 발한다.
③ 인조 잔디는 폴리아미드, 폴리프로필렌, 기타 섬유로 만든 직물에 일정 길이의 솔기를 단 기성 제품을 말한다.
④ 보도용 포장은 보도, 자전거도, 자전거보행자도, 공원 내 도로 및 광장 등 주로 보행자에게 제공되는 도로 및 광장의 포장을 말한다.

23 다음 중 그늘시렁(파고라)에 대한 설명으로 바르지 않은 것은?

① 조형성이 뛰어난 그늘시렁은 시각적으로 넓게 조망할 수 있는 곳이나 통경선(vista)이 끝나는 곳에 초점 요소로서 배치할 수 있다.
② 휴게공간과 건물 · 보행로 · 운동장 · 놀이터 등에 배치하며, 보행 동선과의 마찰을 피한다.
③ 화장실 · 급한 비탈면 · 연약지반 · 고압철탑이나 전선 밑의 위험지역 · 외진 곳 및 불결한 곳을 피하여 배치한다.
④ 여름에는 햇빛을 제공하고 겨울에는 그늘이 잘 들도록 대지의 조건 · 방위 · 태양의 고도를 고려하여 배치한다.

24 다음 단위 놀이시설 중 그네에 관한 내용으로 옳지 않은 것은?

① 그네는 햇빛을 마주하지 않도록 북향 또는 동향으로 배치한다.
② 놀이터 중앙이나 출입구 주변을 피하여 모서리나 외곽에 배치한다.
③ 안장은 고무 등 탄성이 있는 재료를 우선 사용하며, 발판이 잘 휘어져서 서기에 불편하거나 너무 딱딱하여 부딪혔을 때 다치지 않도록 배려한다. 목재를 사용할 경우에는 모서리를 둥글게 마감한다.
④ 그네의 안장과 안장 사이에는 통과 동선에 발생하도록 한다.

25 **다음 운동시설에서 배치에 관한 설명으로 바르지 않은 것은?**

① 설계 대상의 성격 · 규모 · 이용권 · 보행 동선 등을 고려하여 배치한다.
② 공원이나 주택단지 등의 외곽 녹지에는 선형의 산책로 · 조깅 코스를 배치한다.
③ 지형, 수계, 식생 등의 기존 자연환경을 보전하고 주변의 자연 또는 도시 환경과 잘 융화할 수 있도록 한다.
④ 햇빛이 잘 들지 않고, 바람이 강하며, 매연의 영향을 받지 않는 장소로서 배수와 급수가 용이한 부지이어야 한다.

26 **다음 수경시설에서의 수경관 연출에 관한 설명으로 바르지 않은 것은?**

① 폭포의 유량 산출은 프란시스의 공식, 바진의 공식, 오끼의 공식, 프레지의 공식 등을 적용한다.
② 분수 노즐의 유량에서 노즐의 유량은 제조설치업체의 제원에 따른다.
③ 계류의 유량 산출에서 장애물이 있는 개수로의 유량 산출은 매닝의 공식을 적용한다.
④ 관의 마찰손실수두와 관내의 유속 계산은 베르누이 정리를 이용하여 산출한다.

27 **다음 수경시설 중 분수에 관한 내용으로 옳지 않은 것은?**

① 설계 대상 공간의 지형이 높은 곳에 위치한 못 안에 배치한다.
② 물이 없을 때의 경관을 고려한다.
③ 급 · 배수, 전기, 펌프 등 설비 시설의 경제성 · 효율성 · 시공성을 고려한다.
④ 설계 대상 공간의 어귀나 중심 광장 · 주요 조형 요소 · 결절점의 시각적 초점 등으로 경관효과가 큰 곳에 배치한다.

28 **다음 관리시설 중 음수대에 관한 내용으로 바르지 않은 것은?**

① 배수구는 청소가 쉬운 구조와 형태로 설계한다.
② 성인 이용자의 신체 특성을 고려하여 높이로 설계한다.
③ 지수전과 제수밸브 등 필요시설을 적정 위치에 제 기능을 충족시키도록 설계한다.
④ 겨울철의 동파를 막기 위한 보온용 설비와 퇴수용 설비를 반영한다.

29 다음 중 보안림에 해당되지 않는 것은?

① 해안지대의 해풍 · 해일을 방지하기 위한 숲
② 목재 생산을 위해 조성한 숲
③ 명승지 주위의 경관 보전을 위한 숲
④ 상수원 수질관리를 위한 숲

30 다음 중 한국 마을 숲을 가장 잘 설명한 것은?

① 한국 마을 숲은 일본의 사토야마와 유사한 것으로 마을 주민의 생계를 위해 관리하는 공동의 숲이다.
② 한국의 울퉁불퉁한 지형체계와 혹독한 기후를 이겨내는 과정에서 형성된 생태적, 문화적 공간으로서 다양한 생태계 서비스 기능을 갖추고 있다.
③ 영국, 인도, 일본 등 세계 곳곳에 자연과 인간과의 관계에서 나타난 숲은 다수 있으며 그러한 종류 중 하나일 뿐이다.
④ 한국 마을 숲의 전국 현황은 일제 강점기에 모두 파악되었으며 보전하기 위한 노력이 있었다.

31 다음 중 생활권 도시공원에 해당되지 않는 것은?

① 소공원 ② 어린이공원
③ 체육공원 ④ 근린공원

32 다음 중 숲길 훼손 유형 중 빗물에 의한 노면 침식이 지속되어 U자 혹은 V자형으로 노면이 파이는 현상에 해당하는 훼손 유형은?

① 토양답압 ② 노면세굴
③ 노폭확대 ④ 암반풍화

33 다음 환경 조형시설에서 조형벽 등 조형성 구조물에 관한 내용으로 바르지 않은 것은?

① 설계 대상 공간의 어귀나 중앙의 광장 등 넓은 휴게공간에 배치한다.
② 설치 공간의 지형의 특성에 순응하거나 지형의 높이 차이를 극복하는 형태로 한다.
③ 공간의 입체감을 낮추되, 이용자들의 시야를 가리지 않는 규모로 한다.
④ 지형의 높이차 극복을 위한 흙막이 구조물을 겸할 경우에는 녹지와 포장 부위의 경계부에 배치한다.

34 다음 중 완전제어형 식물공장에 많이 쓰는 LED의 특징과 거리가 먼 것은?

① 근접조사가 가능하다.
② 전구의 수명이 길다.
③ 소비전력이 적다.
④ 자연광이 비슷하다.

35 다음 중 시설 내 수분 환경의 특성이라고 볼 수 없는 것은?

① 인공수분에 의한 의존도가 낮다.
② 증발산량이 많아 건조하기 쉽다.
③ 지하수의 상승이동이 억제된다.
④ 공중습도가 노지에 비해 높다.

36 다음 중 시설의 적설하중 계산과 관련이 없는 항목은?

① 지붕의 기울기에 따른 절감 계수
② 눈의 단위체적중량
③ 적설심
④ 지붕 높이

37 다음 중 안장접을 이용하여 번식시키는 대표적인 작물은?

① 장미 ② 국화
③ 거베라 ④ 선인장

38 다음은 구근의 수확에 대한 설명들이다. 옳지 않은 것은?

① 춘식 구근들은 8~9월에 수확하여야 한다.
② 추식 구근들은 6~7월에 수확한다.
③ 일반적으로 구근들은 지상부 잎이 1/3 또는 1/2이 황변 하였을 때 수확한다.
④ 구근은 너무 일찍 수확하면 수량이 줄어든다.

39 다음 중 해바라기의 식물학적 형태를 잘못 설명한 것은?

① 뿌리는 주근과 측근으로 구분된다.
② 잎은 잎자루와 잎집으로 구성된다.
③ 꽃들이 모여 두상화서를 형성한다.
④ 종자는 과실적 종자로 분류된다.

40 다음 중 에어하우스의 가장 큰 특징이라고 볼 수 있는 것은?

① 환기가 거의 필요 없다.
② 설치가 매우 간단하다.
③ 보온성이 뛰어나다.
④ 풍압력을 받지 않는다.

41 다음 그림과 같은 유리 온실의 내용으로 바르지 않은 것은?

① 그늘이 많이 진다.
② 겨울철 광투과율이 낮다.
③ 대형화가 어렵다.
④ 길이가 동일한 좌우대칭의 지붕을 지닌 온실이다.

42 다음 중 일본에서 가장 먼저 발달한 정원 양식은?

① 고산수식 ② 회유임천식
③ 다정 ④ 축경식

43 다음 중 정적인 상태의 수경경관을 도입하고자 할 때 옳은 것은?

① 하천 ② 계단 폭포
③ 호수 ④ 분수

44 다음 중 중국 정원의 기원이라 할 수 있는 것은?

① 상림원 ② 북해공원
③ 중앙공원 ④ 이화원

45 다음 중 표준형 시멘트 벽돌의 크기는?

① 190×90×57 mm
② 190×90×60 mm
③ 210×100×57 mm
④ 210×100×60 mm

46 다음 중 인공폭포, 인공바위 등의 조경 시설에 쓰이는 일반적인 재료는 어느 것인가?

① PVC
② 비닐
③ 합성 수지
④ FRP(유리섬유강화플라스틱)

47 다음 중 토성을 결정할 때 그 기준이 되는 것은?

① 토양의 수분함량 비율
② 토양무기입자의 크기별 함량 비율
③ 토양의 유기물함량 비율
④ 토양의 공극분포 비율

48 다음 중 일년초화류의 이용적인 측면을 바르게 설명한 것은?

① 주로 실내식물로 이용된다.
② 주로 화단용으로 이용된다.
③ 주로 화분용으로 이용된다.
④ 주로 원예치료에 이용된다.

49 다음 중 잔디의 노화를 촉진하는 식물호르몬은?

① 옥신 ② 지베렐린
③ 시토키닌 ④ 에틸렌

50 다음 정원수 가운데 낙엽침엽교목에 속하는 나무는?

① 측백나무 ② 은행나무
③ 느티나무 ④ 사철나무

51 다음 중 나무 말뚝에 대한 내용으로 적절하지 않은 것은?

① 무게가 가볍고 취급이 쉽다.
② 가격이 싸다.
③ 완전히 수중에 잠겨 있으면 썩는다.
④ 건말뚝은 구하기가 어렵고 또한 사용하기도 곤란하다.

52 다음 수목식재의 전제조건에 관한 설명으로 옳지 않은 것은?

① 사업계획 구역 내의 자생수목은 정밀조사 전에 활용계획을 수립하고 지형조성공사 시행 후에 이식 · 보존하여 활용해야 한다.
② 환경 생태적으로 건전하고 지속가능한 개발을 유도하기 위하여, 조경공사의 주재료인 수목은 주변 자연환경과 조화될 수 있어야 한다.
③ 식재설계는 공간별 수목의 기능적, 생태적, 심미적 측면을 고려하고 환경친화적 설계를 위한 수목의 생태적 특성 및 수목 간의 생태적 연관성에 대한 이해를 바탕으로 설계한다.
④ 설계대상지역의 토양 및 기후 등의 자연적 조건과 기존 식생, 각종 지하 매설물과 구조물, 토양의 오염상황 등을 포함한 식재여건에 대한 조사를 면밀히 하고, 부적기 식재에 대한 대비책을 수립한다.

53 다음 중 잔디를 구분하는데 있어서 가장 중요한 부분은?

① 잔디의 밀도
② 잎혀(엽설)와 잎귀(엽이)의 형태
③ 종자의 형태
④ 뿌리의 형태

54 다음 중 잡초의 유익성이 아닌 것은?

① 토양침식 방지
② 잡초의 자원 식물화
③ 내성식물 육성을 위한 자원
④ 토양물리환경 악화

55 다음 중 기후변화에 대응한 방안 중 순 이산화탄소 배출량은 0이 되어 탄소중립을 이룰 수 있는 것은?

① biochar 생산 ② biofuel 생산
③ 무경운 ④ 습지토양보존

56 다음 중 M.Laurie의 조경가의 3가지 역할이 아닌 것은?

① 조경설계 ② 시공금액
③ 조경계획 및 평가 ④ 단지계획

57 다음 중 산 쓰레기 관리의 특성으로 바르지 않은 것은?

① 소각이 용이하다.
② 이용집중도나 이용행태에 따라 발생량이나 위치가 크게 좌우된다.
③ 기동력에 의존할 수 없는 비능률적인 특성을 지닌다.
④ 폭 넓게 산재하여 수집처리가 곤란하다.

58 다음 한지형 잔디 중 파인 페스큐의 내용이 아닌 것은?

① 배수가 잘되고 다소 그늘진 곳에서 잘 자란다.
② 그늘에 강하여 빌딩주변, 녹음수 밑에 이용가능하다.
③ 주로 비행장, 공장, 고속도로변 등 시설용 잔디로 이용된다.
④ 건조하고 척박한 토양에 매우 강하다.

59 **다음 중 수목부위별 명칭으로 바르지 않은 것은?**

① 초고 – 반대 방향으로 뻗는 가지를 말한다.
② 수관 – 수목의 지엽이 형성하고 있는 윤곽을 말한다.
③ 엽장 – 수관의 최대직경을 말한다.
④ 초 – 수간의 최상 말단 부분을 말한다.

60 **다음 중 수목의 요건으로 적절하지 않은 것은?**

① 열매 및 잎이 아름다운 수종
② 수명이 가급적 짧은 수종
③ 수목의 구입이 용이하고 지정된 규격에 합당한 수종
④ 이식하기 쉽고 척박지에 잘 견디는 수종

제4회 PBT 모의고사

수험번호

수험자명

제한 시간 : 60분 전체 문제 수 : 60 맞힌 문제 수 :

01 다음 중 난방을 하는 온실의 열 손실에서 가장 높은 비중을 차지하는 요소는?

① 난방열량 ② 관류열량
③ 환기전열량 ④ 난방적산온도

02 다음 수목선정조건으로 바르지 않은 것은?

① 지엽이 치밀하고 탄력성 있는 수종
② 눈에 난반사가 이루어지는 수종
③ 지역이미지를 창출할 수 있는 향토 수종
④ 환경적응능력이 우수한 수종

03 다음 중 잎에 황색 반점, 모자이크, 얼룩무늬, 주름 등이 생기는 병은?

① 시듦병 ② 바이러스병
③ 풋마름병 ④ 덩굴마름병

04 다음 중 수경재배에 널리 이용되는 유기배지는?

① 암면 ② 송이
③ 코코피트 ④ 펄라이트

05 우리나라에서 가장 많이 사용되는 시설의 기초피복재는?

① 폴리에틸렌 필름
② 염화비닐 필름
③ 에틸렌아세트산 비닐
④ 경질폴리에스테르 필름

06 다음 석회질 비료 중 알칼리도가 가장 강한 것은?

① 생석회 ② 소석
③ 탄산석회 ④ 용성인비

07 다음 중 옥상녹화와 거리가 먼 것은?

① 옥상녹화의 효과는 휴식 공간제공, 환경정화, 에너지 비용 절감 등이다.
② 토양 중량에 따라 중량형, 경량형이 있다.
③ 옥상의 강광, 강풍, 고온에 견뎌야 하므로 식재 용토를 많이 필요로 하는 식물이 적합한 식재 식물이다.
④ 옥상녹화는 방수층, 방근층, 배수, 저장층, 토양여과층, 토양층, 식생층으로 구성되어 있다.

08 다음 중 산아미드계 제초제 특성에 대한 설명 중 틀린 것은?

① 대부분 잡초 발생 전 또는 작물을 심기 전에 토양에 처리하는 제초제이다.
② 이 제초제는 토양표면을 뚫고 나오는 신초나 뿌리에 흡수된다.
③ 이 제초제는 식물체의 분열조직에 집적되어 억제 작용을 한다.
④ 해당되는 제초제로는 alachlor, butachlor 등이 있다.

09 다음 중 수목관리를 할 때에 수형의 전체 모양을 일정한 양식에 따라 다듬는 작업은?

① 정자(整姿, trimming)
② 정지(整枝, training)
③ 전제(煎除, trailing)
④ 전정(煎定, pruning)

10 자연공원법에 관한 내용 중 200만 원 이하의 과태료에 해당하지 않는 것은?

① 지정된 장소 밖에서 흡연행위를 한 사람
② 지정된 장소 밖에서 상행위를 한 자
③ 지정된 장소 밖에서 야영행위를 한 자
④ 퇴거 등 조치명령에 따르지 아니한 자

11 피리딘계(pyridine group) 제초제의 내용으로 옳지 않은 것은?

① 벤젠환에 탄소 하나가 질소로 치환된 구조이다.
② 호르몬형 제초제로 체내에서 물관과 체관을 통하여 이행된다.
③ 광엽잡초에 특이적으로 반응하지 않는다.
④ 작용기작으로는 세포의 단백질 및 효소의 생합성 억제이다.

12 다음 중 토양단면에서 용탈층이며 유기물로 인하여 색깔이 진한 층의 기호는?

① O층 ② A층
③ B층 ④ C층

13 다음 중에서 뿌리 뻗기에 불리한 토양의 용적밀도는?

① 0.7 g/cm^3 ② 1.1 g/cm^3
③ 1.2 g/cm^3 ④ 1.4 g/cm^3

14 다음 중 석회요구량은 토양 pH를 얼마로 개량하는 것인가?

① pH 6.0 ② pH 6.5
③ pH 7.0 ④ pH 7.5

15 다음 중 암모니아 휘산이 일어날 가능성이 가장 적은 경우는?

① 석회암 풍화토양
② 제염이 충분히 되지 않은 간척지
③ 산성토양
④ 석회질 비료를 한 번에 많이 시용한 직후

16 다음 중 장파투과율이 가장 높은 연질필름은?

① PE ② EVA
③ PVC ④ FRP

17 도장재에 관한 내용 중 옳지 않은 것은?

① 목부도장재는 목재의 불균일한 재질과 수분의 침투에 의한 신축에 저항성과 내구성이 있는 것으로서 목재 특유의 나뭇결을 살릴 수 있는 투명한 것을 사용한다.
② 목부도장에는 바니쉬 · 락카계 도료 · 산경화성 아미노알키드수지계 도료 · 불포화 폴리에스테르 수지계도료 · 폴리우레탄 수지계 도료 및 U.V. 경화도료를 채택한다.
③ 철부도장에는 녹막이 페인트, 유성페인트, 합성수지 페인트를 사용하고, 합성수지 도료는 에폭시 · 폴리우레탄 · 폴리에스테르 · 불소 · 아크릴 및 아크릴+멜라민 등의 합성수지 소재의 도료를 채택한다.
④ 철부도장은 접착성이 약한 재료를 사용하고 녹슬음을 방지하기 위한 바탕칠을 반영한다.

18 **도시공원 및 광장에 관한 내용 중 놀이터에 대한 설명으로 옳지 않은 것은?**

① 면적의 30% 이상을 공간의 분리 및 주변 식재를 위한 녹지로 확보하고 정규교육과 연계된 자연 교육효과를 기대할 수 있는 수종을 배식한다.
② 놀이기구 및 기타 시설의 수는 공간의 크기를 고려하여 정한다.
③ 출입구는 공원 내부에 통과 동선이 발생하도록 선정하여야 한다.
④ 이용자가 자동차도로와 교차하지 않고 접근가능하여야 하며, 접근로의 기울기는 유모차를 몰 수 있을 정도로 완만하여야 한다.

19 **다음 중 동선의 전제조건으로 가장 바르지 않은 것은?**

① 녹지 및 주위 시설물과의 관련성을 고려하여 노선이 설정되어 있어야 한다.
② 도로 구조 설계는 도로의 구조시설에 관한 규정을 준용하고 부득이한 때는 구조시설 기준을 함께 작성하여 적용한다.
③ 이용목적, 이용 상황 등을 고려한 설계속도가 결정되어 있어야 한다.
④ 연결되는 도로가 결정되고 연결 부위의 위치와 높이가 결정되어 있어야 한다.

20 **다음 중 포장 면의 조건으로 올바르지 않은 것은?**

① 건조 후 균열이 생기면 안 된다.
② 고른 면을 유지해야 한다.
③ 태양광선을 반사해야 하며 색채의 선정 시에도 이를 고려한다.
④ 미끄럼을 방지하면서도 걷기에 적합할 정도의 거친 면을 유지해야 한다.

21 **다음 중 그늘시렁(파고라)의 형태 및 규격에 관한 내용으로 적절하지 않은 것은?**

① 평면형태는 직사각형 및 정사각형을 기본으로 하며, 공간 성격에 따라 원형 · 아치형 부정형으로 할 수 있다.
② 그늘시렁의 형태는 설치목적과 장소에 따라 달리 적용하며 기둥단면과 들보 및 도리의 배열 · 각 부재의 형태 · 부재간의 균형 및 사용재료 등을 고려하여 설계한다.
③ 규격은 공간 규모와 이용자의 시각적 반응을 고려하여 결정하되 균형감과 안정감이 있도록 하며, 일반적으로 길이에 비해 높이가 높도록 한다.
④ 의자의 배치는 이용자 특성에 따라 내부지향형 · 외부지향형 · 단일방향 지향형 · 의자 및 야외탁자 조합형으로 나누어 공간의 성격에 맞게 배치한다.

22 **다음 단위 놀이시설 중 시소에 관한 내용으로 옳지 않은 것은?**

① 앉음판에는 손잡이를 채용하지 않는다.
② 지지대와 플레이트의 연결부분은 소음이 발생하지 않도록 기성 제품 베어링 또는 스프링으로 설계한다.
③ 앉음판이 지면에 닿는 부분은 충격을 줄일 수 있도록 타이어 등의 재료를 사용하여 설계한다.
④ 앉음판의 폭은 어린이의 앉은 상태를 고려하여 적절한 규격으로 설계한다.

23 **다음 운동시설에서 운동 공간의 평면구성에 관한 내용으로 옳지 않은 것은?**

① 운동 공간은 운동시설 공간 · 휴게 공간 · 보행 공간 · 녹지공간으로 나누어 설계하되, 설계 대상 공간 전체의 보행 동선 체계에 어울리도록 보행 동선을 계획한다.
② 이용자가 다수인 시설은 입구 동선과 주차장과의 관계를 고려하지 않으며, 주요 출입구에는 장시간 동안에 관람자를 출입시킬 수 있도록 광장을 설치한다.
③ 운동 공간과 도로 · 주차장 기타 인접 시설물과의 사이에는 녹지 등 완충공간을 확보한다.
④ 운동 공간의 어귀는 보행로에 연결시켜 보행 동선에 적합하게 설계한다.

24 **수경시설의 설계에서 전기설비에 관련한 내용으로 바르지 않은 것은?**

① 한쪽 열기 문의 경우 우측 핸들을 원칙으로 하고, 양쪽 열기 문의 경우 문을 향해 왼쪽에서 먼저 여는 구조를 원칙으로 한다.
② 옥외함의 색깔은 주위 환경에 맞추어 설계한다.
③ 케이블의 출구는 본체에 용접 또는 부착하고, 지수(止水)는 고무 패킹으로 한다.
④ 표시등의 색깔은 동작 중을 적색, 정지중은 녹색, 고장중은 노란색으로, 전원표시등의 상태를 표시하는 것은 백색으로 한다.

25 **다음 중 관리시설에서의 설계 검토사항으로 바르지 않은 것은?**

① 안전성 · 기능성 · 쾌적성 · 조형성 · 내구성 · 유지관리 등을 충분히 배려한다.
② 관리시설의 설계는 물리적 환경 척도에 적합하게 설계한다.
③ 하나의 설계 대상 공간 또는 동일지역에 설치하는 관리시설은 종류별로 규격 · 형태 · 재료의 체계화를 도모한다.
④ 기성 제품 관리시설은 기능성 · 미관 · 내구성 및 이용성이 우수하고 주변의 공간 및 시설과 조화되는 제품을 선정하여 설계에 반영한다.

26 **다음 관리시설 중 출입문에 관한 내용으로 바르지 않은 것은?**

① 긴급 차량의 출입, 접근도로와의 관계(도로의 성격 · 종류 · 노폭 · 보도의 유무 · 가로수의 유무 등), 그리고 이용자의 흐름 등을 고려하여 배치한다.
② 설계 대상 공간의 성격 · 규모 · 기능, 출입구 주변의 공간 형태 · 경관 등과 조화되는 형태로 설계한다.
③ 주출입구는 장애인 등이 접근하기에 불편함이 없도록 최대한의 경사로로 설계한다.
④ 설계 대상 공간의 성격 · 규모 · 주변의 이용현황 등을 고려하여 주출입구 · 부출입구 · 보조 출입구 등을 배치한다.

27 **다음 중 토사유출이 가장 적은 순서대로 열거된 숲의 모습은?**

① 활엽수림 – 침엽수림 – 사방지 – 나지
② 침엽수 – 활엽수 – 나지 – 사방지
③ 사방지 – 나지 – 활엽수림 – 침엽수림
④ 나지 – 사방지 – 침엽수림 – 활엽수림

28 **다음 중 고산지대에서 식물의 분포에 가장 큰 영향을 주는 요소는?**

① 초식동물의 분포 ② 겨울철 최저기온
③ 태양광 ④ 토양의 성분

29 **다음 중 시설녹지에 해당되지 않는 것은?**

① 연결녹지 ② 완충녹지
③ 경관녹지 ④ 생산녹지

30 **다음 숲길 관리의 유형 중 가장 거리가 먼 것은?**

① 숲길 공급 확대 ② 지형복원
③ 편의시설 설치 ④ 식생복원

31 **다음 경관 조명시설에 관한 내용 중 옳지 않은 것은?**

① 특정 다수의 집중적인 이용에 대비하여 청소나 보수 등의 유지관리에 편리하도록 회로 구성 등의 설계에 고려한다.
② 안전하고 쾌적하게 제 기능을 충분히 나타낼 수 있도록 시공 및 유지관리 측면에 이르기까지 고려한다.
③ 노약자 · 장애인 등의 몸이 불편한 이용자까지 이용에 불편함이 없도록 고려한다.
④ 경관 조명시설은 햇빛 · 비 · 바람에 노출된 조건을 고려한다.

32 다음 습공기선도에서 사용되는 항목이 아닌 것은?

① 건구온도 ② 노점온도
③ 엔트로피 ④ 비체적

33 다음 중 시설 봄무를 사질토양에 재배했을 때 나타나는 현상은?

① 생장속도가 느리다.
② 조직이 치밀해진다.
③ 저장성이 향상된다.
④ 노화 속도가 빠르다.

34 다음의 구근류 중 구근기관이 잘못 연결된 것은?

① 시클라멘 – 괴경
② 나리 – 인경
③ 프리지아 – 근경
④ 글라디올러스 – 구경

35 다음 식물병의 방제 중 경종(재배)적 방제에 속하지 않는 것은?

① 창고소독 ② 포장위생
③ 환경조절 ④ 시비조절

36 다음 중에서 유리온실 산업이 가장 잘 발달한 국가는?

① 포르투갈 ② 이스라엘
③ 이탈리아 ④ 네덜란드

37 다음 중 습지에서도 잘 자라는 습생 식물에 속하는 것은?

① 버드나무 ② 향나무
③ 소나무 ④ 단풍나무

38 다음 중 시비 요령에 대한 설명으로 올바른 것은?

① 꽃눈분화 촉진을 위해 질소비료를 많이 준다.
② 가을거름으로 속효성 비료를 사용한다.
③ 과실 품질을 위해 질소비료를 많이 준다.
④ 칼륨은 전량을 밑거름으로 준다.

39 다음 필름 중 보온성이 가장 좋은 연질필름은?

① 폴리에틸렌(PE : polyethylene)
② 염화비닐(PVC : polyvinyl chloride)
③ 에틸렌아세트산비닐(EVA : ethylene vinyl acetate)
④ 폴리에틸렌테레프탈레이드(PET : poly-ethylene terephthalate)

40 다음 중 어미나무 줄기의 지표면 가까이 또는 뿌리에서 발생하는 흡지를 뿌리와 함께 잘라 새로운 개체로 만드는 영양 번식 방법은?

① 묻어떼기　　② 꺾꽂이
③ 접붙이기　　④ 포기나누기

41 다음 그림과 같은 유리 온실의 내용으로 바르지 않은 것은?

① 겨울철 채광성이 우수하다.
② 보온성이 상당히 떨어진다.
③ 지붕이 한 쪽만 있다.
④ 가정용 온실 등 소형, 취미오락 온실에 적합하다.

42 다음 중 통일신라 문무왕 14년에 중국의 무산 12봉을 본 딴 산을 만들고 화초를 심었던 정원은?

① 비원　　② 안압지
③ 소쇄원　　④ 향원지

43 다음 목재 접착제 중 내수성이 큰 순서대로 바르게 나열된 것은?

① 요소수지 > 아교 > 페놀수지
② 아교 > 페놀수지 > 요소수지
③ 페놀수지 > 요소수지 > 아교
④ 아교 > 요소수지 > 페놀수지

44 다음 중 겨울철 또는 수중 공사 등 빠른 시일 내에 마무리해야 할 공사에 사용하기 편리한 시멘트는?

① 보통 포틀랜드 시멘트
② 중용열 포틀랜드 시멘트
③ 조강 포틀랜드 시멘트
④ 슬래그 시멘트

45 다음 중 표준형 보도블록의 크기는?

① 190×90×57mm
② 170×50×10mm
③ 300×300×60mm
④ 410×500×30mm

46 다음 중 경기장과 같이 전 지역의 배수가 균일하게 요구되는 곳에 주로 이용되는 암거 형태는?

① 어골형 ② 즐치형
③ 자연형 ④ 차단법

47 다음 중 토양단면을 통한 수분이동에 대한 설명 중 옳지 않은 것은?

① 토성이 같을 경우 입단화의 정도에 따라 수분이동양상은 다르다.
② 수분이 토양에 침투할 때 토성이 미세할수록 침투율은 증가한다.
③ 각 층위의 토성과 구조에 따라 수분의 이동양상이 다르다.
④ 토양을 구성하는 점토교질물의 영향을 받는다.

48 다음 중 주택정원의 기능이라고 볼 수 없는 것은?

① 주택의 미관향상 ② 주변의 날씨조절
③ 생활공간의 축소 ④ 주택가격의 향상

49 다음 중 골프장의 그린 조성에 많이 이용되는 잔디는?

① 켄터키 블루 그래스
② 러프 블루 그래스
③ 이탈리안 라이 그래스
④ 크리핑 벤트 그래스

50 다음의 분재 중 잡목분재의 소재로 적당한 종류는?

① 오엽송 ② 눈향나무(진백)
③ 매화나무 ④ 소사나무

51 다음 중 조경구조물에 관한 내용으로 적절하지 않은 것은?

① 침하량을 산정하는 경우에는 구조물의 자중과 침하에 영향을 미치는 적재하중을 작용하중으로 한다.
② 구조물의 설계 및 시공에 필요한 구조용토의 토질조사는 각 구조물의 종류와 규모, 중요성 및 장소에 따라 조사방법을 선택한다.
③ 지지력을 산정하는 경우에는 상부구조 및 하부구조의 자중과 이들에 작용하는 최소 내력을 작용하중으로 한다.
④ 옹벽 구조물에는 토압, 수압 및 상재하중을 작용 하중으로 한다.

52 다음 중 정원수의 아름다움의 3가지 요소에 해당되지 않는 것은?

① 내용미 ② 색채미
③ 식재미 ④ 형태미

53 다음 중 벤로형 온실의 특징으로 옳은 것은?

① 골격률이 낮다.
② 가정원예용으로 적합하다.
③ 지붕이 둥글다.
④ 양쪽 지붕길이가 다르다.

54 다음 잡초방제법 중 물리적 방제법의 실천 방안이 아닌 것은?

① 손제초 ② 예취
③ 피복 ④ 검역

55 다음 관수 방법으로 바르지 않은 것은?

① 식물을 주의 깊게 관찰 하고 토양 상태를 관찰한다.
② 수목의 상태를 보아 영양제를 혼합하여 관수를 실시한다.
③ 땅이 흠뻑 젖도록 관수한다.
④ 화단의 구배나 수목의 식재 위치로 인해 물이 유실될 경우 고랑을 파지 않는다.

56 Remote sensing에 의한 환경조사의 이점으로 바르지 않은 것은?

① 단시간 내 광범위한 지역 정보의 수집 및 해석이 가능하다.
② 직접 손을 대고 정보수집이 가능하다.
③ 현지답사 없이 가능하다.
④ 한 눈에 파악하기 쉽다.

57 다음 중 관수의 효과로 보기 가장 어려운 것은?

① 토양중의 양분을 용해 · 흡수 · 운반, 신진대사를 원활하게 한다.
② 수목, 잎 부분의 세포압력을 유지한다.
③ 지표, 공중의 습기가 포화되고 증발량이 증가된다.
④ 수목표면의 오염물질을 세정하고 토양 중 염류를 씻어내기를 촉진한다.

58 다음 옹벽에 관한 내용으로 옳지 않은 것은?

① 지지벽 옹벽은 부벽식 옹벽에 비해 안정성이 떨어진다.
② 부벽식 옹벽은 안정성을 중시한 철근콘크리트옹벽으로서 저판, 종벽, 부벽으로 되어 있다.
③ 반중력식 옹벽은 중력식 옹벽을 철근으로서 보강한 옹벽이다.
④ 역 T형 옹벽은 옹벽 높이가 약간 낮은 철근 콘크리트 옹벽이다.

59 다음 식재의 기능구분에서 환경조절기능이 아닌 것은?

① 방풍식재 ② 녹음식재
③ 지피식재 ④ 유도식재

60 다음 중 뿌리분의 크기를 결정할 시 고려사항으로 바르지 않은 것은?

① 희귀하거나 고가의 나무는 분의 크기를 크게 한다.
② 산지에 자생하는 나무는 분을 크게 뜬다.
③ 식재할 장소가 불량할 경우 분을 작게 뜬다.
④ 이식이 어려운 나무의 분은 다소 크게 뜨는 것이 좋다.

제5회 PBT 모의고사

수험번호
수험자명

제한 시간 : 60분 전체 문제 수 : 60 맞힌 문제 수 :

01 다음 중 기간난방부하로 할 수 있는 것은?

① 난방설비 용량의 결정
② 적정난방기간의 산정
③ 연료 소비량의 산정
④ 적정 환기 용량의 결정

02 시설 내 토양수분 관리요령을 적절하게 설명한 것은?

① 관수개시점(pF)을 노지의 경우보다 낮게 해준다.
② 관수개시점(pF)을 노지의 경우보다 높게 해준다.
③ 관수개시점(pF)을 노지와 비슷하게 유지해 준다.
④ 관수개시점(pF)에 특별히 신경 쓰지 않도록 한다.

03 다음 중 토마토 잎에 밀가루를 뿌린 듯 흰 가루가 생기는 병은?

① 밀가루병 ② 흰가루병
③ 풋마름병 ④ 흰빛곰팡이병

04 순환식 수경재배의 가장 큰 장점은?

① 산소공급이 원활하다.
② 품질향상이 가능하다.
③ 자원을 절약할 수 있다.
④ 시설설치가 용이하다.

05 다음 중 시설의 기화 냉방법에서 팬앤드패드를 설치하는 곳은?

① 시설의 지붕 ② 시설의 바닥
③ 시설의 측벽 ④ 시설의 출입구

06 다음 중 흡습성이 가장 작은 비료는?

① 황산칼륨 ② 염화칼륨
③ 염화암모늄 ④ 질산암모늄

07 다음 중 실내정원이 호텔이나 백화점에 있는 경우 주거 공간에 있는 실내정원과 구별되는 기능으로 다음 중 가장 적합한 것은?

① 실내환경 개선
② 스트레스 완화
③ 아름다운 경관연출
④ 만남과 담소의 장

08 다음 중 토양에 처리한 제초제의 행적이 아닌 것은?

① 흡착 ② 용탈
③ 식물체 내 흡수 ④ 도태

09 다음 중 제초제 저항성 식물의 발현이 쉽지 않은 이유가 아닌 것은?

① 토양은 많은 양의 감수성 잡초 종자를 함유하고 있다.
② 감수성 잡초보다 저항성 잡초 계통이 경합능력이 높아 생존할 가능성이 높다.
③ 잡초의 생식 및 번식 빈도가 1년에 1회로서, 곤충이나 병균에 비해 낮다.
④ 제초제를 사용하지 않은 감수성 집단의 동일종의 화분, 종자 등이 유입된다.

10 도시공원 및 녹지 등에 관한 법률에서 공원녹지기본계획 수립권자는 몇 년마다 관할구역의 공원녹지기본계획에 대하여 그 타당성을 전반적으로 재검토하여 이를 정비하여야 하는가?

① 1년 ② 2년
③ 3년 ④ 5년

11 다음 중 세계와 우리나라의 토양은 주요 감식층위의 유무와 그 종류에 의하여 몇 개의 목으로 분류되어 있는가?

① 10 ② 11
③ 13 ④ 12

12 다음 중 제초제 안전 사용에 관한 대책으로 적절하지 않은 것은?

① 제초제 살포 후 어지럽거나 메스껍거나 두통이 나면 바로 누워서 휴식을 취한다.
② 살포자는 건강 상태가 양호하여야 한다.
③ 살포 도중 약액이 피부에 묻었을 경우 즉시 깨끗이 씻어야 한다.
④ 제초제를 담았던 빈 병은 일정한 곳에 모으고 봉지나 포장지 등은 분리수거해야 한다.

13 다음 중 젖은 토양의 무게가 150g, 110℃에서 건조시킨 토양의 무게가 120g이라고 할 때 이 토양의 수분함량은?

① 15% ② 20%
③ 25% ④ 30%

14 다음 중 산성토양을 개량하는 효과가 없는 것은?

① 패화석 ② 염화가리
③ 석회석 ④ 석회고토

15 다음 비료 중에서 물에 녹는 정도가 가장 낮은 비료는?

① 황산암모늄 ② 용성인비
③ 요소 ④ 황산칼륨

16 다음 중 시설의 난방비 절감 대책으로 잘못된 것은?

① 지중열의 실내 유입을 늘린다.
② 축열물주머니를 바닥에 깐다.
③ 다중피복으로 방열을 줄인다.
④ 주야간의 항온관리를 해준다.

17 조경설계의 기본원칙에 관한 사항 중 바르지 않은 것은?

① 배치 · 재료 · 공법 등 제반 설계 요소를 적용함에 있어 설계 지역의 '기후와 에너지 절약'을 근거로 한다.
② 수목과 지피식물 등의 기존 식생과 기존 지형 · 문화경관 · 역사 경관 등을 최대한 보전한다.
③ 모든 옥외 공간 계획과 설계에서 유지관리의 노력과 비용을 최대화할 수 있도록 설계한다.
④ 주요 생물 서식처 · 철새 도래지 · 수계 · 야생동물 이동로 등의 기존 생태계를 최대한 보전한다.

18 도시공원 및 광장에 관한 내용 중 근린공원에 대한 설명으로 바르지 않은 것은?

① 공원의 입지적 여건을 충분히 고려하여 주변의 좋은 경관을 배경으로 활용하고, 근린주구주민의 요구를 반영한다.
② 토지이용은 가족 단위 혹은 집단의 이용 단위와 일부 연령층의 다양한 이용 특성을 고려하고 기존의 자연조건을 충분히 활용하지 않는다.
③ 조속한 녹화와 충분한 녹음, 계절감, 교육 · 정서적인 측면, 도시미적 측면, 유지관리 등을 고려한 수종을 선택하고 공간의 기능과 시설물의 속성을 반영하는 다양한 식재 기법을 적용한다.
④ 환경정화, 도시경관 조성 및 완충녹지로서의 기능과 문화재 혹은 사적의 보존 기능 및 장래의 시설 확장 후보지로서의 활용까지도 겸할 수 있는 환경보존 공간을 배치한다.

19 다음 중 표면배수에 관한 내용으로 옳지 않은 것은?

① 집수지점의 높이는 주변 포장이나 구조물과 기울기가 자연스럽게 연결되도록 설계한다.
② 식재 지역 및 구조물 쪽으로 역경사가 되도록 하며, 식재 지역에 다른 지역의 물이 유입되지 않도록 설계한다.
③ 표면배수의 물 흐름 방향은 개거나 암거의 배수계통을 고려하여 설계한다.
④ 식재 부위를 장기간 빈 공간으로 방치하는 경우에는 토양침식을 방지하기 위해서 표면을 지피식물 등으로 피복하도록 설계한다.

20 개거배수에 관한 내용으로 가장 바르지 않은 것은?

① 개거배수는 지표수의 배수가 주목적이 아니며 지표저류수, 암거로의 배수, 일부의 지하수 및 용수 등도 모아서 배수하지 않는다.
② 식재지에 개거를 설치하는 경우에는 식재계획 및 맹암거 배수계통을 고려하여 설계한다.
③ 개거의 보호를 위하여 널빤지, U형 측구, 떼지피수로 등을 설치한다.
④ 개거는 유량이 많으면 큰 단면을 필요로 하는 배수로와 지표면의 유하수를 배제하는 배수구로 나누어 적용한다.

21 다음 중 그늘막(셸터)에 대한 내용으로 가장 바르지 않은 것은?

① 마당 · 광장 등의 휴게공간과 건물 · 보행로 · 놀이터 등에 이용자들이 비와 햇빛을 피할 수 있도록 그늘막을 배치한다.
② 휴게용 그늘막은 짧은 휴식에 이용된다.
③ 비교적 자유롭게 배치할 수 있으나, 되도록 경관이 좋은 장소에 우선 배치한다.
④ 선형의 보행 공간에는 주동선과 평행하게 배치하고, 보행자의 통행에 지장을 주지 않도록 완충공간을 확보한다.

22 **다음 단위 놀이시설 중 회전시설에 관한 내용으로 옳지 않은 것은?**

① 기초는 회전시설의 구조적 안전성과 하중을 고려한 깊이로 설계한다.
② 회전시설은 회전판의 원주면 밖으로 돌출되는 부분이 없도록 한다.
③ 회전축의 베어링에는 별도의 주입구를 개방식으로 설계하여야 하며, 상부에 기름주입 뚜껑을 둘 경우에는 개폐식으로 설계한다.
④ 동적 놀이시설로서 놀이터의 중앙부나 통행이 많은 출입구 주변을 피하여 배치한다.

23 **다음 운동시설 중 육상경기장에 관한 내용으로 옳지 않은 것은?**

① 표면배수는 필드에 체수 현상이 발생하지 않도록 필드의 주변에서 중심을 향하여 균등한 기울기를 잡고, 필드와 트랙 사이에는 배수로를 설계한다.
② 트랙 및 필드의 표면은 스파이크로 잘 달릴 수 있고 또한 스파이크에 흙이 묻지 않도록 설계한다.
③ 심토층 배수관은 트랙을 횡단하지 않도록 트랙의 양측 면을 따라 배치한다.
④ 경기자의 태양광선에 의한 눈부심을 최소화하기 위해, 트랙과 필드의 장축은 북-남 혹은 북북서-남남동 방향으로, 관람자를 위해서는 메인 스탠드를 트랙의 서쪽에 배치한다.

24 **수경시설의 설비유지관리에서 정기적인 점검 및 정비를 고려해야 하는 설비의 내용으로 바르지 않은 것은?**

① 수중조명기구 - 케이블 상태 · 누전 상태 · 램프단선 상태 · 기구의 누수 상태
② 육상펌프 - 펌프의 부하 상태 · 축수부 · 카플링 · 볼트 · 너트 · 누수 · 모터의 절연저항
③ 수중펌프 - 전류계 지침에 의한 부하 상태 · 절연저항 · 모터의 봉수 · 케이블의 상태
④ 정수설비 - 소독 소재의 상태 · 배관과 밸브 · 소독농도 및 강도

25 **다음 중 관리시설의 배치기준에 대한 내용으로 적절하지 않은 것은?**

① 관리시설은 제 기능의 구현에 적합한 적정위치에 배치한다.
② 각 관리시설의 수량 · 구조 등은 지자체 등 관리주체의 관련 기준에 맞아야 한다.
③ 조형성이 매우 중요한 음수대 · 단주 등은 주변의 시설물이나 수목 등과의 연관성을 고려하여 배치한다.
④ 그늘진 습지 · 급경사지 · 바람에 노출된 곳 · 지반 불량지역 등에 관리시설을 배치하도록 한다.

26 우리나라 가로수 현황을 크기순으로 바르게 나열한 것은?

① 벚나무 > 은행나무 > 버즘나무 > 느티나무 > 단풍나무 > 이팝나무 > 배롱나무
② 벚나무 > 은행나무 > 느티나무 > 이팝나무 > 버즘나무 > 배롱나무 > 단풍나무
③ 은행나무 > 벚나무 > 단풍나무 > 버즘나무 > 이팝나무 > 느티나무 > 베롱나무
④ 은행나무 > 벚나무 > 이팝나무 > 버즘나무 > 느티나무 > 베롱나무 > 단풍나무

27 다음 중 산림자산을 측정하는 것으로 전체 산림 혹은 일부분의 산림에서 생육하고 있는 모든 나무의 재적을 무엇이라고 하는가?

① 대경재 ② 녹피율
③ 임상 ④ 임목축적

28 다음 중 천이 과정이 마무리되어 더 이상 큰 변화가 발생하지 않는 안정된 군집에 해당하는 것은?

① 천이군집 ② 선이군집
③ 안정군집 ④ 극상군집

29 다음 중 가로수의 조건으로 적절하지 않은 것은?

① 생장이 늦고 수형의 조형이 쉬운 수종
② 공해에 강할 것
③ 환경오염 저감과 기후 조절에 적합할 것
④ 주민에게 친밀감을 주는 수종

30 다음 중 도시지역 안의 식생 또는 임상이 양호한 토지의 소유자와 지방자치단체가 계약을 체결하여 계약된 토지를 일반 도시민에게 제공하는 제도는?

① 녹지활용계약 ② 녹화 계약
③ 국민의 숲 ④ 녹지 실명제

31 다음 경관 조명시설에서의 수중 등에 관한 내용으로 바르지 않은 것은?

① 폭포 · 연못 · 개울 · 분수 등 대상 공간의 수조나 폭포의 벽면 등 조명의 기능 구현에 적합한 곳에 배치한다.
② 전선에 접속점을 만들어야 한다.
③ 규정된 용기 속에 조명등을 넣어야 하며, 용기에 따라 정해진 최대수심을 넘지 않도록 하고 규정에 맞는 용량의 전구를 사용해야 한다.
④ 조명등에 여러 종류의 색 필터를 사용하여 야간의 극적인 분위기를 연출한다.

32 다음 중에서 비엔탈피를 설명한 것은?

① 공기의 총열량을 건조공기 중량으로 나눈 값
② 공기의 총열량을 공기 중량으로 나눈 값
③ 공기의 총수분량을 건조공기 중량으로 나눈 값
④ 공기의 총수분량을 공기 중량으로 나눈 값

33 다음 도면에 관한 내용 중 치수를 기입할 때에 주의할 사항으로 바르지 않은 것은?

① 도면에 기입되는 치수는 완성품의 마무리 치수를 기입함을 원칙으로 한다.
② 관련되는 치수는 되도록 여러 곳에 분산해서 기입한다.
③ 치수 숫자의 크기는 도면의 크기와 조화되도록 한다.
④ 도면에 기입되는 치수는 도면의 척도에 관계없이 물체의 실제 치수를 기입한다.

34 다음 중 특수한 파장의 단색광만을 방출하는 인공광원은?

① 형광등 ② 고압나트륨등
③ 발광다이오드 ④ 백열등

35 다음 중 포도에서 수확기를 다소 앞당기기 위해 많이 사용하는 간이시설은?

① 터널형하우스 ② 아치형하우스
③ 비가림하우스 ④ 펠레트하우스

36 다음 중에서 보온성과는 거리가 먼 시설은?

① 수막하우스 ② 에어하우스
③ 펠레트하우스 ④ 비가림하우스

37 다음 중 식물원이나 수목원에서 표본전시용으로 많이 사용되는 유리온실은?

① 외지붕형 온실 ② 스리쿼터형 온실
③ 벤로형 온실 ④ 둥근지붕형 온실

38 다음 중 시설의 틈새 환기와 함께 밖으로 새 나가는 열량은?

① 지중전열량　② 틈새전열량
③ 환기전열량　④ 관류열량

39 다음 중 춘파 일년초끼리만 짝지어진 것은?

① 피투니아 – 샐비어 – 데이지
② 백일초 – 색비름 – 튤립
③ 장미 – 아이리스 – 과꽃
④ 복숭아 – 나팔꽃 – 코스모스

40 다음 중 시설 지붕의 하중을 지탱하고 중도리와 갖도리 위에 걸치는 부재는?

① 왕도리　② 버팀대
③ 샛기둥　④ 서까래

41 다음 그림과 같은 유리 온실의 내용으로 바르지 않은 것은?

① 메론과 같은 호온성 작물에 유리하다.
② 겨울철 채광성이 우수하다.
③ 북쪽지붕의 폭이 전체 폭의 3/4 이다.
④ 양지붕형과 한쪽지붕형의 중간형태이다.

42 다음 중 중국의 4대 명원(四大名園)에 포함되지 않는 것은?

① 작원　② 사자림
③ 졸정원　④ 창랑정

43 다음 중 베르사이유 궁원을 꾸민 사람은?

① 르 노트르　② 옴스테드
③ 챔버　④ 팩스톤

44 다음 중 사대부나 양반계급들이 꾸민 별서정원은?

① 전주의 한벽루
② 수원의 방화수류정
③ 담양의 소쇄원
④ 의주의 통군정

45 다음 중 표준형 점토 벽돌의 크기는?

① 190×90×57mm
② 220×60×37mm
③ 260×80×27mm
④ 310×70×17mm

46 다음 콘크리트 공사 시에 물이 먼지와 함께 표면위로 올라와서 곰보처럼 생기는 현상은?

① 반죽질기(Consistency)
② 피니셔빌리티(finishability)
③ 성형성(plasticity)
④ 블리딩(bleeding)

47 다음 중 토양멀칭(soil mulching)을 실시하는 주목적은?

① 수분증발억제 ② 잡초발생억제
③ 지온의 상승 ④ 토양침식의 방지

48 다음 중 일본식 주택정원의 대표적인 양식은?

① 자연풍경식 ② 후원노단식
③ 누정양식 ④ 다정양식

49 다음 중 일년초화류의 일반적인 특징이라고 볼 수 없는 것은?

① 종자로 번식을 한다.
② 화단에 많이 심는다.
③ 한꺼번에 꽃이 핀다.
④ 주로 봄에 파종한다.

50 다음 중 시설의 보온비란 무엇을 의미하는가?

① 바닥면적/외표면적
② 현열량/방열량
③ 투과광량/관류열량
④ 환기횟수/시설용적

51 옹벽에 관한 내용 중 옳지 않은 것은?

① 부벽이 없는 종벽과 그 기초슬래브는 캔틸레버로 보고 설계하며 부벽이 있는 옹벽에 대해서는 종벽 및 기초슬래브 부분을 각각 그에 적합한 지지상태의 슬래브로 취급하여 설계한다.
② 옹벽이 짧게 불연속되는 경우에는 신축이음 및 수축이음을 설치해야 한다.
③ 석축이나 블록은 그 몸체가 배면의 토압에 의한 모멘트에 저항하는 데 충분한 강성이 없으므로 낮은 옹벽으로밖에 사용하지 못한다.
④ 옹벽 뒷면 흙의 배수에 관해서는 충분히 고려하지 않으면 안 된다. 상황에 따라 부득이 배수처리를 할 수 없는 경우에는 수압을 고려해야 한다.

52 다음 중 겨울에 지상부는 말라죽지만 지하부는 살아남는 초본식물은?

① 추파일년초　② 노지숙근초
③ 다육식물류　④ 동양난초류

53 다음 중 유리온실보다 비닐하우스가 더 좋은 점은?

① 보온성이 높다.　② 내구성이 크다.
③ 자동화가 쉽다.　④ 설치비가 싸다.

54 다음 중 식물체에 처리된 제초제를 흡수하는 부위가 아닌 것은?

① 뿌리　② 종자 및 신초
③ 잎　④ 목질화된 줄기

55 다음 중 시비의 유의사항으로 적절하지 않은 것은?

① 인분, 계분, 퇴비 등은 완전히 부숙된 것을 사용해야 한다.
② 과다한 양을 주지 않아야 한다.
③ 비료 입자가 식물체에 직접 닿도록 한다.
④ 장마시간, 늦여름, 늦가을에는 가급적 시비하지 않도록 한다.

56 Berlyne의 미적 반응과정을 바르게 나타낸 것은?

① 자극선택 → 자극탐구 → 반응 → 자극해석
② 자극탐구 → 자극해석 → 자극선택 → 반응
③ 자극탐구 → 자극선택 → 자극해석 → 반응
④ 자극선택 → 반응 → 자극탐구 → 자극해석

57 다음 토양수분에 관한 내용 중 잘못 설명한 것은?

① 흡착수는 토양입자의 표면에 토양입자와 물과의 분자 간 인력에 의해 피막되어 있는 물이다.
② 모관수는 토양입자간의 모관력에 의해 유지 및 이동하는 물이다.
③ 결합수는 토양입자의 외부에 결합되어 있는 물이다.
④ 중력수는 중력에 따라 토양의 입자 간을 이동하는 물이다.

58 다음 조경식재의 물리적 특성이 아닌 것은?

① 질감 ② 대비
③ 색채 ④ 형태

59 다음 중 수목운반 시의 주의점으로 옳지 않은 사항은?

① 증산억제제를 엽면 살포한다.
② 굴취에서 식재까지의 시간이 길수록 좋다.
③ 수분증산을 억제하기 위해 거적이나 시트로 덮어준다.
④ 잔뿌리는 잘 잘라서 정리한다.

60 식재 후 관리에서의 고려사항으로 바르지 않은 것은?

① 목재 지주대는 내구성이 강하고 방부처리되지 않은 것을 이용한다.
② 주풍방향을 고려하여 바람에 쓰러지지 않게 한다.
③ 수목과 지주목을 묶는 부위는 마대 등을 대어 수피손상을 방지해야 한다.
④ 지주가 교차하는 부분은 못 등으로 고정시키고 아랫부분은 흙 속에 묻는다.

조경기능사 필기

Craftsman Landscape Architecture

PART 2

CBT 모의고사

CRAFTSMAN
LANDSCAPE
ARCHITECTURE

제1회 CBT 모의고사

수험번호
수험자명

제한 시간 : 60분 전체 문제 수 : 60 맞힌 문제 수 :

01 다음 중 조경의 대상에 속하지 않는 것은?

① 문화재 주변 ② 주거지
③ 해안가 ④ 공원

02 정원양식 중 성격이 나머지 셋과 다른 하나는?

① 평면 기하학식 ② 중정식
③ 전원풍경식 ④ 도단식

03 정원양식의 발생 요인 중 성격이 나머지 셋과 다른 하나는?

① 역사성 ② 토지
③ 지형 ④ 기후

04 동양의 조경 양식 중 신라 및 통일신라의 대표적 정원은 무엇인가?

① 안학궁 ② 장안성
③ 궁남지 ④ 안압지

답안 표기란

01	①	②	③	④
02	①	②	③	④
03	①	②	③	④
04	①	②	③	④

답안 표기란	
05	① ② ③ ④
06	① ② ③ ④
07	① ② ③ ④
08	① ② ③ ④

05 **조경계획과 관련한 설계도의 종류 중 설계내용을 실제 눈에 보이는 대로 입체적인 그림으로 나타낸 것을 무엇이라고 하는가?**

① 입면도 ② 투시도
③ 평면도 ④ 상세도

06 **주제공원에 해당하지 않는 것은?**

① 문화공원 ② 역사공원
③ 수변공원 ④ 근린공원

07 **한해살이에서 봄뿌림에 속하지 않는 것은?**

① 금어초 ② 봉선화
③ 나팔꽃 ④ 맨드라미

08 **목질 재료에 관한 내용 중 가장 적절하지 않은 것은?**

① 전도성이 낮다.
② 가벼우면서도 중량에 비해 강도가 크다.
③ 가격이 비교적 고가이다.
④ 재질이 부드럽고 촉감이 좋다.

답안 표기란	
09	① ② ③ ④
10	① ② ③ ④
11	① ② ③ ④
12	① ② ③ ④

09 석질 재료에 관한 설명 중 가장 옳지 않은 것은?

① 마모성은 작다.
② 무겁고 가공하기 용이하다.
③ 내구성 및 강도가 크다.
④ 가공성이 있다.

10 건축구조물 또는 콘크리트 제품 등 여러 방면에 활용되는 시멘트는?

① 보통 포틀랜드 시멘트 ② 중용열 포틀랜드 시멘트
③ 조강 포틀랜드 시멘트 ④ 백색 포틀랜드 시멘트

11 광산과 같은 특수목적 구조물에 활용되는 시멘트는 무엇인가?

① 중용열 포틀랜드 시멘트 ② 고로슬래그 시멘트
③ 플라이 애시 시멘트 ④ 실리카 시멘트

12 다음 중 시공자 선정 방법으로 옳지 않은 것은?

① 특명 입찰 ② 수의 계약
③ 지명경쟁입찰 ④ 비제한경쟁입찰

답안 표기란	
13	① ② ③ ④
14	① ② ③ ④
15	① ② ③ ④
16	① ② ③ ④

13 **식재 공사에 관한 내용 중 뿌리돌림에 관한 사항으로 적절하지 않은 것은?**

① 뿌리돌림의 시기는 봄의 해토 직후부터 생장이 가장 활발한 시기에 하는 것이 적합하다.

② 작업 시 뿌리분이 깨질 위험이 있으면 새끼로 감아 뿌리분이 깨지는 것을 막고, 가지와 잎을 적당히 솎아 지상부와 지하부의 균형을 맞추어 주는 것이 좋다.

③ 뿌리분의 크기는 근원 직경의 4~6배로 하는데, 보통 6배 정도를 기준으로 한다.

④ 뿌리돌림은 이식력이 약한 나무를 대상으로 굴취 전에 미리 잔뿌리를 발달시켜 이식력을 높이거나, 노목이나 쇠약목의 세력 회복을 위한 목적으로 사용된다.

14 **국내 조경의 발달에 관한 연도 및 내용으로 옳지 않은 것은?**

① 1963년 – 한국 공원법 제정

② 1980년대 – 조경개념의 도입

③ 1973년 – 대학에 조경학과 신설(서울대, 영남대 등)

④ 1975년 – 우리나라 조경설계기준 제정

15 **정원양식의 구분 중 정형식 정원에 관한 내용으로 가장 적절하지 않은 것은?**

① 정형식 정원은 인공적인 특성이 두드러지게 나타나는 형식이다.

② 수목을 기하학적으로 전정한다.

③ 동아시아, 유럽의 18세기 영국에서 발달한 형태이다.

④ 축을 중심으로 좌우 대칭형으로 구성되었다.

16 **경관구성의 기본요소가 아닌 것은?**

① 점　　② 형태

③ 선　　④ 위치

답안 표기란	
17	① ② ③ ④
18	① ② ③ ④
19	① ② ③ ④
20	① ② ③ ④

17 **다음 경관구성의 요소에 관한 내용 중 나머지 셋과 다른 하나는?**

① 정열적　　② 냉정함
③ 온화함　　④ 전진

18 **경관분석의 기본계획을 바르게 표현한 것을 고르면?**

① 기본구상 및 대안작성 → 토지이용계획 → 교통동선계획 → 시설물배치계획 → 식재계획
② 기본구상 및 대안작성 → 교통동선계획 → 토지이용계획 → 식재계획 → 시설물배치계획
③ 기본구상 및 대안작성 → 시설물배치계획 → 토지이용계획 → 교통동선계획 → 식재계획
④ 기본구상 및 대안작성 → 식재계획 → 시설물배치계획 → 토지이용계획 → 교통동선계획

19 **조경설계 기준에 관한 내용 중 경관조절에 속하지 않는 것은?**

① 지표식재　　② 경관식재
③ 유도식재　　④ 차폐식재

20 **조경재료의 생물재료 특성이 아닌 것은?**

① 조화성　　② 자연성
③ 연속성　　④ 가공성

21 다음 중 식물의 성상(나무모양)에 따른 분류가 아닌 것은?

① 관목
② 교목
③ 덩굴식물
④ 지피식물

22 수목을 분류할 시에 꽃의 개화기 및 색깔의 분류에 관한 연결로 가장 옳지 않은 것은?

① 3월 – 생강나무, 개나리 등
② 4월 – 자귀나무, 능소화 등
③ 5월 – 모과나무, 쥐똥나무 등
④ 6월 – 해당화, 수국 등

23 다음 중 돌가공 순서로 옳은 것은?

① 꼭두기 → 잔다듬 → 정다듬 → 도두락다듬
② 잔다듬 → 꼭두기 → 정다듬 → 도두락다듬
③ 꼭두기 → 정다듬 → 도두락다듬 → 잔다듬
④ 잔다듬 → 정다듬 → 꼭두기 → 도두락다듬

24 멀칭의 목적이 아닌 것은?

① 무기질 비료의 제공
② 토양수분의 유지
③ 잡초발생의 방지
④ 토양의 비옥도 증진

답안 표기란				
21	①	②	③	④
22	①	②	③	④
23	①	②	③	④
24	①	②	③	④

25 다음 중 식재 후 나무가 고사하는 이유가 아닌 것은?

① 뿌리를 너무 많이 잘라내고 심은 경우
② 토양이 오염되어 불량한 경우
③ 이식 후 전정을 한 경우
④ 너무 깊게 심은 경우

26 지주 세우기 중 나무보호를 위한 조치가 아닌 것은?

① 삼각지주 ② 이각지주
③ 단각지주 ④ 삼발이

27 다음 농약 포장지 색깔의 연결로써 가장 옳지 않은 것은?

① 살균제 – 분홍색 ② 살충제 – 녹색
③ 제초제 – 검은색 ④ 생장조절제 – 청색

28 전정시기에 관한 설명으로 가장 옳지 않은 것은?

① 봄 전정 – 새로운 가지 및 잎이 나오는 3~5월에 실시한다.
② 여름 전정 – 6~8월에 실시한다.
③ 가을 전정 – 대부분의 조경수목은 가을에 전정한다.
④ 강전정을 하지 않아도 되는 나무는 느티나무, 벚나무 등이다.

답안 표기란				
25	①	②	③	④
26	①	②	③	④
27	①	②	③	④
28	①	②	③	④

29 다음 중 비료의 3요소가 아닌 것은?

① 칼륨 ② 질소
③ 마그네슘 ④ 인

30 다음 중 전정의 목적으로 보기 가장 어려운 것은?

① 개화결실을 위해 ② 생리조절을 위해
③ 성장증가를 위해 ④ 생장조장을 위해

31 다음 중 음지에서 견디는 힘이 강한 수목(음수)에 해당하지 않는 것은?

① 전나무 ② 자작나무
③ 가시나무 ④ 사철나무

32 다음 중 1회 신장형 수목에 해당하지 않는 것은?

① 곰솔 ② 과수
③ 소나무 ④ 사철나무

답안 표기란				
29	①	②	③	④
30	①	②	③	④
31	①	②	③	④
32	①	②	③	④

33 **다음 중 3엽 속생에 속하는 것은?**

① 해송　　② 눈잣나무
③ 대왕송　　④ 섬잣나무

34 **주변부로 갈수록 키 작은 종류를 심어 사방에서 관상할 수 있게 하는 화단을 무엇이라고 하는가?**

① 기식화단　　② 노단화단
③ 수단화단　　④ 경재화단

35 **다음 목재의 건조 방법 중 나머지 셋과 다른 하나는?**

① 열기법　　② 훈연법
③ 공기건조법　　④ 증기법

36 **다음 중 성격이 다른 하나는?**

① 현무암　　② 화강암
③ 석회암　　④ 안산암

답안 표기란	
33	① ② ③ ④
34	① ② ③ ④
35	① ② ③ ④
36	① ② ③ ④

37 벽돌쌓기 방식 중 가장 구조적으로 안정된 것을 순서대로 바르게 표현한 것은?

① 프랑스식 쌓기 > 미국식 쌓기 > 영국식 쌓기 > 네덜란드식 쌓기
② 영국식 쌓기 > 네덜란드식 쌓기 > 미국식 쌓기 > 프랑스식 쌓기
③ 네덜란드식 쌓기 > 영국식 쌓기 > 프랑스식 쌓기 > 미국식 쌓기
④ 영국식 쌓기 > 미국식 쌓기 > 프랑스식 쌓기 > 네덜란드식 쌓기

38 다음 중 조경 시공순서로 옳은 것은 무엇인가?

① 터 닦기 → 콘크리트 공사 → 급배수 및 호안공 → 정원시설물 설치 → 식재공사
② 터 닦기 → 식재공사 → 급배수 및 호안공 → 콘크리트 공사 → 정원시설물 설치
③ 터 닦기 → 정원시설물 설치 → 콘크리트 공사 → 식재공사 → 급배수 및 호안공
④ 터 닦기 → 급배수 및 호안공 → 콘크리트 공사 → 정원시설물 설치 → 식재공사

39 다음 중 배수를 결정하는 요소가 아닌 것은?

① 토지 이용　② 식물피복 상태
③ 토지 가격　④ 배수지역의 크기

40 다음 작업종별 적정 기계의 연결이 바르지 않은 것은?

① 운반 – 진동 콤팩터　② 굴착 – 파워셔블
③ 적재 – 트랙터 셔블　④ 다짐 – 타이어 롤러

답안 표기란	
37	① ② ③ ④
38	① ② ③ ④
39	① ② ③ ④
40	① ② ③ ④

41 다음 발병 부위에 따른 병해를 구분할 시에 '줄기' 부위에 해당하는 병해의 종류가 아닌 것은?

① 줄기마름병 ② 탄저병
③ 암종병 ④ 가지마름병

42 다음 해충에 관한 내용 중 즙액을 빨아먹는 해충이 아닌 것은?

① 응애류 ② 진딧물류
③ 깍지벌레류 ④ 소나무좀

43 다음 중 농약의 안전한 사용으로 가장 거리가 먼 것은?

① 농약은 바람을 등지고 살포하며, 피부가 노출되지 않도록 마스크와 보호복을 착용한다.
② 서늘하고 밝은 곳에 농약 전용 보관 상자를 만들어 보관한다.
③ 쓰고 남은 농약은 표시를 해 두어 혼동하지 않도록 한다.
④ 작업 중에 음식 먹는 일은 삼간다.

44 다음 중 합판에 관한 내용으로 옳지 않은 것은?

① 수축, 팽창의 변형이 심하다.
② 강도가 고르다.
③ 내구성, 내습성이 크다.
④ 나무결이 아름답다.

답안 표기란				
41	①	②	③	④
42	①	②	③	④
43	①	②	③	④
44	①	②	③	④

45 다음 중 굳지 않은 콘크리트의 성질에 관한 내용 중 옳지 않은 것은?

① 반죽질기는 반죽의 되고 진 정도를 말한다.
② 슬럼프 시험은 워크빌리티를 측정하기 위한 수단으로 반죽의 질기를 측정하는 방법을 말한다.
③ 블리딩은 재료의 선택, 배합이 적당해서 물이 먼지와 함께 표면위로 올라와서 곰보처럼 생기지 않는 현상을 말한다.
④ 레이턴스는 블리딩에 의해 콘크리트 표면에서 침전하고 말라 붙은 표피를 형성한 것을 말한다.

46 다음 중 조경구조물의 시공 순서로 옳은 것은?

① 거푸집 조립 → 버림 콘크리트 타설 → 철근조립 → 본 콘크리트 타설
② 거푸집 조립 → 철근조립 → 버림 콘크리트 타설 → 본 콘크리트 타설
③ 버림 콘크리트 타설 → 거푸집 조립 → 철근조립 → 본 콘크리트 타설
④ 버림 콘크리트 타설 → 철근조립 → 거푸집 조립 → 본 콘크리트 타설

47 다음 중 철재 페인트칠 순서로 옳은 것은?

① 녹닦기 → 에나멜 페인트 칠하기 → 연단
② 연단 → 녹닦기 → 에나멜 페인트 칠하기
③ 녹닦기 → 연단 → 에나멜 페인트 칠하기
④ 연단 → 에나멜 페인트 칠하기 → 녹닦기

48 다음 중 거름주기의 목적으로 보기 가장 어려운 것은?

① 병충해에 대한 저항력의 감소
② 조경수목의 미관을 유지
③ 열매성숙, 꽃을 아름답게 함
④ 토양미생물의 번식을 촉진

답안 표기란	
45	① ② ③ ④
46	① ② ③ ④
47	① ② ③ ④
48	① ② ③ ④

49 다음 중 조경계획 과정을 옳게 나타낸 것은?

① 목표설정 → 자료분석 → 기본설계 → 기본계획 → 시공 및 감리 → 실시설계 → 유지관리
② 목표설정 → 기본계획 → 기본설계 → 실시설계 → 자료분석 → 시공 및 감리 → 유지관리
③ 목표설정 → 기본계획 → 자료분석 → 기본설계 → 실시설계 → 시공 및 감리 → 유지관리
④ 목표설정 → 자료분석 → 기본계획 → 기본설계 → 실시설계 → 시공 및 감리 → 유지관리

50 다음 중 평면화단에 해당하지 않는 것은?

① 리본화단 ② 화문화단
③ 노단화단 ④ 포석화단

51 우리나라 전남 담양군에 소재하고 있으며 양산보라는 사람이 지은 주택정원은 무엇인가?

① 부용동 원림 ② 다산초당
③ 소쇄원 ④ 옥호 정원

52 다음 일본역사의 시대구분 및 정원양식에 관한 내용 중 가장 옳지 않은 것은?

① 평안(헤이안)시대 전기에는 해안 풍경을 본딴 정원, 신선사상을 배경으로 한 정원양식이다.
② 평안(헤이안)시대 후기에는 불교식 정토사상의 영향으로 회유임천식 정원양식이 성립되었다.
③ 겸창(가마쿠라)시대에는 겸창시대에 선종의 전파로 정원양식에 영향을 미쳤다.
④ 내랑(나라)시대에는 612년 백제 노자공이 궁남정에 수미산과 오교를 만들었다.

답안 표기란	
49	① ② ③ ④
50	① ② ③ ④
51	① ② ③ ④
52	① ② ③ ④

답안 표기란	
53	① ② ③ ④
54	① ② ③ ④
55	① ② ③ ④
56	① ② ③ ④

53 다음 중 고대 이집트의 조경에 관한 내용으로 옳지 않은 것은?

① 강수량이 적고 사막으로 둘러싸여 자연적인 녹색경관이 거의 없고 나일강 양편만 관개에 의해 띠 모양으로 농업경관이 있다.
② 강수량이 적고 사막으로 둘러싸여 있어 자연적인 녹색경관이 없고 작열하는 태양과 수림의 결핍으로 인해 녹음을 갈망하고 수목을 신성시 하여 원예가 일찍이 발달하고 관개기술도 발달하였다.
③ 나일 강 서편의 신전군과 동편의 분묘군은 서로 비슷한 건물군의 축조로 매우 철학적이다.
④ 정원에서는 기후의 영향으로 높은 울담으로 둘러싸고 답안에 몇 겹으로 수목을 열식하였으며 관개의 편의를 위해 수목식재 시에 바둑판처럼 정연하게 배식하였다.

54 J. O. Simonds의 공간구성의 4차 요소 중 그 연결이 바르지 않은 것은?

① 제1차 공간 – 평면적인 토지 자체
② 제2차 공간 – 평면의 물적 표현으로 인위적 구조물
③ 제3차 공간 – 3차 평면이 있는 것처럼 느끼는 요소
④ 제4차 공간 – 시간 공간의 비연속적인 변화

55 다음 자연공원법에 관한 내용 중 공원위원회의 심의 사항이 아닌 것은?

① 공원계획의 결정 · 변경에 관한 사항
② 자연공원의 지정 · 해제 및 구역 변경에 관한 사항
③ 자연공원의 환경에 경미한 영향을 미치는 사업에 관한 사항
④ 공원기본계획의 수립에 관한 사항

56 자연공원법에 관한 사항 중 환경부 장관은 지질공원의 관리 · 운영을 효율적으로 지원하기 위해 수행해야 할 업무로 가장 옳지 않은 것은?

① 지질 유산의 조사
② 지질공원 관련 국제협력
③ 지질사업의 사업 타당성 조사
④ 지질공원 지식 · 정보의 보급

57 다음 포장에 대한 설계지침으로 가장 적절하지 않은 것은?

① 특별한 목표가 없을 때에는 한 설계 내 한 지역과 다른 지역의 포장을 변화시키지 않아야 한다.
② 설계지역 내에 사용될 재료의 수는 통일감을 확실하게 하기 위하여 단순해야 한다.
③ 포장 재료의 선택이나 포장 패턴의 설계는 포장이 기능적, 시각적으로 전체 구상에 종합화 되게끔 다른 설계 요소들의 선택과 구성이 상호 보완되지 않도록 해야 한다.
④ 평면 자체와 더불어 눈높이에서 투시되는 포장 패턴도 검토되어야 한다.

58 유동성 포장에 관한 내용으로 옳지 않은 것은?

① 지표수를 투과시킬 수 있다.
② 신체적으로 보행에 지장이 있는 사람들은 걷기가 매우 힘들다.
③ 다른 요소에 의해 채워두어야 한다.
④ 배수 시설 설치에 따른 비용이 많이 든다.

59 색채에 따른 심리적 영향으로 옳지 않은 것은?

① 백색의 심리적 반응으로는 머리를 자극하고 맥박이 오르고 식욕이 늘어난다.
② 황색은 활동적으로 명랑하게 하고 두뇌를 활발하게 하여 행복감을 느끼게 하는 색채이다.
③ 교실 벽에 황색을 바르면 아이들에게 좋은 결과를 주며 졸음을 없애준다.
④ 노인은 명랑한 색인 청색을 좋아한다.

60 다음 조경제도에 사용되는 연필심에 관한 내용 중 가장 옳지 않은 것은?

① HB는 넓은 선이나 질감 표현에 사용한다.
② H는 제도용 연필로 만능적인 것이다.
③ 4H는 보조선과 흐린 계획선에 적당하다.
④ 2H는 잘 지워지며 쉽게 번진다.

답안 표기란				
57	①	②	③	④
58	①	②	③	④
59	①	②	③	④
60	①	②	③	④

제2회 CBT 모의고사

수험번호

수험자명

제한 시간 : 60분　전체 문제 수 : 60　맞힌 문제 수 :

01 목질 재료에 관한 내용으로 가장 옳지 않은 것은?

① 내화성이 없다　② 강도가 균일하다.
③ 전도성이 낮다.　④ 외관이 아름답다.

02 석질 재료에 대한 설명으로 적절하지 않은 것은?

① 외관이 아름답다.
② 가공하기 어렵다.
③ 열을 받을 경우 파괴되기 쉽다.
④ 인장강도가 크다.

03 다음 중 연결이 바르지 않은 것은?

① 우리나라 최초의 근대적 공원 – 파고다 공원(탑골 공원)
② 우리나라 최초의 국립공원 – 1967년 지리산 국립공원
③ 우리나라 최초의 유럽식 공원 – 덕수궁 석조전 앞
④ 1982년 유네스코 생물보전지역으로 지정된 곳 – 한라산

04 경관의 우세요소를 바르게 나타낸 것을 고르면?

① 선 > 형태 > 질감 > 색채
② 색채 > 질감 > 선 > 형태
③ 형태 > 선 > 색채 > 질감
④ 질감 > 색채 > 형태 > 선

답안 표기란

01	①	②	③	④
02	①	②	③	④
03	①	②	③	④
04	①	②	③	④

05 조경설계 기준 중 환경조절에 해당하지 않는 것은?

① 방화식재 ② 녹음식재
③ 지피식재 ④ 경계식재

06 식물재료에서 초화류에 해당하지 않는 것은?

① 화문화단 ② 평면화단
③ 덩굴식물 ④ 침상화단

07 수목을 분류할 시에 열매에 따른 분류에 대한 연결로 적절하지 않은 것은?

① 6월 – 매실나무 ② 7월 – 자두나무
③ 9월 – 동백나무 ④ 10월 – 은행나무

08 다음 중 비료의 4요소에 해당하지 않는 것은?

① 칼슘 ② 칼륨
③ 질소 ④ 탄소

답안 표기란				
05	①	②	③	④
06	①	②	③	④
07	①	②	③	④
08	①	②	③	④

09 다음 중 전정해야 할 가지가 아닌 것은?

① 뿌리 및 줄기에서 움튼 가지 ② 처진 가지
③ 밖으로 향한 가지 ④ 죽은 가지

10 다음 중 관수(灌水) 방법으로 옳지 않은 것은?

① 줄기에만 흠뻑 관수한다.
② 땅이 흠뻑 젖도록 관수한다.
③ 식물을 주의 깊게 관찰하고 토양 상태를 관찰한다.
④ 수목의 상태를 보아 영양제를 혼합하여 관수를 실시한다.

11 일본 정원양식의 변천과정으로 옳은 것은?

① 임천식 → 축산고산수식 → 회유임천식 → 다정식 → 평정고산수식 → 축경식 → 원주파임천형식
② 임천식 → 회유임천식 → 축산고산수식 → 평정고산수식 → 다정식 → 원주파임천형식 → 축경식
③ 회유임천식 → 임천식 → 다정식 → 축산고산수식 → 축경식 → 평정고산수식 → 원주파임천형식
④ 회유임천식 → 축경식 → 다정식 → 임천식 → 원주파임천형식 → 축산고산수식 → 평정고산수식

12 교목의 수관 아래가 터널과 같이 형성되는 경관을 무엇이라고 하는가?

① 관개경관 ② 지형경관
③ 터널경관 ④ 비스타경관

답안 표기란	
09	① ② ③ ④
10	① ② ③ ④
11	① ② ③ ④
12	① ② ③ ④

13 다음 중 상록침엽수에 해당하지 않는 것은?

① 전나무 ② 소나무
③ 월계수 ④ 측백나무

14 나무의 개화 시기를 잘못 연결한 것은?

① 2월 - 오리나무 ② 4월 - 자목련
③ 6월 - 태산목 ④ 8월 - 산수유

15 다음 중 생울타리에 알맞은 수종이 아닌 것은?

① 수관 안쪽을 향해 가지가 성장할 것
② 잔가지와 잔잎이 많이 있는 나무
③ 윗가지가 오래 사는 것
④ 다듬기 작업에 견딜 것

16 다음 중 척박지에 견디는 수종이 아닌 것은?

① 소나무 ② 아카시아
③ 동백나무 ④ 버드나무

답안 표기란				
13	①	②	③	④
14	①	②	③	④
15	①	②	③	④
16	①	②	③	④

답안 표기란				
17	①	②	③	④
18	①	②	③	④
19	①	②	③	④
20	①	②	③	④

17 2회 신장형 수목이 아닌 것은?

① 소나무 ② 사철나무
③ 삼나무 ④ 쥐똥나무

18 다음 중 5엽 속생에 해당하지 않는 것은?

① 섬잣나무 ② 방크스소나무
③ 스트로브잣나무 ④ 눈잣나무

19 봄에 파종하는 1년초에 관한 내용으로 가장 옳지 않은 것은?

① 맨드라미, 매리골드, 페튜니아, 금잔화 등이 있다.
② 얼면 말라 죽으므로 서리의 걱정이 없는 봄에 씨를 뿌리고 가꾼다.
③ 봄에 씨를 뿌리고 여름~가을에 걸쳐 꽃피우는 초화로 열대 아열대가 원산인 것이 많다.
④ 내한성이 강하다.

20 다음 중 콘크리트에 관한 내용으로 가장 거리가 먼 것은?

① 유지관리비가 적게 든다.
② 품질 및 시공관리가 어렵다.
③ 모양을 임의로 만들 수 없다.
④ 철근을 피복하여 녹을 방지하며 철근과의 부착력을 높인다.

21 다음 입찰방식 중 일반적으로 상대편을 골라서 맺는 계약을 무엇이라고 하는가?

① 지명경쟁입찰 ② 특명입찰
③ 수의계약 ④ 일반경쟁입찰

22 다음 중 조경공사의 일반적인 순서로 가장 적절한 것은?

① 부지 지반조성 → 지하매설물 설치 → 조경시설물 설치 → 수목식재
② 부지 지반조성 → 조경시설물 설치 → 지하매설물 설치 → 수목식재
③ 부지 지반조성 → 조경시설물 설치 → 수목식재 → 지하매설물 설치
④ 부지 지반조성 → 지하매설물 설치 → 수목식재 → 조경시설물 설치

23 다음 중 수목을 전정하는 원칙으로 적절하지 않은 것은?

① 수목의 역지, 중하지, 난지는 제거한다.
② 뿌리의 성장방향과 가지의 유인을 고려한다.
③ 무성하게 자란 가지는 자르지 않는다.
④ 수목의 균형을 잃을 정도의 도장지는 제거한다.

24 다음 해충에 관한 내용 중 잎을 갉아먹는 해충에 속하는 것은?

① 진딧물류 ② 향나무하늘소
③ 소나무좀 ④ 솔나방

답안 표기란				
21	①	②	③	④
22	①	②	③	④
23	①	②	③	④
24	①	②	③	④

25 **다음 농약의 종류 중 병원균을 죽이는 목적으로 쓰이는 농약은 무엇인가?**

① 살선충제 ② 살충제
③ 살균제 ④ 제초제

26 **다음 중 자연석의 모양에 관한 설명으로 적절하지 않은 것은?**

① 환석은 각이 진 돌로, 3각 및 4각 등이 있다.
② 횡석은 불안감을 주는 돌을 받쳐서 안정감을 가지게 하기도 한다.
③ 입석은 세워서 쓰는 돌을 말한다.
④ 사석은 절벽과 같은 풍경을 나타낼 때 이용된다.

27 **다음 중 플라스틱에 관한 내용으로 가장 거리가 먼 것은?**

① 착색, 광택이 좋다.
② 내열성이 부족하다.
③ 복잡한 모양의 성형은 불가하다.
④ 접착력이 크다.

28 **콘크리트 공사에서 다지기 작업에 관한 설명으로 가장 옳지 않은 것은?**

① 거푸집 가까이에서 작업해야 한다.
② 한(작업)구획 내의 굳어짐 전에 끝낸다.
③ 너무 높은데서 떨어뜨리면 자갈이 분리된다.
④ 거푸집에 물을 뿌려야 한다.

답안 표기란	
25	① ② ③ ④
26	① ② ③ ④
27	① ② ③ ④
28	① ② ③ ④

답안 표기란				
29	①	②	③	④
30	①	②	③	④
31	①	②	③	④
32	①	②	③	④

29 조경시설물 공사에서 모래터에 관한 설명으로 가장 옳지 않은 것은?

① 모래터 깊이는 30cm 이상으로 한다.
② 바닥은 배수공을 설치하거나 잡석으로 물이 빠지도록 한다.
③ 하루에 30분~1시간의 햇빛을 쬐이고 통풍이 잘 되는 곳이어야 한다.
④ 어린이 놀이터에서 가장 먼저 고려해야할 것은 안전이다.

30 다음 중 테라스에 관한 내용으로 옳지 않은 것은?

① 거실, 응접실, 식당 앞에 맞붙여 만든다.
② 평면으로 만들기 때문에 면적이 클 때에는 옥외실로 이용되면 탁자와 의자, 조각상, 화분 등을 설치해야 한다.
③ 건물과 조경을 연결시키는 역할을 한다.
④ 최소 넓이는 $5m^2$이다.

31 고산수 정원에 관한 내용으로 적절하지 않은 것은?

① 상징적이고 회화적이며 신선 사상과 북종화의 영향을 받는다.
② 돌이나 모래로 바다나 계류를 나타낸다.
③ 다듬은 수목으로 산봉우리나 가까운 산을 상징한다.
④ 초기의 묵화적인 산수를 사실적으로 취급한 것으로부터 점차적으로 추상적인 의장으로 변해간다.

32 나일강에 대한 내용으로 가장 거리가 먼 것은?

① 나일강 유역은 산맥으로 둘러싸여 있지 않고 지형이 개방되어 있다.
② 범람 시기가 일정하다.
③ 토지가 비옥해 농업, 목축업 등이 발달하였다.
④ 이집트의 정치, 사회, 종교, 학문, 예술 등에 심대한 영향을 끼쳤다.

답안 표기란	
33	① ② ③ ④
34	① ② ③ ④
35	① ② ③ ④
36	① ② ③ ④

33 자연공원법에 관한 내용 중 공원자연보존지구(특별히 보호할 필요가 있는 지역)에 해당하는 것이 아닌 것은?

① 자연생태계가 원시성을 지니고 있는 곳
② 마을이 형성된 지역으로서 주민 생활을 유지하는 데에 필요한 지역
③ 생물다양성이 특히 풍부한 곳
④ 경관이 특히 아름다운 곳

34 다음 중 식물재료의 기능적 이용으로 보기 가장 어려운 것은?

① 급한 경사의 완화 ② 공간의 형성
③ 장식적인 기능 ④ 동선의 유도

35 단위 포장재 중 석재에 관한 내용으로 옳지 않은 것은?

① 야석 – 지표나 지표근처에서 얻을 수 있는 석재
② 하천석 – 흐르는 물에 의해서 둥글게 된 돌
③ 판석 – 층을 이루고 있어 비교적 얇은 판 상태로 갈라질 수 있는 석재
④ 절단석 – 하천석과 비슷하지만 약간 납작한 돌

36 다음 제도 시의 주의사항으로 바르지 않은 것은?

① 일정한 선의 굵기 ② 명확성
③ 점의 체계 ④ 농도의 짙음

답안 표기란	
37	① ② ③ ④
38	① ② ③ ④
39	① ② ③ ④
40	① ② ③ ④

37 다음 중 환경영향평가의 문제점으로 가장 옳지 않은 것은?

① 환경 파괴에 대한 지표 설정이 어렵다.
② 공공의 건강, 쾌적함 등에 관한 정성적인 분석이 어렵다.
③ 환경적 영향에 대한 과학적 자료가 미흡하다.
④ 환경적 영향을 분석하기 위해서 얼마의 자료가 필요한지에 대한 지식이 부족하다.

38 다음 중 고려시대 정원 관장부서는?

① 관원서 ② 장원서
③ 문수원 ④ 내원서

39 다음 중 십장생에 속하지 않는 것은?

① 소나무 ② 사슴
③ 바위 ④ 고양이

40 다음 중 인도의 이슬람 조경의 내용으로 바르지 않은 것은?

① 물, 그늘, 꽃이 중심이 되고 낮은 담을 설치한다.
② 열대지방이므로 녹음수가 중요시된다.
③ 정원은 별장과 궁전을 중심으로 발달한 바그와 정원과 묘지를 결합한 형태로 구분된다.
④ 연못은 장식, 목욕, 종교적인 행사를 위한 주요소이다.

답안 표기란	
41	① ② ③ ④
42	① ② ③ ④
43	① ② ③ ④
44	① ② ③ ④

41 **프랑스의 정원양식에 관한 사항으로 옳지 않은 것은?**

① 소로와 삼림을 적극적으로 이용한다.
② 노단식(지형 극복)의 형태를 취한다.
③ 축선을 중심으로 조성된다.
④ 비스타는 좌우로의 시선이 숲등에 의해 제한되고 정면의 한 점으로 모이도록 구성되어 주축선이 두드러지게 하는 수법이다.

42 **다음 배식 기법에 관한 내용 중 가장 적절하지 않은 것은?**

① 부등변삼각형 식재는 크기나 종류가 동일한 3가지를 거리를 동일하게 하여 식재하는 것을 말한다.
② 열식은 줄을 긋고 줄 맞춰 심는 것을 말한다.
③ 점식은 큰나무 한 그루씩 심는 것을 말한다.
④ 군식은 여러 그루를 심어 무리를 만드는 것을 말한다.

43 **다음 식재에 관한 내용 중 경관조절에 속하는 것은?**

① 유도식재　② 경계식재
③ 차폐식재　④ 방음식재

44 **옥상 정원에 관한 내용으로 옳지 않은 것은?**

① 설계지침으로는 경량재를 사용한다.
② 토심은 45~60cm이다.
③ 가장 좋은 나무로는 수수꽃다리, 철쭉, 반송, 영산홍 등이 있다.
④ 설계기준은 하중 및 옥상 정원의 식재지역은 전체면적의 1/2 이하이다.

답안 표기란				
45	①	②	③	④
46	①	②	③	④
47	①	②	③	④
48	①	②	③	④

45 다음 중 묘지 공원에 대한 내용으로 부적절한 것은?

① 정숙하면서도 밝은 곳에 조성한다.
② 규모는 50,000m^2 이상이다.
③ 위치는 도시 외곽의 교통이 편리한 곳이다.
④ 시설로는 전망대, 놀이시설, 화장실 등이다.

46 다음 조경재료 중 생물재료가 아닌 것은?

① 초화류　② 수목
③ 점토제품　④ 지피식물

47 목재의 방향에 따른 강도 순서를 바르게 나타낸 것은?

① 섬유방향 인장강도 → 섬유 방향 휨 강도 → 섬유방향 압축강도 → 섬유직각방향 압축강도
② 섬유방향 인장강도 → 섬유방향 압축강도 → 섬유 방향 휨 강도 → 섬유직각방향 압축강도
③ 섬유방향 압축강도 → 섬유방향 인장강도 → 섬유 방향 휨 강도 → 섬유직각방향 압축강도
④ 섬유방향 압축강도 → 섬유 방향 휨 강도 → 섬유방향 인장강도 → 섬유직각방향 압축강도

48 다음 중 고속도로 식재에 관한 연결로 바르지 않은 것은?

① 주행 – 시선유도식재　② 사고방지 – 비탈면식재
③ 휴식 – 녹음식재　④ 경관 – 조화식재

답안 표기란	
49	① ② ③ ④
50	① ② ③ ④
51	① ② ③ ④
52	① ② ③ ④

49 포장 재료에 관한 내용 중 나머지 셋과 다른 하나는?

① 타일　② 석재
③ 벽돌　④ 자갈

50 식재에 관한 내용 중 공학적 이용효과로 볼 수 없는 것은?

① 강수조절　② 통행조절
③ 반사조절　④ 섬광조절

51 조경시설물에서 중 테라스의 내용으로 바르지 않은 사항은?

① 평면으로 만들기 때문에 면적이 클 때에는 옥외실로 이용되면 탁자와 의자 조각상 화분 등을 설치한다.
② 건물과 조경을 연결시키는 역할을 한다.
③ 거실, 응접실, 식당 앞에 맞붙여 만든다.
④ 테라스 뒷면은 벽돌, 다듬은 돌, 판석 등으로 쌓아 올리고 바닥은 타일, 돌 깔기도 하며 높이가 높을 때에는 넓게, 높이가 낮을 때에는 좁게 하는 것이 조화롭다.

52 식수대 설치에 대한 내용으로 가장 옳지 않은 것은?

① 식수대의 가장자리 위치는 도로 중심선으로부터 15~24m 떨어진 곳에 위치한다.
② 식수대의 길이는 음원과 수음원까지 거리의 2배가 적합하다.
③ 식수대는 도로 가까이에 자리 잡도록 하는 것이 효과적이다.
④ 식수대와 가옥과의 사이는 최소 100m 이상 떨어져야 한다.

답안 표기란	
53	① ② ③ ④
54	① ② ③ ④
55	① ② ③ ④
56	① ② ③ ④

53 한국의 3대 해충이 아닌 것은?

① 솔잎혹파리　　② 흰불나방
③ 솔나방　　④ 바퀴벌레

54 프리드만의 옥외 공간 설계평가 시 고려할 4가지로 옳지 않은 것은?

① 설계과정　　② 물리, 사회적 환경
③ 공급자　　④ 주변환경

55 다음 중 레크레이션 관리의 원칙으로 바르지 않은 것은?

① 이용자의 경험의 질을 고려해야 한다.
② 접근성이 레크레이션 이용에 있어 결정적 영향이 된다.
③ 레크레이션자원은 자연적인 경관미를 제공한다.
④ 부지의 변경은 불가능하다.

56 다음 중 정지 및 전정의 일반원칙으로 바르지 않은 것은?

① 역지, 수하지 및 난지는 제거한다.
② 수목의 주지는 여러 개로 자라게 한다.
③ 같은 모양의 가지나 정면으로 향한 가지는 만들지 않는다.
④ 무성하게 자란 가지는 제거한다.

57 **다음 중 토양수분의 종류에 관한 설명 중 옳지 않은 것은?**

① 모관수는 토양입자 간의 모관력에 의해 유지 및 이동하는 물을 말한다.
② 흡착수는 토양입자의 표면에 토양입자와 물과의 분자 간 인력에 의해 피막 되어 있는 물을 말한다.
③ 결합수는 토양입자의 외부에 결합 되어 있는 물을 말한다.
④ 중력수는 중력에 따라 토양의 입자 간을 이동하는 물을 말한다.

58 **시설물 유지관리 목표로 옳지 않은 것은?**

① 경관미가 있는 공간과 시설을 조성, 유지
② 건강하고 안전한 환경조성에 기여할 수 있도록 유지관리
③ 관리주체와 이용자 간에 유대관계가 형성되지 않도록 유지관리
④ 조경 공간의 조경시설물을 항시 깨끗하고 정돈된 상태로 유지

59 **다음 비료 형태 중 고체 비료에 속하지 않는 것은?**

① 요소 ② 유안
③ 붕산수 ④ 용성인비

60 **고랑을 만들어 흐르게 하여 수분을 공급하는 관수 방법은?**

① 고랑관수 ② 점적관수
③ 전면관수 ④ 살수관수

답안 표기란	
57	① ② ③ ④
58	① ② ③ ④
59	① ② ③ ④
60	① ② ③ ④

제3회 CBT 모의고사

수험번호
수험자명

제한 시간 : 60분　　전체 문제 수 : 60　　맞힌 문제 수 :

01 경관 구성의 가변요소가 아닌 것은?

① 시간　　② 광선
③ 형태　　④ 거리

02 조경설계 기준에서 환경조절에 해당하는 지피식재의 수종으로 바르지 않은 것은?

① 느릅나무　　② 광나무
③ 사철나무　　④ 맥문동

03 수목을 분류할 시에 단풍색으로 분류하는 것 중 노란 단풍에 속하지 않는 것은?

① 자작나무　　② 은행나무
③ 계수나무　　④ 화살나무

04 다음 수종별 전정 적기로 옳지 않은 것은?

① 낙엽수 – 3~6월
② 침엽수 – 10~11월, 이른 봄
③ 꽃나무 – 꽃이 진 직후
④ 산울타리 – 5~6월, 9월

답안 표기란

01	①	②	③	④
02	①	②	③	④
03	①	②	③	④
04	①	②	③	④

05 다음 중 한국정원의 시대별 순서를 바르게 나열한 것은?

① 궁남지 → 포석정 → 석연지 → 임류각
② 석연지 → 궁남지 → 임류각 → 포석정
③ 임류각 → 석연지 → 궁남지 → 포석적
④ 임류각 → 궁남지 → 석연지 → 포석정

답안 표기란	
05	① ② ③ ④
06	① ② ③ ④
07	① ② ③ ④
08	① ② ③ ④

06 다음 중국정원에 관한 설명 중 가장 거리가 먼 것은?

① 차경수법을 도입하였다.
② 영대(靈臺)는 중국에서 가장 오래된 조경 유적이다.
③ 경관의 조화를 중시하였다.
④ 지역마다 재료를 달리한 정원양식이 생겼다.

07 일본 조경양식의 발달에 관한 사항으로 옳지 않은 것은?

① 8~11세기 : 회유임천식 정원
② 14세기 : 축산고산수식 정원
③ 15세기 후반 : 평정고산수식 정원
④ 17세기 : 회유식 정원

08 시야를 제한받지 않고 멀리까지 트인 경관을 무엇이라고 하는가?

① 터널 경관
② 위요 경관
③ 초점 경관
④ 파노라마 경관

답안 표기란				
09	①	②	③	④
10	①	②	③	④
11	①	②	③	④
12	①	②	③	④

09 다음 중 맹아력이 강한 나무가 아닌 것은?

① 무궁화 ② 사철나무
③ 소나무 ④ 개나리

10 다음 중 심근성 나무가 아닌 것은?

① 버드나무 ② 모과나무
③ 백합나무 ④ 전나무

11 다음 중 습지를 좋아하는 나무가 아닌 것은?

① 수양버들 ② 계수나무
③ 향나무 ④ 오동나무

12 소나무류 분류에 관한 내용 중 2엽 속생에 해당하는 것은?

① 대왕송 ② 소나무
③ 잣나무 ④ 백송

13 **가을에 파종하는 1년초의 내용으로 옳지 않은 것은?**

① 가을에 파종하고 월동시키면 이듬해 봄~여름에 걸쳐 꽃피는 초화로 구미, 중국 등 온대지역이 원산인 것이 많다.
② 팬지, 스위트피 등이 있다.
③ 겨울 추위를 경험함으로써 꽃봉오리를 맺지 않게 되는 성질을 지닌다.
④ 내한성이 있다.

14 **담장을 배경으로 폭이 좁고 길게 만든 화단을 무엇이라고 하는가?**

① 경재화단 ② 노단화단
③ 기식화단 ④ 수단화단

15 **목재건조의 목적으로 바르지 않은 것은?**

① 갈라짐이나 뒤틀림을 방지한다.
② 탄성과 강도를 낮춘다.
③ 가공, 접착, 칠이 잘 되게 한다.
④ 변색과 부패를 방지한다.

16 **다음 중 금속재료의 특징으로 바르지 않은 것은?**

① 재질이 균일하고 불에 타지 않는 불연재이다.
② 부식가능성이 높다.
③ 강도에 비해 무겁다.
④ 각기 고유한 광택이 있고 종류가 다양하다.

답안 표기란	
13	① ② ③ ④
14	① ② ③ ④
15	① ② ③ ④
16	① ② ③ ④

17 다음 중 시공관리의 3대 기능에 해당하지 않는 것은?

① 공정관리 ② 사후관리
③ 원가관리 ④ 품질관리

18 다음 중 네트워크 공정의 작성 순서로 옳은 것은?

① 작업리스트 → 흐름도 → 애로우도 → 타임스케일도
② 작업리스트 → 애로우도 → 흐름도 → 타임스케일도
③ 작업리스트 → 흐름도 → 타임스케일도 → 애로우도
④ 작업리스트 → 애로우도 → 타임스케일도 → 흐름도

19 다음 중 겨울전정의 이점으로 바르지 않은 것은?

① 병해충 피해를 입은 가지를 찾아내기 쉽다.
② 휴면 중이기 때문에 굵은 가지를 잘라내어도 전정의 영향을 거의 받지 않는다.
③ 휴면기간 중이므로 막눈이 발생하지 않고, 새가지가 나오기 전까지 전정한 수형을 오래도록 감상할 수 있다.
④ 낙엽이 지기 전이기 때문에 가지의 배치나 수형이 잘 드러나므로 전정하기 쉽다.

20 다음 발병 부위에 따른 병해를 구분할 시에 '뿌리' 부위에 해당하는 병해의 종류로 옳지 않은 것은?

① 자주빛날개무늬병 ② 흰빛날개무늬병
③ 붉은별무늬병 ④ 근두암종병

답안 표기란				
17	①	②	③	④
18	①	②	③	④
19	①	②	③	④
20	①	②	③	④

21 다음 물의 특징에 관한 내용 중 동적인 상태의 물이 아닌 것은?

① 폭포 ② 분수
③ 연못 ④ 계단폭포

22 다음 조경 시공에 관한 설명 중 가장 옳지 않은 사항은?

① 생명력 있는 식물재료를 많이 사용한다.
② 조경수목은 비정형화된 규격표시가 없어 규격이 다른 나무라도 현장 수검 시 문제의 소지가 없다.
③ 기능적, 안전성, 편의성 등을 요구한다.
④ 시설물은 미적이다.

23 다음 중 벽돌쌓기의 일반적인 사항으로 가장 적절하지 않은 것은?

① 내화벽돌은 물을 사용한다.
② 몰타르가 굳기 전에 하중이 가해지지 않게 한다.
③ 벽돌나누기를 정확히 하되 토막벽돌이 나지 않게 한다.
④ 굳기 시작한 몰타르는 절대로 사용하지 않는다.

24 조경시설물 중 철봉에 관한 내용으로 옳지 않은 것은?

① 신체·발육에 도움을 준다.
② 안전을 도모하기 위하여 100~150cm의 높이로 하는 것이 좋다.
③ 여섯 살이면 130cm정도 높이에 매어 달릴 수 있다.
④ 기둥은 12cm각의 각목을 콘크리트 2m간격으로 굳혀 세우고 2.5~3.75cm 파이프를 걸친다.

답안 표기란				
21	①	②	③	④
22	①	②	③	④
23	①	②	③	④
24	①	②	③	④

25 **일본정원양식에 관한 내용 중 다정의 공간구성 및 공간구성요소에 관한 내용으로 옳지 않은 것은?**

① 석등은 산사의 정숙한 분위기를 연출한다.
② 상록수를 선호한다.
③ 다실은 입구를 높게 하여 자존감을 높이는 것을 의미한다.
④ 입구는 징검돌과 자갈길로 되어 있다.

26 **고대 서부 아시아의 환경에 관한 사항으로 옳지 않은 것은?**

① 티그리스-유프라테스강의 범람은 나일강과 비교하여 규칙적이다.
② 역사상 최초의 도시인 우르, 니푸르, 호르샤바드, 니네베, 바빌론 등을 중심으로 수메르인이 메소포타미아 문명을 시작하였다.
③ 기후의 차가 극심하고 강수량이 적어 이집트와 마찬가지로 관개 시설 없이는 수확이 거의 불가능하다.
④ 천연적 방호가 거의 없는 자연환경으로 외적의 침입이 잦아 혼란스러웠지만 문화적 전통의 일관성은 두드러졌다.

27 **도시공원 및 녹지 등에 관한 법률에서 공원녹지기본계획에 포함되어야 하는 사항으로 옳지 않은 것은?**

① 도시녹화에 관한 사항
② 관계 중앙행정기관의 장에 관한 사항
③ 공원녹지의 수요 및 공급에 관한 사항
④ 공원녹지의 종합적 배치에 관한 사항

28 **식물의 색채에 관한 내용 중 가장 옳지 않은 것은?**

① 색채는 잎, 꽃, 열매, 가지, 수피 등의 여러 부분에 걸쳐 나타난다.
② 배색은 식재구성에 있어 다른 시각적 특성과 동시에 고려할 필요가 없다.
③ 여름철 엽색을 우선적으로 고려해야 한다.
④ 여름의 녹음색을 선정하는데 있어 시각에 대한 호소력을 깊게 하려면 녹생의 범위를 정하는 것이 유리하다.

답안 표기란				
25	①	②	③	④
26	①	②	③	④
27	①	②	③	④
28	①	②	③	④

답안 표기란	
29	① ② ③ ④
30	① ② ③ ④
31	① ② ③ ④
32	① ② ③ ④

29 디자인 요소에서 선(line)에 관한 설명으로 옳지 않은 것은?

① 원은 곡선의 근본 형태이며 자연 형태의 기본이다.
② 수평선은 매우 안정적이고 평화적이며 수동적인 감정이 내포되어 있고 사람들에게 친근감을 준다.
③ 수직선은 강직하고 결단력이 있으며 적극적이고 직선적이며 긴장감이 있고 비타협적인 감정을 내포하고 있다.
④ 구는 원의 반회전체로서 한쪽 방향이나 동일하지 않은 곡면을 가지고 있는 것이 특징이다.

30 다음 중 토양의 4대 성분에 속하지 않는 것은?

① 광물질　② 공기
③ 무기질　④ 물

31 다음 중 조선시대의 정원 관장부서는 어디인가?

① 수원서　② 내원서
③ 관원서　④ 장원서

32 우리나라 정원의 특징으로 바르지 않은 것은?

① 신선사상을 따른다.
② 지형은 풍수지리설에 따른다.
③ 유교사상으로는 도연명의 안빈낙도로써 순박한 민족성의 표현으로 자연과의 일체를 나타낸다.
④ 주정원은 앞뜰이다.

33 다음 중 스페인 정원의 특징으로 바르지 않은 것은?

① 회교식 건축수법
② 섬세한 장식
③ 기하하적 형태
④ 단일의 색채 도입

34 다음 내용은 경관 유형 중 무엇에 관한 내용인가?

황새가 날아간다. 뿌연 안개가 끼었다가 걷히고 해가 뜨니 사라지더라.

① 세부 경관
② 파노라마 경관
③ 초점 경관
④ 일시적 경관

35 다음 중 경계식재에 속하지 않는 것은?

① 독일가문비
② 사철나무
③ 광나무
④ 미선나무

36 다음 중 초화류의 구분에 속하지 않는 것은?

① 입체화단
② 제도화단
③ 평면화단
④ 특수화단

답안 표기란				
33	①	②	③	④
34	①	②	③	④
35	①	②	③	④
36	①	②	③	④

37 **도시공원의 기능으로 바르지 않은 것은?**

① 자연경관의 보호
② 정서생활의 향상
③ 공해의 증가
④ 공중의 안녕과 질서 및 공공복리의 증진

38 **다음 골프장 조경설계에서 홀의 구성에 관한 내용으로 옳지 않은 것은?**

① 페어웨이(fair way)는 티와 그린 사이에 짧게 깎은 잔디지역이다.
② 그린(green)은 종점지역이다.
③ 티(tee)는 출발점 지역이다.
④ 러프(rough)는 페어웨이 주변의 깎은 초지를 말한다.

39 **가로막기의 기능으로 가장 적절하지 않은 것은?**

① 자동차 움직임 규제　② 광선방지
③ 물흐름의 방지　④ 해가림

40 **조경시설물 공사에서 페인트 칠하기에 관한 내용으로 옳지 않은 것은?**

① 목재의 갈라진 구멍, 흠, 틈 등은 퍼티로 땜질하여 12시간 후에 초벌칠을 한다.
② 철재 페인트칠은 '녹닦기(샌드페이퍼등) → 연단(광명단) → 에나멜페인트 칠하기' 순서로 이루어진다.
③ 콘크리트, 모르타르 면의 틈은 석고로 땜질하고, 유성, 수성 페인트칠을 한다.
④ 목재의 바탕칠을 할 때는 표면상태, 건조 상태를 먼저 점검해야 한다.

답안 표기란	
37	① ② ③ ④
38	① ② ③ ④
39	① ② ③ ④
40	① ② ③ ④

41 주민참가의 단계(안시타인의 3단계 발전과정)에서 시민권력의 단계에 해당하지 않는 것은?

① 정보제공 ② 권한위양
③ 자치관리 ④ 파트너십

42 다음 중 단위포장재에 관한 내용으로 옳지 않은 것은?

① 하천석은 흐르는 물에 의해서 둥글게 된 돌을 말한다.
② 판석은 층을 이루고 있어 비교적 얇은 판 상태로 갈라질 수 있는 석재를 말한다.
③ 절단석은 주로 원형으로 잘라 놓은 석재를 말한다.
④ 야석은 지표나 지표근처에서 얻을 수 있는 석재를 말한다.

43 조경 기호에 관한 설명으로 옳지 않은 것은?

① 구조물은 실물의 평면 형태로 표시한다.
② 축척은 막대 축척으로 표제란 하단에 표시한다.
③ 방위는 설계자에 따라 원형으로 개성 있게 표시한다.
④ 수목은 사각으로 표현하되 침엽수는 곡선, 톱날형으로 표현하고, 활엽수는 부드러운 질감으로 표현한다.

44 같은 장소에서 시간의 흐름에 따라 진행되는 식물군집의 변화를 천이라 하는데, 다음 중 천이(succession)의 순서로 옳은 것은?

① 1년생 초본 → 양수교목 → 다년생초본 → 음수관목(양수관목) → 나지 → 음수교목
② 1년생 초본 → 다년생초본 → 나지 → 양수교목 → 음수관목(양수관목) → 음수교목
③ 나지 → 1년생 초본 → 다년생초본 → 음수관목(양수관목) → 양수교목 → 음수교목
④ 나지 → 양수교목 → 1년생 초본 → 음수관목(양수관목) → 다년생초본 → 음수교목

답안 표기란				
41	①	②	③	④
42	①	②	③	④
43	①	②	③	④
44	①	②	③	④

45 다음 중 제1종 완충녹지에 대한 설명으로 바르지 않은 것은?

① 상록수와 낙엽수의 비율은 8:2가 적합하다.
② 폭원은 통상 50~200m를 표준으로 한다.
③ 교통 공해 발생지역에 설치한다.
④ 공장이 가까운 곳으로부터 관목, 소교목, 교목의 순으로 식재하고 수목의 잎이 서로 접하도록 밀도를 확보한다.

46 다음 중 한국의 잔디가 아닌 것은?

① 버뮤다그라스 ② 들잔디
③ 갯잔디 ④ 금잔디

47 Maslow의 욕구의 위계순서를 바르게 나타낸 것은?

① 생리적 욕구 → 소속감의 욕구 → 존경의 욕구 → 안전의 욕구 → 자아실현의 욕구
② 생리적 욕구 → 안전의 욕구 → 소속감의 욕구 → 존경의 욕구 → 자아실현의 욕구
③ 생리적 욕구 → 소속감의 욕구 → 안전의 욕구 → 존경의 욕구 → 자아실현의 욕구
④ 생리적 욕구 → 존경의 욕구 → 안전의 욕구 → 소속감의 욕구 → 자아실현의 욕구

48 다음 중 레크레이션 공간관리의 기본전략으로 보기 가장 어려운 것은?

① 폐쇄 후 자연 회복형
② 완전방임형 관리전략
③ 비순환식 개방형
④ 계속적 개방 및 이용 상태에서의 육성관리

답안 표기란	
45	① ② ③ ④
46	① ② ③ ④
47	① ② ③ ④
48	① ② ③ ④

49 다음 중 잎의 색을 좋게 하여 줄기와 잎의 생장을 촉진시키고, 줄기와 잎을 잘 자라게 하는 비료는?

① 질소성 비료　　② 석회질 비료
③ 인산질 비료　　④ 정답 없음

50 관수의 시기로 적절하지 않은 항목은?

① 수목의 발육기에서 수목이 생장을 정지하기 이전에 관수한다.
② 여름의 한낮과 겨울의 오후는 피한다.
③ 통상적으로 토양의 건조가 계속되는 하절기에 관수한다.
④ 오전 일찍이나 오후 늦은 시간은 좋지 않다.

51 배수시설의 점검에 관한 내용으로 적절하지 않은 것은?

① 특히 강우가 내리는 중에 또는 강우 직전에 배수 상황을 살펴보는 것이 효과적이다.
② 배수시설의 점검은 파손개소나 시설 노후 및 불량개소를 찾는데 노력해야 한다.
③ 지하 배수관은 정기적으로 물을 흘러 내려 보냄으로서 토사의 퇴적상황과 불량지점을 조사한다.
④ 배수시설을 정기적으로 점검하기 위해 배수계통, 시설의 위치, 배치 및 구조 등을 기록 또는 도표로 작성해 둔다.

52 다음 중 유기질 비료에 속하지 않는 것은?

① 과석　　② 두엄
③ 퇴비　　④ 계분

답안 표기란				
49	①	②	③	④
50	①	②	③	④
51	①	②	③	④
52	①	②	③	④

53 **시설의 온도관리 모형에서 해진 후 약간 높은 온도를 유지하는 이유는?**

① 주간의 광합성을 유지하기 위하여
② 야간의 호흡작용을 억제하기 위하여
③ 동화 산물의 전류를 촉진하기 위하여
④ 야간의 공중습도를 조절하기 위하여

54 **플라스틱하우스에서 열절감률이 가장 큰 보온피복 방법은?**

① 부직포가 일중커튼을 설치하였다.
② 알루미늄 중착 필름으로 일중커튼을 설치하였다.
③ PE필름으로 이중커튼을 설치하였다.
④ 짚과 거적으로 시설 외면을 피복하였다.

55 **다음 중 물을 절약 할 수 있는 시설의 관수 방법은?**

① 점적관수 ② 고랑관수
③ 분수관수 ④ 살수관수

56 **시설 내에서 많이 발생하는 해충 가운데 성충의 길이가 가장 짧은 것은?**

① 진딧물류 ② 응애류
③ 온실가루이 ④ 총채벌레류

답안 표기란				
53	①	②	③	④
54	①	②	③	④
55	①	②	③	④
56	①	②	③	④

답안 표기란	
57	① ② ③ ④
58	① ② ③ ④
59	① ② ③ ④
60	① ② ③ ④

57 별도의 산소공급 장치가 필요한 수경 재배방식은?

① 담액수경
② 고형배지경
③ 순수분무경
④ 순환형수경

58 다음 중 시설토양의 염류농도 장해 대책과 관련이 없는 것은?

① 객토
② 심경
③ 연작
④ 담수처리

59 다음 중 석회의 시용 효과는?

① 산성 토양 중화
② 토양의 단립화
③ 칼륨 공급
④ 유기물 분해 억제

60 다음 정원수 중 봄에 일찍 전정을 해도 되는 것은?

① 벚나무
② 개나리
③ 진달래
④ 무궁화

제4회 CBT 모의고사

수험번호
수험자명

제한 시간 : 60분 전체 문제 수 : 60 맞힌 문제 수 :

01 다음 중 조경식물의 생태와 식재에 관한 내용으로 바르지 않은 것은?

① 공존은 기생식물 등 서로 개체가 공동으로 이용하여 사는 것을 말한다.
② 군도는 식물군락의 형태적 특질의 하나로서 식물이 모여서 살고 있느냐, 또는 고립해서 살고 있느냐를 보이는 척도이다.
③ 편해 공생은 양쪽 개체군이 모두 피해를 보는 것을 말한다.
④ 경합은 자기 생존에 필요한 것을 확보하려는 것을 말한다.

02 정원 양식의 발생 요인에서 자연환경 요인은 여러 가지가 존재한다. 이때 가장 중요한 요소는?

① 식물 ② 지형
③ 기후 ④ 토지

03 다음 중 일본정원에 관한 내용으로 옳지 않은 것은?

① 축경식은 일본의 독특한 양식으로 풍경, 수목, 명승고적 등을 그대로 정원에 축소시켜 구성한 것이다.
② 평정고산수식은 물과 수목을 완전히 배제한 형태이다.
③ 일본 최초의 서양식 공원은 사자림이다.
④ 축산고산수식은 바위, 왕모래, 다듬은 수목 등으로 추상적인 정원을 꾸민 형태이다.

답안 표기란				
01	①	②	③	④
02	①	②	③	④
03	①	②	③	④

04 다음 중 서양 조경양식의 흐름을 바르게 나열한 것은?

① 이탈리아(노단식) → 영국(전원풍경식) → 스페인(중정식) → 프랑스(평면기하학식) → 독일(풍경식/과학적) → 미국(도시공원식/현대식)
② 프랑스(평면기하학식) → 스페인(중정식) → 독일(풍경식/과학적) → 이탈리아(노단식) → 영국(전원풍경식) → 미국(도시공원식/현대식)
③ 스페인(중정식) → 이탈리아(노단식) → 프랑스(평면기하학식) → 영국(전원풍경식) → 독일(풍경식/과학적) → 미국(도시공원식/현대식)
④ 스페인(중정식) → 프랑스(평면기하학식) → 이탈리아(노단식) → 독일(풍경식/과학적) → 영국(전원풍경식) → 미국(도시공원식/현대식)

05 다음 경관구성의 기본원칙 중 통일성 달성을 위한 수법에 해당하지 않는 것은?

① 강조 ② 조화
③ 규모 ④ 균형 및 대칭

06 다음 식재에 관한 내용 중 공간조절에 해당하는 것은?

① 지표식재 ② 경계식재
③ 녹음식재 ④ 임해식재

07 다음 중 설계도에 관한 내용으로 바르지 않은 것은?

① 단면도는 구조물을 수평으로 자른 단면을 나타낸다.
② 투영도는 일정한 사물이나 공간의 입체적 표현을 위한 수단이다.
③ 입면도는 구조물의 정면에서 본 외적 형태이다.
④ 상세도는 평면도 및 단면도에 잘 나타나지 않은 구조물의 재료, 치수 등의 세부 사항을 표현한다.

답안 표기란				
04	①	②	③	④
05	①	②	③	④
06	①	②	③	④
07	①	②	③	④

08 다음 중 어린이공원에 관한 사항으로 가장 적절하지 않은 것은?

① 어린이의 보건, 정서 생활의 향상에 기여함이 목적이다.
② 교통공원, 모험놀이터, 복합놀이시설 등이 있다.
③ 놀이면적은 전면적의 40%이내이다.
④ 유치거리는 250m 이하이며, 면적은 1,500m^2이상이다.

09 조경 수목이 지녀야할 조건으로 옳지 않은 것은?

① 병충해에 강할 것
② 다듬기 작업에 견디는 성질이 좋을 것
③ 소량으로 쉽게 구할 수 있을 것
④ 이식이 쉽고 잘 자랄 것

10 조경수목의 월동관리에 대한 내용으로 가장 바르지 않은 것은?

① 성토법은 지상으로부터 수간을 약 10~20cm 높이로 흙을 덮어서 흙을 묻는 방식이다.
② 피복법은 지표를 20~30cm 두께로 낙엽이나 왕겨짚 등으로 덮는 방식이다.
③ 관수법은 서리가 왔을 때 아침 일찍 관수 처리하여 서리를 녹여주는 방법이다.
④ 포장법은 낙엽 활목류인 목백일홍, 모과나무, 장미, 감나무, 벽오동 등을 예쁘게 씌어 싸 주는 방법이다.

11 계단설계의 일반적 지침으로 바르지 않은 것은?

① 단 높이의 2배와 디딤 면을 합친 것을 65cm가 되도록 한다.
② 난간은 디딤 면에서 80~90cm 정도의 높이에 설치한다.
③ 계단 폭은 양측 통행일 경우는 최소 250cm 이상이다.
④ 디딤 면의 길이는 최소 28cm 이상이다.

답안 표기란	
08	① ② ③ ④
09	① ② ③ ④
10	① ② ③ ④
11	① ② ③ ④

12 **다음 등고선의 성질 중 가장 옳지 않은 사항은?**

① 지표면 상의 경사가 급한 경우 간격이 좁고, 완경사지는 넓다.
② 등고선이 능선을 통과할 때는 능선 한쪽을 따라 내려가서 그 능선을 직각 방향으로 횡단한 다음 능선 다른 쪽에 따라 올라간다.
③ 같은 등고선 위의 점은 모두 동일하지 않은 높이이다.
④ 등고선 사이의 최단거리 방향은 그 지표면의 최대 경사의 방향을 가리키므로 최대 경사 방향은 등고선에 수직 방향이다.

13 **레미콘 제작을 순서대로 바르게 나열한 것은?**

① 물 → 자갈 → 시멘트 → 모래 → 반죽
② 물 → 시멘트 → 모래 → 자갈 → 반죽
③ 물 → 모래 → 시멘트 → 자갈 → 반죽
④ 물 → 모래 → 자갈 → 시멘트 → 반죽

14 **C. Tunnard에 따른 녹지기능에 관한 내용 중 보호기능에 속하지 않는 것은?**

① 문화재 보호 ② 자연 상태의 유지
③ 관광자원 ④ 일조의 확보

15 **다음 중 레크레이션 관리체계의 3가지 기본요소에 속하지 않는 것은?**

① 해당 지자체 ② 서비스 관리
③ 이용자 ④ 자연자원기반

답안 표기란	
12	① ② ③ ④
13	① ② ③ ④
14	① ② ③ ④
15	① ② ③ ④

16 다음 중 아스팔트 포장의 파손 원인으로 보기 가장 어려운 것은?

① 요철 ② 먼지 발생
③ 균열 ④ 연화

17 다음 중 수요의 3요소가 아닌 것은?

① 접근성 ② 대상지
③ 가시성 ④ 이용자

18 다음 중 레크레이션에 의한 손상의 속성을 이해하기 위한 측면이 아닌 것은?

① 손상의 비상호관련성 ② 공간특성에 따른 영향
③ 이용과 손상의 관계성 ④ 손상에 대한 내성의 변화

19 개화결실을 촉진시키고 뿌리, 줄기, 잎의 수를 증가시키는 비료는?

① 석회질 비료 ② 인산질 비료
③ 질소성 비료 ④ 정답 없음

답안 표기란	
16	① ② ③ ④
17	① ② ③ ④
18	① ② ③ ④
19	① ② ③ ④

20 병충해 방제에서 전염성병에 해당하지 않는 것은?

① 진균에 의한 병
② 유해물질에 의한 병
③ 세균에 의한 병
④ 마이코플라마스에 의한 병

21 공작물 중 정기적으로 하는 작업이 아닌 것은?

① 청소
② 점검
③ 재해대책
④ 계획수선

22 다음 중 작물을 심을 때 비료를 집중적으로 특정위치에 공급해 주는 방법은?

① 토양주입
② 전면시비
③ 부분시비
④ 이산화탄소 시비

23 자연공원의 용도지구 가운데 가장 엄격하게 보호되어야 할 곳은 어디인가?

① 자연환경지구
② 취락지구
③ 자연보존지구
④ 집단시설지구

답안 표기란

20	①	②	③	④
21	①	②	③	④
22	①	②	③	④
23	①	②	③	④

24 시설의 기화냉각법에서 역할이 다른 한 가지 장치는?

① 팬(fan)　　② 패드(pad)
③ 미스트(mist)　　④ 포그(fog)

25 다음 중 벤치를 이용하는 분화 시설재배에서 담배수 방식으로 이용할 수 있는 관수법은?

① 점적관수　　② 분수관수
③ 살수관수　　④ 저면관수

26 다음 중 딸기의 점박이 응애를 구제하는데 사용하는 천적은?

① 콜레마니진딧벌　　② 칠레이리응애
③ 온실가루이좀벌　　④ 애꽃노린재류

27 다음 중 박막수경의 특징을 잘못 설명한 것은?

① 순수수경에 속한다.　　② 고형배지경의 일종이다.
③ 용존산소 관리가 쉽다.　　④ 순환식 수경 방식이다.

답안 표기란	
24	① ② ③ ④
25	① ② ③ ④
26	① ② ③ ④
27	① ② ③ ④

답안 표기란				
28	①	②	③	④
29	①	②	③	④
30	①	②	③	④
31	①	②	③	④

28 다음 중 엽면시비를 하는 것이 좋은 경우는?

① 관엽식물을 재배할 때　② 가스장해가 예상될 때
③ 양액재배를 하는 경우　④ 성분의 결핍증상이 나타날 때

29 다음 중 부초법의 장점이 아닌 것은?

① 토양 침식 방지　② 유기물 공급
③ 잡초 발생 억제　④ 늦서리 해 방지

30 다음 중 정원수를 가을에 심으면 좋은 점은?

① 서리피해의 위험이 없다.
② 식재 가능한 기간이 길다.
③ 뿌리가 썩을 위험이 없다.
④ 지상부가 동해를 입지 않는다.

31 다음 중 강관 골격자재의 단위에서 'θ'이 나타내는 것은?

① 파이프의 길이　② 파이프의 지름
③ 파이프의 모양　④ 파이프의 둘레

답안 표기란	
32	① ② ③ ④
33	① ② ③ ④
34	① ② ③ ④
35	① ② ③ ④

32 처리한 제초제가 토양 중에 분해되지 않고 활성을 유지하는 것을 잔효성이라 한다. 이 잔효성에 대한 설명으로 잘못된 것은?

① 토양에 처리한 제초제는 반복 살포하는 것을 피하기 위하여 무조건 긴 것이 좋다.
② 잔효성은 제초제의 이화학적 특성, 토양 및 기상환경 등에 따라 달라질 수 있다.
③ DT90은 처리한 제초제가 90% 소실될 때까지 걸리는 시간을 의미한다.
④ 적정한 제초제의 잔효성은 작물이 초관(canopy)을 형성하는 시기까지이다.

33 자연공원법에서 공원관리청은 몇 년마다 지역주민, 전문가, 그 밖의 이해관계자의 의견을 수렴하여 공원계획의 타당성을 검토하고 그 결과를 공원계획의 변경에 반영하여야 하는가?

① 10년 ② 8년
③ 6년 ④ 4년

34 다음 중 토양광물 내에서 고정되는 양상이 암모늄이온(NH_4^+)과 유사한 것은?

① Ca^{2+} ② K^+
③ PO_4^{3-} ④ NO_3^-

35 다음 중 토양생성의 5대 인자들로만 이루어진 것은?

① 모재, 구조 ② 시간, 토성
③ 식생, 기후 ④ 지형, 반응

PART 2 CBT 모의고사

36 **다음 중 토양의 입경구분에 대한 설명 중에서 틀린 것은?**

① 모래 크기 0.05~2.0mm　② 미사 크기 0.002~0.05mm
③ 점토 크기 0.002mm 이하　④ 자갈 5mm 이상

37 **다음 중 어떤 토양의 포장용수량이 35%, 위조점이 10%일 때 이 토양의 유효수분은?**

① 25%　② 35%
③ 45%　④ 55%

38 **다음 중 Wischmeier와 Smith에 의한 토양침식량 계산 공식(universal soil loss equation)을 구성하는 요소가 아닌 것은?**

① R(강우인자)　② V(지표면 피복도)
③ K(토양수식성)　④ L(경사장)

39 **다음 중 암모니아 가스가 발생할 수 있는 비료배합은?**

① 질소비료와 석회질비료 배합
② 인산비료와 퇴비의 배합
③ 인산비료와 칼륨비료의 배합
④ 질소비료와 칼륨비료의 배합

답안 표기란				
36	①	②	③	④
37	①	②	③	④
38	①	②	③	④
39	①	②	③	④

40 다음 중 시설 내 온도환경의 특징을 잘못 설명한 것은?

① 하루 중 온도변화가 없다.
② 하루 중 온도교차가 크다.
③ 위치별 온도 분포가 다르다.
④ 지온이 외부의 지온보다 높다.

41 조경설계에 있어 인문 사회환경 조사 분석에 관한 내용으로 옳지 않은 것은?

① 현재의 토지이용 및 소유권, 토지이용 관련 법규, 기타 토지이용에 영향을 끼칠 수 있는 요소는 상황에 따라 확인한다.
② 계획대상지의 인구 또는 이용객을 조사하는 경우 계획대상지 뿐만 아니라 계획대상지와 지리적으로 관련되어 있거나 이용권으로 연계된 지역도 대상으로 한다.
③ 인간의 주변 환경, 혹은 행위의 결과로 남은 흔적들을 부호 및 시각적 자료를 활용하여 체계적으로 조사한다.
④ 대상지의 지역성 분석, 인구조사 및 추정, 토지이용현황, 문화역사, 인간행태 등의 조사 분석을 포함한다.

42 도시공원 및 광장에 관한 내용 중 묘지공원에 대한 사항으로 적절하지 않은 것은?

① 장제장은 관리사무소와 먼 곳에 진입로와 연결시키되 묘역에서 격리시켜 배치한다. 석물작업장을 설치하는 경우는 묘역과 차단되지 않은 곳에 배치하며, 방음과 차단을 위한 차폐식재를 도입한다.
② 식재는 목적과 기능에 적합하고 생태적 조건에 맞는 수종을 선정한다.
③ 놀이터와 묘역 사이는 차폐식재로 차단수목을 식재하여 놀이터 주변과 경계를 짓고 아늑한 분위기를 조성한다.
④ 전반적으로 엄숙하고 경건한 분위기를 창출하되, 명쾌하고 아름다운 분위기를 갖추도록 한다.

답안 표기란				
40	①	②	③	④
41	①	②	③	④
42	①	②	③	④

답안 표기란
43 ① ② ③ ④
44 ① ② ③ ④
45 ① ② ③ ④

43 다음 중 휴게시설의 재료선정기준으로 바르지 않은 것은?

① 이용자의 직접적인 접촉이나 불량한 환경조건으로 인하여 재료 사용조건이 악화될 경우에는 선정기준을 강화할 수 있으며, 필요할 경우 별도의 보호조치를 취해야 한다.

② 휴게시설에 사용되는 재료는 부패 · 부식 · 침식 · 마모 등에 대해 적정의 저항성을 갖는 재료를 사용해야 한다.

③ 사용되는 재료는 휴게시설의 구조에 적합하고 미관효과가 없는 것을 사용하며, 부재와 부재의 접합 및 사용재료는 되도록 표준화된 방식을 사용하여 시설 제작의 효율성과 시설의 안정성을 높이도록 한다.

④ 사용되는 재료 및 기술은 환경오염을 유발하지 않도록 하며, 수명이 다한 뒤 폐기할 때 오염물질을 발생시키지 않는 재료를 채택한다.

44 다음 중 앉음벽에 관한 내용으로 바르지 않은 것은?

① 비선형이면서 면적인 특성이 약하므로 주변의 환경과 조화되지 않는 색상으로 설계한다.

② 지형의 높이차 극복을 위한 흙막이 구조물을 겸할 경우에는 녹지와 포장 부위의 경계부에 배치한다.

③ 휴게공간이나 보행 공간의 가운데에 배치할 경우에는 주보행동선과 평행하게 배치한다.

④ 마당 · 광장 등의 휴게공간과 보행로 · 놀이터 등에 이용자들이 앉아서 쉴 수 있도록 배치한다.

45 다음 중 놀이시설의 재료에 관한 내용으로 적절하지 않은 것은?

① 놀이시설의 재료는 내구성 · 유지관리성 · 경제성 · 안전성 · 쾌적성 등 다양한 평가 항목을 고려하여 종합적으로 판단하여 선정한다.

② 내구성 있는 재료로 적용하거나 내구성 있는 표면 마감 방법으로 설계한다.

③ 목재류를 사용할 경우에는 사용 환경에 맞는 방부처리 방법을 설계에 반영한다.

④ 부재는 중간에 이음이 있도록 하고, 손이 미치는 범위의 볼트와 용접 부분은 모두 위험하지 않은 마감 방법으로 설계한다.

답안 표기란
46 ① ② ③ ④
47 ① ② ③ ④
48 ① ② ③ ④

46 **다음 복합놀이시설에 관한 설명 중 가장 적절하지 않은 것은?**

① 각 단위 시설과 단위 시설의 연결부위는 높이차가 없도록 설계한다.
② 개별 단위 시설의 고유 형태를 유지하되, 조형적인 아름다움을 갖추어 상상력 · 호기심 · 협동심을 가꾸어 줄 수 있도록 한다.
③ 미끄럼대 · 계단 · 흔들다리 · 기어오름대 · 줄타기 · 통로 · 망루 · 그네 · 사다리 등을 기본으로 한다.
④ 놀이공간의 규모가 클 경우에는 어린이들의 놀이행태에 맞도록 일반적이고 단순한 단위 놀이시설을 배치한다.

47 **다음 운동시설 중 테니스장에 관한 내용으로 옳지 않은 것은?**

① 가능하면 코트의 장축 방향과 주 풍향의 방향이 일치하도록 한다.
② 코트의 면은 평활하고 정확한 바운드를 만들 수 있도록 처리한다.
③ 심토층 배수관은 라인의 안쪽에 설치하는 것이 바람직하다.
④ 코트의 네 귀퉁이는 같은 높이가 되도록 한다.

48 **다음 수경시설 중 폭포 및 벽천에 관한 내용으로 옳지 않은 것은?**

① 폭포 및 벽천은 설계 대상 공간의 지형의 높이차를 이용하여 물이 중력 방향으로 떨어지는 특성을 활용할 수 있는 등 자연 자원의 이용에 효과적인 곳에 배치한다.
② 벽체나 바닥의 수조에는 밤의 경관연출을 위한 경관 조명시설을 반영한다.
③ 못을 여러 개 배치할 경우 위의 못을 크게, 아래의 연못을 작게 한다.
④ 바람의 방향 등 미기후와 태양광선, 주 시각방향에 따른 빛의 반사, 산란 및 그림자 등의 연출효과를 감안하여 배치한다.

49 다음 관리시설 중 관리사무소에 관한 내용으로 바르지 않은 것은?

① 관리사무소는 설계 대상 공간의 관리목적에 따라 관리중심으로서의 기능을 꾀하기 위하여 이용자에 대한 서비스 기능과 조경 공간의 관리기능을 갖추어야 한다.
② 이용자를 위해 편리하고 알기 쉬운 위치나 자동차의 출입이 가능한 곳에 배치한다.
③ 관리용 장비보관소와 적치장은 이용자의 눈에 잘 띄도록 관리사무소 앞면에 배치한다.
④ 부상 등 긴급 시의 연락과 공원시설의 이용 및 접수 등에 관한 정보제공기능이 쉽도록 배치한다.

50 다음 중 숲에서 빗물이 침투되는 능력이 가장 높은 피복 상태는?

① 천연활엽수림　② 벌채지
③ 천연침엽수림　④ 초지

51 다음 중 숲의 대기정화기능 중에서 탄소흡수량이 많은 나무로 조사된 것은?

① 벚나무　② 느티나무
③ 참나무류　④ 후박나무

52 다음 중 특정 병이나 해충의 피해를 받지 않았음에도 불구하고 숲의 활력이 저하되고 개체의 고사율이 증가하는 현상은?

① 숲의 감소현상　② 숲의 쇠퇴현상
③ 숲의 피해현상　④ 숲의 고사 현상

답안 표기란				
49	①	②	③	④
50	①	②	③	④
51	①	②	③	④
52	①	②	③	④

답안 표기란	
53	① ② ③ ④
54	① ② ③ ④
55	① ② ③ ④
56	① ② ③ ④

53 다음 중 숲 가꾸기의 필요성과 가장 거리가 먼 것은?

① 숲의 건강성 확보
② 야생동물의 이동통로 확보
③ 숲의 형질 개선
④ 산림의 질적 · 양적 생산량 개선

54 다음 경관 조명시설의 설계 검토사항으로 바르지 않은 사항은?

① 경관 조명시설의 종류를 결정할 때에는 시설의 설치장소 · 시설의 기능 · 이용 시기 · 야간의 이용량 또는 요구도 · 이용자의 편익성 · 관리운영방법 등을 고려한다.
② 하나의 설계 대상 공간 또는 동일 지역에 설치하는 경관 조명시설은 종류별로 규격 · 형태 · 재료에서 체계화를 피한다.
③ 경관 조명시설의 설계는 물리적 환경 척도에 적합하여야 한다.
④ 용도별, 지역별 특성에 따라 조명의 기능적인 면과 시각적인 효과를 최대한 발휘할 수 있도록 설계한다.

55 다음 경관 조명시설에서 투광등의 시설기준에 관한 내용으로 옳지 않은 것은?

① 이용자의 눈에 띄도록 조경석이나 수목 등으로 차폐시키지 않는다.
② 투광기는 밀폐형으로 하여 방수성을 확보한다.
③ 광원은 메탈할라이드를 적용하되 피조체의 크기 · 조사거리 등을 고려하여 규격을 정한다.
④ 투광기로부터 피조체까지의 조사 거리에 적합한 배광각을 설정한다.

56 다음 중 우리나라에서 가장 큰 면적을 차지하고 있는 시설은?

① 유리온실　　② 플라스틱 하우스
③ 소형터널　　④ 비가림 하우스

57 다음 중 연료량 계산식의 직접적인 구성요인이 아닌 것은?

① 기간난방부하　② 연료의 발열량
③ 난방기의 열이용효율　④ 난방 디그리아워

58 다음 중 운전이 중지되면 가장 빨리 실온이 하강하는 난방방식은?

① 난로난방　② 전열난방
③ 증기난방　④ 온수난방

59 다음 중 팬앤드패드 방법에서 팬의 역할은 무엇인가?

① 패드의 냉각　② 냉각공기의 유입
③ 공기의 냉각　④ 냉각 공기의 배출

60 다음 중 시설의 광투과량을 증대시키는 방안은?

① 폭이 넓은 골격재를 사용한다.
② 자외선 차단 피복재를 이용한다.
③ 가능하면 무적필름을 사용한다.
④ 시설을 남북동으로 설치한다.

답안 표기란

57	①	②	③	④
58	①	②	③	④
59	①	②	③	④
60	①	②	③	④

제5회 CBT 모의고사

수험번호
수험자명

제한 시간 : 60분 전체 문제 수 : 60 맞힌 문제 수 :

01 이란의 이슬람 조경에 관한 것으로 가장 거리가 먼 것은?

① 종교와 환경의 영향으로 물이 중요한 요소이다.
② 사막 기후의 영향으로 도시 전체를 여러 가지 소규모 조경으로 조성하였다.
③ 이스파한은 소정원을 연속적으로 구성하여 도시 전체가 거대한 정원인 것을 말한다.
④ 당초무늬, 아라베스크 무늬 등의 문양이 발달하였다.

02 다음 수목의 규격표시에 관한 내용으로 가장 옳지 않은 것은?

① 수고(樹高) (H)는 나무의 높이를 말하며 H로 표시한다.
② 수관(樹冠)나비 (W)는 나무의 폭을 말한다.
③ 지하고는 바닥에서 뿌리가 있는 곳까지의 높이를 말한다.
④ 근원지름 (R)은 뿌리 바로 윗부분 즉 나무 밑동 제일 아랫부분의 지름을 말한다.

03 다음 중 근린공원에 대한 사항으로 가장 거리가 먼 것은?

① 근린주구에만 설치하는 공원이다.
② 근린주구에 거주하는 모든 주민들의 보건, 휴양, 정서생활의 향상에 기여한다.
③ 필수시설로는 광장, 도로, 관리시설 등이 있다.
④ 공원면적의 70% 이내로 시설물을 설치한다.

04 다음 중 지피식물의 조건으로 옳지 않은 것은?

① 번식, 생장이 느림 ② 치밀한 지표 피복
③ 병충해, 저항성이 강할 것 ④ 키가 작고 다년생일 것

답안 표기란

01	①	②	③	④
02	①	②	③	④
03	①	②	③	④
04	①	②	③	④

05 다음 중 파티오(Patio)는 어느 나라 정원의 형태에서 많이 볼 수 있는가?

① 로마
② 프랑스
③ 스페인
④ 이탈리아

06 조경제도 및 설계에서 마커를 사용한 레터링에 관한 내용 중 옳지 않은 것은?

① 팔이나 몸을 회전시키지 않고 종이에 마커의 전체 면이 닿도록 한다.
② 약 8cm 간격으로 보조선을 긋고 시작한다.
③ 수직선, 대각선, 곡선을 그을 때 마커의 면이 수직이 되도록 한다.
④ 글자는 가볍게 쓰고 마커로 선의 두께를 변화시켜서 사용한다.

07 조경시설물 중 아치와 트렐리스에 대한 내용으로 옳지 않은 것은?

① 아치와 트렐리스는 서로 결합 되어 경계부로서 간단한 누가림이 된다.
② 격자의 크기는 40~70cm이다.
③ 장미, 능소화 등으로 보기 좋게 장식하여 녹문이라고도 한다.
④ 아치와 트렐리스는 근대 정원을 구성하는 시설 또는 절충식에도 잘 어울린다.

08 다음 중 산울타리 조성 기준으로 가장 옳지 않은 것은?

① 부지경계선 조성 시 경계선으로부터 산울타리 완성 시 두께의 1/5 만큼 안쪽으로 당겨서 식재한다.
② 표준높이는 120, 150, 180, 210cm의 네 가지이며 두께는 30~60cm가 적합하다.
③ 방풍 효과를 겸할 경우 높이는 3~5m가 적당하다.
④ 90cm 정도 수목을 30cm 간격으로 1열 또는 교호 식재한다.

답안 표기란
05 ① ② ③ ④
06 ① ② ③ ④
07 ① ② ③ ④
08 ① ② ③ ④

09 다음 중 잎과 어린 신초부위 및 열매 등에 발생하며, 열매의 경우 비대 초기에도 발병하며 낙과현상을 일으키는 것은?

① 잎녹병 ② 탄저병
③ 그을음병 ④ 흰가루병

10 다음 중 S.Gold.의 레크리에이션 계획의 접근방법이 아닌 것은?

① 경제접근법 ② 행태접근방법
③ 자원접근방법 ④ 비활동접근방법

11 다음 중 주민참가의 요건으로 바르지 않은 것은?

① 주민참가에 의해 효과가 기대될 것
② 주민참가에 있어서의 이해의 조정과 공평심을 가질 것
③ 규모 및 전문성이 주민의 수탁 능력을 넘을 것
④ 운영상 주민의 자발적 참가 및 협력을 필요요건으로 할 것

12 다음 이용자에 의한 손상관리의 절차 중 가장 첫 번째 단계는?

① 손상 발생원인을 검토 ② 표준과 현재조건의 비교
③ 주요 영향지표의 설정 ④ 기초자료의 사전평가 및 검토

답안 표기란	
09	① ② ③ ④
10	① ② ③ ④
11	① ② ③ ④
12	① ② ③ ④

13 다음 중 관수의 효과로 보기 어려운 것은?

① 토양의 건조를 막고 환경 형성을 촉진하여 수목의 생장을 느리게 한다.
② 지표 및 공중의 습기가 포화되고 증발량이 감소된다.
③ 토양 중의 양분을 용해, 흡수, 운반, 신진대사를 원활하게 한다.
④ 수목 표면의 오염물질을 세정하고 토양 중 염류를 씻어내기를 촉진한다.

14 다음 중 잔디조성의 단계를 바르게 나타낸 것은?

① 전반적 토목공사 → 표면준비 → 발아 전 제초 → 표토의 준비 → 줄떼 및 평떼 → 파종 → 분사파종
② 전반적 토목공사 → 표면준비 → 줄떼 및 평떼 → 발아 전 제초 → 표토의 준비 → 파종 → 분사파종
③ 전반적 토목공사 → 발아 전 제초 → 표면준비 → 표토의 준비 → 줄떼 및 평떼 → 파종 → 분사파종
④ 전반적 토목공사 → 표면준비 → 표토의 준비 → 발아 전 제초 → 파종 → 줄떼 및 평떼 → 분사파종

15 다음 중 표지판에 관한 내용으로 바르지 않은 것은?

① 유도표지는 문자나 기호를 디자인하여 표지판이 위치한 장소의 지명과 다음 대상지 및 주요 시설물이 위치한 장소의 방향, 거리 등을 표시한다.
② 안내표지에는 주요탐방 대상지의 위치, 거리, 소요시간, 방향 등이 종합적으로 기재되며 대상지 전역의 안내도가 그려진다.
③ 해설표지에는 통행 상 일정행위의 금지 또는 제한을 전달하여 도로사용상의 규칙을 주지시킨다.
④ 정답 없음

16 다음 중 송수파이프에 노즐 부착하여 공중에서 물을 뿌려 수분을 공급하는 관수방법은?

① 지중관수　　② 살수관수
③ 분수관수　　④ 전면관수

답안 표기란	
13	① ② ③ ④
14	① ② ③ ④
15	① ② ③ ④
16	① ② ③ ④

17 콘크리트 혼화제 중 AE제를 첨가함으로써 나타나는 결과가 아닌 것은?

① 철근과의 부착강도 증진
② 내구성 증진
③ 동결융해 저항성 증대
④ 압축강도 감소

18 시설의 피복재로 이용되는 무적필름의 효과는?

① 실내 광질을 개선한다.
② 투과광량을 증대한다.
③ 광분포를 고르게 한다.
④ 비래해충를 막아준다.

19 다음 중에서 시설토양의 특징은?

① 염류농도가 높다.
② 주로 점질토이다.
③ 유기물이 많다.
④ 선충밀도가 높다.

20 시설원예에서 페로몬 트랩을 이용하여 포살할 수 있는 주된 해충은?

① 응애류
② 나방류
③ 선충류
④ 진딧물류

답안 표기란				
17	①	②	③	④
18	①	②	③	④
19	①	②	③	④
20	①	②	③	④

21 다음 중 시설토양의 특징이라고 볼 수 없는 것은?

① 염류가 집적되기 쉽다. ② 토양산도가 높아진다.
③ 토양통기가 불량하다. ④ 연작장해가 발생한다.

22 다음 토양소독법 가운데 증기소독과 관계가 없는 것은?

① 토관법 ② 소토법
③ 캔버스호스법 ④ 스티밍플라우법

23 다음 중 결핍증상으로 사과의 고두병, 코르크 스폿, 밀병 등을 일으키는 원소는?

① 질소 ② 인산
③ 칼륨 ④ 칼슘

24 다음 중 자름전정에 해당하는 것은?

① 가지가 발생한 기부에서부터 완전히 잘라 낸다.
② 새 가지의 끝을 목질화 되기 전에 잘라 낸다.
③ 적당하지 못한 방향으로 자라는 가지를 잘라 낸다.
④ 결과 부위가 지나치게 전진된 가지의 기부를 잘라 낸다.

답안 표기란	
21	① ② ③ ④
22	① ② ③ ④
23	① ② ③ ④
24	① ② ③ ④

25 다음 중 정원수에 그을음병을 유발하는 해충은?

① 흰불나방　　② 진딧물
③ 응애　　④ 담배나방

26 다음 중 시설재배에서 습공기선도를 이용하여 알 수 있는 것은?

① 시설 내 공기의 성질　　② 이산화탄소의 농도
③ 유해가스의 발생 여부　　④ 공기 중 미생물의 밀도

27 다음 중 농약의 상호작용 효과와 관련된 설명이 아닌 것은?

① 상승작용　　② 상가작용
③ 길항작용　　④ 반감작용

28 다음 중 자연공원법에서 자연공원을 보호하고 자연의 질서를 유지 · 회복하는 데에 정성을 다해야 하는 대상이 아닌 것은?

① 국가
② 지방자치단체
③ 자연공원을 점용하거나 사용하는 자
④ 자연공원에 관심 있는 자

답안 표기란				
25	①	②	③	④
26	①	②	③	④
27	①	②	③	④
28	①	②	③	④

29 다음 유기물 중 질소기아(nitrogen starvation)가 발생할 가능성이 가장 높은 것은?

① 옥수수대(탄질률 70)
② 가축분뇨(탄질률 20)
③ 알팔파(탄질률 13)
④ 방사상균(탄질률 6)

30 다음 중 심토에 많으며 점토가 집적되어 통기성과 투수성을 불량하게 만드는 토양구조는?

① 판상구조
② 입상구조
③ 각주상구조
④ 원주상구조

31 다음 중 우리나라 밭 토양에 많은 토성은?

① 양질사토
② 양토
③ 식양토
④ 식토

32 다음 중 토양입자에 의하여 수분이 보유되는 데에 작용하는 두 가지 인력으로 옳게 짝지은 것은?

① 원심력, 응집력
② 원심력, 구심력
③ 부착력, 구심력
④ 부착력, 응집력

답안 표기란				
29	①	②	③	④
30	①	②	③	④
31	①	②	③	④
32	①	②	③	④

33 **다음 오염토양 복원 방법 중 가장 비용이 많이 드는 것은?**

① 자연경감법 ② 토양경작법
③ 식물정화법 ④ 소각법

34 **다음 중에서 유기질비료에 사용하지 못하는 원료는?**

① 어박 ② 미강유박
③ 채종유박 ④ 우분

35 **목재에 관한 사항으로 적절하지 않은 것은?**

① 외부공간에 설치하는 목재는 방부 및 방충 처리와 표면 보호조치를 하여 내구성을 증진시킨다.
② 목재 생산규격을 고려하여 불필요한 토막 등이 발생 되지 않도록 설계한다.
③ 통나무는 곧은 것으로 껍질을 벗겨 사용하지 않도록 설계한다.
④ 목재는 생산지 · 수종 · 품질 및 건조 상태 등이 명기된 것을 채택한다.

36 **다음 조경설계에 있어 자연환경 조사 분석에 관한 설명으로 적절하지 않은 것은?**

① 대상지의 기후, 토양, 지형, 경관, 동 · 식물 상수 환경, 기타 물리적 환경을 대상으로 한다. 특히, 기후는 미기상을 주된 조사 대상으로 한다.
② 생태계 정밀 조사는 동물상, 식물상, 주요 야생 동 · 식물의 서식 및 분포, 멸종위기 또는 보호 야생 동 · 식물 개체군의 크기, 서식 및 분포, 현존 식생 구조 및 분포, 녹지자연도, 생태 · 자연도, 주요 생물군집구조, 종다양성 등을 포함해야 한다.
③ 생태환경조사는 기초조사와 생태계 정밀 조사로 구분하고, 생태계 정밀 조사항목으로는 지질, 토양, 지형, 경관, 수문, 식생, 야생동물, 수질, 대기질 등을 포함한다.
④ 계획 · 설계 대상지 내 기존 수목이나 녹지는 자원의 효율적 활용, 주변 수목(림)과의 조화, 환경친화적 식재 공간의 조기 확보 등의 측면에서 보전 · 이용하되 현 상태로의 보전이 불가능한 경우에는 이식 대상 수목을 조사하여 가식 및 이식계획을 수립한다.

답안 표기란				
33	①	②	③	④
34	①	②	③	④
35	①	②	③	④
36	①	②	③	④

37 **다음 도시공원 및 광장에 관한 내용 중 광장에 대한 설명으로 바르지 않은 것은?**

① 광장의 규모는 이용자 수 및 이용행태를 추정하여 산정한다.
② 광장의 설계형식에 맞는 식재 기법을 도입하여 주위환경과 조화를 이루도록 배식하며 녹음수 및 화목류의 도입을 적극 고려한다.
③ 많은 사람이 집합하는 위치로 하되, 다수인이 집산하는 다른 시설과 근접되는 장소에 입지 시키고, 정 · 동적 공간의 배분에 균형을 주어야 한다.
④ 식재는 도시환경 조건에 견딜 수 있는 수종을 선발하여 운전자와 보행자의 시야가 방해받지 않도록 한다.

38 **조각공원의 조경에 관한 내용으로 적절하지 않은 것은?**

① 작품관람과 동선과의 연계성은 필요 없다.
② 작품과 자연경관과의 균형을 고려하고 야간조명을 확보한다.
③ 작품의 특성을 잘 나타낼 수 있도록 공간을 조성하며, 공원의 규모에 따라 작품의 수나 규모를 결정한다.
④ 전시와 관람 공간은 작품을 충분히 관람할 수 있도록 관람 속도, 각도, 높이 및 거리를 고려하여 배치하며, 조각 작품과 자연과의 이상적인 결합이 되도록 배치한다.

39 **다음 중 심토층 배수의 고려사항으로 적절하지 않은 것은?**

① 한랭지에서는 동상에 대한 검토로서 기온 · 토질 · 지중수에 대하여 조사한다.
② 계절에 따른 지하수 높이의 변동을 고려하지 않는다.
③ 지층의 성층상태, 투수성 지하수의 상태를 파악하기 위하여 지질도와 항공사진을 검토한다.
④ 사질토이거나 지하수 높이가 낮고 배수가 좋은 경우에는 심토층 배수를 설계하지 않을 수 있다.

답안 표기란				
37	①	②	③	④
38	①	②	③	④
39	①	②	③	④

40 다음 중 평상의 형태 및 규격에 관한 사항으로 적절하지 않은 것은?

① 마루는 이용자의 휴식에 적합한 재료와 마감방법으로 설계한다.
② 노인정 · 놀이터 등의 평상에는 장기 · 바둑 · 고누 등의 정적인 놀이를 할 수 있도록 판을 설계할 수 있다.
③ 평상의 마루 형태는 사각형 · 원형으로 나누어 설계한다.
④ 공공공간에는 되도록 이동식으로 하고, 정원 등 관리가 쉬운 곳에는 고정식으로 설계한다.

41 다음 놀이시설의 설계에 관한 내용으로 바르지 않은 것은?

① 이용계층을 따로 구분하지 않고 신체조건 및 놀이 특성에 따른 이용행태를 고려하여 놀이 시설의 기능 부여 · 연계 · 규격 · 구조 및 재료 등을 설정한다.
② 장애인의 행동 · 심리 특성을 고려하는 등 장애인의 이용을 고려하여 설계한다.
③ 안전성 · 기능성 · 쾌적성 · 조형성 · 창의성 · 유지관리 등을 충분히 고려하여 설계한다.
④ 어린이의 상상력 · 창조성 · 모험성 · 협동심을 키우고 시설로부터 친근감과 흥미를 느끼게 하여야 한다.

42 다음 주제형 놀이시설에 관한 내용으로 바르지 않은 것은?

① 모험 놀이시설에서 어린이의 모험심과 극기심 및 협동심을 길러줄 수 있는 시설물로 외다리, 흔들 사다리 오르기, 공중외줄타기, 외줄건너기, 공중외줄그네, 타이어징검다리, 타이어 산 오르기, 타이어터널, 통나무 오르기, 타잔놀이대, 창작놀이대 등과 같은 종류를 들 수 있다.
② 전통 놀이시설에서 우리나라 전래의 놀이를 수용할 수 있는 말차기, 고누, 장대타기, 널뛰기, 줄타기, 돌아잡기, 팔자놀이, 계곡건너기 등의 놀이시설을 들 수 있다.
③ 감성 놀이시설은 선큰(sunken)된 지형을 가진 일정 면적 이상의 놀이 공간 부지가 필요하지 않다.
④ 조형 놀이시설은 미끄럼타기 · 사다리 오르기 등의 놀이기능을 가지되, 시설물의 조형성이 뛰어나 환경조형물로서 기능할 수 있도록 설계한다.

답안 표기란				
40	①	②	③	④
41	①	②	③	④
42	①	②	③	④

43 다음 운동시설 중 배구장에 관한 내용으로 옳지 않은 것은?

① 바람의 영향을 받지 않으므로 주풍 방향에 수목 등의 방풍시설을 마련하지 않는다.
② 공식적인 국제경기에서의 코트는 목재나 합성표면제가 인정되며, 구획선은 백색으로 코트와 프리존의 색을 달리 한다.
③ 포장은 흙 포장으로 한다.
④ 코트의 장축을 남–북으로 설치한다.

44 다음 수경시설 중 실개울에 관한 내용으로 옳지 않은 것은?

① 바닥면의 훼손 방지와 일정한 수심유지를 위해 낙차공이나 물흐름 방해석을 고려한다.
② 공간과 어울리는 형태로 설계할 경우 자연형 공간 · 녹지에는 목재 · 자연석 · 식물 마감의 직선형 실개울과 정형적 공간 · 포장부위에는 인공적 재료마감인 곡선형 실개울로 적용한다.
③ 급한 기울기의 수로는 물거품이 나도록 바닥을 거칠게 처리한다.
④ 지형의 높이차는 적으나 기울어짐이 있는 곳에 배치하며, 못이나 분수 등과의 연계배치를 고려한다.

45 다음 관리시설 중 공중화장실에 관한 내용으로 바르지 않은 것은?

① 화장실 건물은 다른 건물과 식별할 수 있도록 한다.
② 이용자의 눈에 직접 띄도록 한다.
③ 설계 대상 공간을 이용하는 이용자가 알기 쉽고 편리한 곳에 배치한다.
④ 오물의 제거용 차량을 활용할 수 있는 곳에 배치한다.

답안 표기란				
43	①	②	③	④
44	①	②	③	④
45	①	②	③	④

46 **다음 중 안내표지 시설의 재료품질기준에 대한 내용으로 옳지 않은 것은?**

① 목재류를 사용할 경우에는 사용 환경에 맞는 방부처리를 하여야 한다.
② 스테인리스강은 녹막이 등 표면 마감처리를 설계에 반영한다.
③ 마감 방법은 인체에의 유해성 · 지역 특성 · 경제성 · 유지관리성 등을 종합적으로 검토하여 결정한다.
④ 안내시설의 내구성 · 가독성을 높이기 위해 각 재료의 특성에 적합하게 마감 처리한다.

47 **다음 바이오매스 설명 중 맞지 않는 것은?**

① 목질폐재나 수피, 미성숙 간벌재 등을 이용한다.
② 화석연료를 대체할 미래의 에너지이다.
③ 바이오매스는 목재에서만 생산이 가능하다.
④ 목질 바이오매스는 재생산능력이 높다.

48 **다음 중 지구온난화를 가져오는 온실가스로서 가장 큰 비중을 차지하는 물질은?**

① 이산화탄소
② 일산화탄소
③ 이산화황
④ 질소산화물

답안 표기란	
46	① ② ③ ④
47	① ② ③ ④
48	① ② ③ ④

49 다음 중 숲 가꾸기를 위한 작업공종에 해당되지 않는 것은?

① 풀베기　　② 개별작업
③ 덩굴치기　　④ 솎아베기

50 다음 경관 조명시설에서의 정원 등의 세부시설 기준으로 바르지 않은 것은?

① 야경의 중심이 되는 대상물의 조명은 주위보다 몇 배 낮은 조도 기준을 적용하여 중심감을 부여한다.
② 화단이나 키 작은 식물을 비추고자 할 때에는 아래 방향으로 배광한다.
③ 정원의 조명은 밝기를 균일하거나 평탄한 느낌을 주지 않도록 하고, 명암이나 음영에 따라 정원 내부의 깊이를 느끼도록 연출한다.
④ 광원이 이용자의 눈에 띌 경우 정원의 장식물을 겸하도록 조형성을 갖추어 디자인한다.

51 다음 경관 조명시설에서 튜브 조명에 관한 내용으로 바르지 않은 것은?

① 별도의 등기구 없이 투명한 플라스틱 튜브로 환경조형물 · 다리 · 계단 등의 구조물 · 시설물의 윤곽을 보여 주기 위해 설치하는 경관 조명시설이다.
② 계단 · 데크 · 환경조형물 등 구조물 · 시설물의 윤곽을 따라 배치한다.
③ 튜브의 재질은 휨 · 견고성 · UV 안전도 · 내마모성 등의 물리적 특성과 설치장소의 특성 등을 고려하여 선정하되 옥외에는 폴리카보네이트를 적용한다.
④ 특수철선과 제어기가 부착된 전구를 비선형으로 배열한다.

답안 표기란				
49	①	②	③	④
50	①	②	③	④
51	①	②	③	④

52 다음 중 플라스틱하우스의 골격재로 가장 많이 이용되는 것은?

① 비닐코팅 파이프
② 아연도금 파이프
③ 알루미늄 파이프
④ 망간도금 파이프

53 다음 중 시설 천장의 물방울의 pH를 측정하여 알 수 있는 것은?

① 시설 내 유해가스 집적 여부
② 공기 중의 수증기 함량
③ 토양의 염류 집적 여부
④ 시설 내 병해충 집적 정도

54 다음 중 양쪽 지붕의 길이가 다른 부등변식 온실은?

① 양지붕형 온실
② 둥근지붕형 온실
③ 스리쿼터형 온실
④ 더치라이트형 온실

답안 표기란				
52	①	②	③	④
53	①	②	③	④
54	①	②	③	④

55 다음 중 온실의 부재 가운데 대들보에 해당하는 것은?

① 왕도리 ② 서까래
③ 중도리 ④ 갖도리

56 다음 경관의 수식기법에 관련한 내용 증 바르지 않은 것은?

① 인간척도는 만지고 걷고 앉는 인간 활동에 관련된 적적한 규모 또는 크기를 말한다.
② 슈퍼그래픽은 건물 외벽의 거대한 벽화를 말한다.
③ 환경조각은 각종 시설물과 표지판은 장소의 분위기에 맞도록 통일성을 지녀야 하는 것을 말한다.
④ 패턴은 일정한 형태나 양식 또는 유형이다.

57 다음 중 기능성연질필름 가운데 광파장변환필름의 주요 기능은?

① 광합성 효율을 높인다.
② 물방울이 맺히지 않는다.
③ 먼지가 잘 붙지 않는다.
④ 특정 해충의 접근을 막는다.

답안 표기란				
55	①	②	③	④
56	①	②	③	④
57	①	②	③	④

58 다음 중 접붙이기의 효과가 아닌 것은?

① 결실 연령을 앞당길 수 있다.
② 어미나무의 특성을 지니는 묘목을 양성할 수 있다.
③ 실생묘에 비해 수명이 길다.
④ 고접을 함으로써 노목의 품종 갱신이 가능하다.

59 다음 중 휴면 기간 동안 증가하는 식물 호르몬은?

① 아브시스산 ② 지베렐린
③ 옥신 ④ 시토키닌

60 다음 중 장미의 기부에서 바로 나오는 줄기를 채화 모지로 쓰지 않고 벤치 위에 높여진 배지에서 통로 측 밑으로 경사지게 신초를 꺾어 휘어지게 하여 여기에서 광합성을 시켜 영양 생산을 하게 하고, 뿌리 윗부분에서 새로 나오는 튼튼한 신초를 자라게 하여 꽃대를 만드는 방법은?

① bridge법 ② rosette법
③ bench법 ④ arching법

답안 표기란				
58	①	②	③	④
59	①	②	③	④
60	①	②	③	④

조경기능사 필기

Craftsman Landscape Architecture

CRAFTSMAN
LANDSCAPE
ARCHITECTURE

PART 3

정답 및 해설

빠른 정답 찾기

01	②	02	①	03	④	04	④	05	②
06	④	07	①	08	②	09	①	10	①
11	②	12	②	13	④	14	②	15	②
16	④	17	②	18	②	19	②	20	④
21	②	22	③	23	③	24	②	25	③
26	②	27	④	28	④	29	②	30	③
31	②	32	④	33	②	34	①	35	③
36	①	37	③	38	④	39	②	40	③
41	①	42	①	43	④	44	④	45	①
46	②	47	①	48	④	49	①	50	①
51	①	52	④	53	①	54	③	55	④
56	③	57	④	58	③	59	④	60	②

01 정답 ②

단면도는 구조물을 수직으로 자른 단면을 나타내며 단면 부위는 반드시 평면도 상에 나타내야 한다.

① **상세도** : 평면도 및 단면도에 잘 나타나지 않은 구조물의 재료, 치수 등 세부 사항을 표현한 것을 의미한다.
③ **평면도** : 물체를 위에서 바라본 것을 가정하고 작도한 것을 의미한다.
④ **입면도** : 구조물의 정면에서 본 외적 형태를 의미한다.

02 정답 ①

멀티 타인은 쓰레기 등을 적재(멀티–여럿, 타인–넥타이/여러 개로 묶는 것)하는 경우에 사용한다.

② **브레이커** : 암반 등을 깨내는 경우에 사용한다.
③ **클램셸** : 조개껍질처럼 양쪽으로 열리는 버킷을 흙을 집는 것처럼 굴착하는 기계를 말하며, 자갈이나 좁은 곳 등을 깊게 팔 때 유용하다.
④ **버킷** : 흙의 굴착 및 적재(바스켓)에 사용된다.

03 정답 ④

프랑스식 쌓기는 매 켜에 길이와 마구리쌓기가 번갈아 나오는 방식으로 통줄눈이 많으나 아름다운 외관을 장점으로 하고 있으며, 강도를 필요로 하지 않는 치장 쌓기 벽체 또는 벽돌담에 사용한다. 또한, 반토막을 많이 사용하는 이점을 지닌다.

04 정답 ④

자연공원의 체계적인 보전관리를 위하여 필요한 경우가 해당한다.

자연공원법 제28조(출입 금지)

- 자연생태계와 자연경관 등 자연공원의 보호를 위한 경우
- 자연적 또는 인위적인 요인으로 훼손된 자연의 회복을 위한 경우
- 자연공원에 들어가는 자의 안전을 위한 경우
- 자연공원의 체계적인 보전관리를 위하여 필요한 경우
- 그 밖에 공원관리청이 공익을 위하여 필요하다고 인정하는 경우

05

정답 ②

유도식재에는 피나무, 계수나무, 주목, 구상나무, 금송, 솔송나무 등이 있다.

06

정답 ④

환경조절에는 녹음식재, 방풍 및 방설식재, 방음식재, 방화식재, 지피식재, 임해식재 등이 있다.

07

정답 ①

견치석 쌓기는 견치석이라는 돌로 축대를 만드는 것으로, 옹벽의 역할을 하는 구조물이다. 기준틀을 설치해놓고 줄을 띄워서 줄을 맞춰가면서 작업을 해야 한다. 또한, 얕은 경우에는 수평으로 쌓고 높은 경우에는 경사지도록 쌓는 것이 좋다.

08

정답 ②

시설 내의 온도는 여러 가지 요인에 의하여 위치에 따라 그 분포가 다르다. 그중 상하 온도 분포를 불균일하게 하는 것은 시설 내부의 대류현상이다. 외피복재의 내면을 접하는 공기가 냉각되어 하강하면서 횡단적 대류가 일어난다.

09

정답 ①

시설 내부는 기초피복재로 외부와 차단되어 특정 공기 성분의 농도가 지나치게 낮거나 높다고 하지만 공기의 조성 성분 중 가장 큰 비중을 차지하는 것은 질소이다.

10

정답 ①

토양용액의 염류농도와 전기전도도 사이에는 높은 정의 상관관계가 존재하므로, 전기전도도가 높은 경우는 염류농도가 높은 경우로 염류농도장해 경감 조치를 취해야 한다.

11

정답 ②

수경재배에서 원수는 재배의 성패를 좌우하므로 양질의 물을 확보하는 것이 중요하다. 용수로 이용 가능한 물은 하천수, 지하수, 수돗물, 빗물이 있는데, 지하수가 수경재배에 가장 많이 이용되고 있다.

12

정답 ②

시설토양을 다른 흙으로 바꾸어 주는 것을 객토 또는 환토라고 한다. 염류집적이 심한 토양을 개량하는 방법 가운데 가장 적극적이면서 확실한 방법 중의 하나이다. 염류의 대부분은 작토층에 집적되므로 5~10cm 깊이의 표토를 산흙이나 논흙으로 바꾸면 농도장해를 효과적으로 방지할 수가 있다.

13

정답 ④

질소가 부족하면 잎이 작아지고 담황색으로 되며, 새가지가 연약하게 길게 자라고 생육이 매우 불량해진다. 또한 과실이 작아지고 조기에 성숙하며 꽃눈 분화가 감소하여 다음해 착과량이 크게 감소한다. 마그네슘은 엽록소의 필수 구성 성분이며 여러 효소들의 조효소로도 역할을 하는 것으로 알려져 있다. 결핍되면 성숙한 잎의 선단부터 퇴색하면서 잎의 기부와 주 엽맥 쪽으로 엽맥 사이에 황화 현상이 나타난다.

14

정답 ②

수경 방식은 양액 공급 방법이나 식물체 지지 수단 등을 기준으로 다양하게 분류한다. 박막수경은 순수 수경 재배방식을 이용하는데 경사진 베드 내에 영양액을 간헐적으로 흘려보내면서 식물을 재배하는 방법이다.

15

정답 ②

고로슬래그, 플라이애쉬, 포졸란 등의 혼화재를 사용하거나 저알칼리형 포틀랜드 시멘트를 사용한다.

16

정답 ④

농약의 상호작용 평가법에는 Gowing의 방법, Colby의 방법, Isobole 방법 등이 있다.

17 정답 ②

자연공원의 형상을 해치지 않는 행위는 자연공원법에 관한 내용 중 금지행위가 아니다.

자연공원법 제27조(금지행위)

- 자연공원의 형상을 해치거나 공원시설을 훼손하는 행위
- 나무를 말라 죽게 하는 행위
- 야생동물을 잡기 위하여 화약류 · 덫 · 올무 또는 함정을 설치하거나 유독물 · 농약을 뿌리는 행위
- 야생동물의 포획 허가를 받지 아니하고 총 또는 석궁을 휴대하거나 그물을 설치하는 행위
- 지정된 장소 밖에서의 상행위
- 지정된 장소 밖에서의 야영행위
- 지정된 장소 밖에서의 주차행위
- 지정된 장소 밖에서의 취사행위
- 지정된 장소 밖에서 흡연행위
- 대피소 등 대통령령으로 정하는 장소 · 시설에서 음주행위
- 오물이나 폐기물을 함부로 버리거나 심한 악취가 나게 하는 등 다른 사람에게 혐오감을 일으키게 하는 행위
- 일반인의 자연공원 이용이나 자연공원의 보전에 현저하게 지장을 주는 행위

18 정답 ②

토양에 흡착되므로 토양 중 이동성이 작다.

19 정답 ②

제초제를 오 · 남용하면 환경에 부담을 줄 수 있다.

제초제의 특성

- 현재 사용 중인 제초제는 유기화합물로 구성되어 있다.
- 제초제는 주변 환경에 민감하게 반응한다.
- 제초제는 작물 재배할 때마다 살포해야 하는 번거로움이 있다.
- 제초제를 오 · 남용하면 약해가 발생되고, 환경에 부담을 줄 수 있다.
- 적절한 제초효과 발현을 위해 처리 방법 및 시기를 준수하여야 한다.
- 제초제는 다른 방제법보다 저렴하고 빠르게 잡초를 방제할 수 있다.
- 제초제는 작물과 잡초와의 미묘한 선택성 차이로 방제 효과가 발휘되므로 경우에 따라 작물에 약해를 유발시킬 수 있다.
- 화학구조 또는 처리 방법에 따라 토양처리 또는 경엽처리, 작물과 잡초 간 선택적 또는 비선택적으로 작용한다.

20 정답 ④

저항성과 감수성 유전자형의 절대적 적응성이 저항성 잡초 발현율을 결정하는 요인이다.

저항성 잡초 발현율을 결정하는 요인

- 기능적 저항성 발현에 관련된 대립유전자 수
- 저항성 대립유전자가 자연 군집에서 발현되는 빈도
- 저항성 대립유전자의 유전 방법
- 감수성 식물체로부터 저항성 유전자형을 분화시키는 선택 강도
- 저항성과 감수성 유전자형의 절대적 적응성

21 정답 ②

카올리나이트의 양이온교환용량은 10 cmolc/kg으로 여러 점토광물 중에서 가장 낮다.

22 정답 ③

Cd, Cu, Zn은 우리나라 토양환경보전법상 오염물질이다.

23 정답 ③

혼합유기질 비료는 유기질비료에 속하며, 부숙유기질 비료가 아니다.

24 정답 ②

접합 부위나 마감 부위는 이용자의 안전을 위해 외부로 돌출하지 않도록 처리하고, 필요한 경우에는 보호용 뚜껑을 씌우도록 조치한다.

25 정답 ③

경관평가는 정량적 방법으로 하는 것을 원칙으로 하며, 책임자가 정량적 평가가 어렵다고 판단할 경우에는 정성적 방법으로 대신할 수 있다.

26 정답 ②

수변 · 해양 관광휴양지의 경우 수변공간과 육상공간과의 연계성 확보는 수변 생태계의 교란을 최소화하도록 고려한다.

27 정답 ④

전적지의 경우 관리자가 별도로 상주되지 않는 점을 고려하여 관리 측면을 설계한다.

28 정답 ④

의자에 사용되는 재료는 내수성이 높고, 열 흡수율이 낮은 재료를 선정해야 하며, 필요할 경우 별도의 표면 보호조치를 해야 한다.

29 정답 ②

구조는 안전과 휴게 기능을 고려하여 마루 및 난간이 있는 형태, 마루 없이 기둥과 지붕만 있는 형태로 구분하여 설계한다.

30 정답 ③

모래밭은 휴게시설 가까이에 배치한다.

31 정답 ②

기성 제품 놀이시설 설치장소에서는 단순한 조립만으로 설치되는 놀이시설을 말한다.

32 정답 ④

농구코트의 방위는 남–북 축을 기준으로 하고, 가까이에 건축물이 있는 경우에는 사이드라인을 건축물과 직각 혹은 평행하게 배치한다.

33 정답 ②

바이 패스(by pass)와 워터 디텍터(water detector)를 설치하여 자동 급수 시스템을 갖추어야 한다.

수경시설 설계 시의 고려사항

- 각 장치가 유기적으로 결합하되 물의 연출에 중점을 두고 주변 경관과 조화되어야 한다.
- 유지관리 및 점검보수가 용이하도록 설계한다.
- 적설, 동결, 바람 등 지역의 기후적 특성을 고려한다.
- 초기 원수 및 보충 수 확보를 고려하여 설계한다.
- 급수원을 확인하고 원 수질의 유지가 가능한 설비로 설계한다.
- 내구성과 안전성, 미관을 동시에 추구한다.
- 에너지의 효율성을 고려한다.
- 관계 법규에 적합하게 설계한다.
- 원활한 급수를 위하여 충분한 수량을 확보한다.
- 바이 패스(by pass)와 워터 디텍터(water detector)를 설치하여 자동 급수 시스템을 갖추어야 한다.
- 강우 및 바람의 영향을 대비하여 강우량 센서 및 풍속 · 풍향센서를 설치한다.

34 정답 ①

공원 · 휴양림 · 유원지 등의 설계 대상 공간이나 주변 경관을 조망할 수 있는 높은 지형에 배치한다.

35 정답 ③

기능 및 내용이 중복되지 않도록 한다.

36 정답 ①

나무가 인간에게 제공하는 것은 맑은 공기, 깨끗한 물 등이 있다.

37 정답 ③

소나무는 우리 조상들이 탄생에서 죽음에 이르기까지 같이 한 나무로 인식하였다.

38 정답 ④

미래목은 경제림으로 육성이 가능한 숲에 대해서 장기적으로 육성할 목표나무를 의미한다.

39 정답 ②

작품의 특성상 신소재나 다양한 복합재료를 사용할 수 있으나, 선택 시 사회의 보편적 가치기준으로 보아 무리가 없거나 작품의 특성을 강화시켜 줄 수 있는 재료를 사용한다.

40 정답 ③

조광기를 수경시설에 적용할 경우에는 수조에 가까운 녹지에 배치한다.

41 정답 ①

기초피복은 기본골격 구조물 위에 유리나 플라스틱 필름 등으로 피복하는 것이고, 추가피복은 기초피복의 안팎에서 주로 보온, 보광, 차광 등을 목적으로 연질필름, 반사필름, 한랭사, 부직포, 거적, 보온매트 등을 추가적으로 피복하는 것을 말한다.

42 정답 ①

합접(맞춤접)은 지름이 거의 같은 대목과 접수를 모두 비스듬히 깎아서 서로 마주 대하게 한 후 동여매거나 집게 등으로 고정시켜 주는 것으로 최근 장미 등에 많이 이용된다.

43 정답 ④

나무의 줄기는 무늬나 색상에 의하여 관상의 대상이 되기도 한다. 자작나무의 경우는 흰색의 수피가 관상의 대상이 된다.

44 정답 ④

폴리에틸렌필름은 광투과율이 높고, 필름 표면에 먼지가 잘 부착되지 않으며, 필름 상호간에 달라붙지 않아 취급이 용이하고, 여러 가지 약품에 대한 내성이 크며, 가격이 싸다는 장점을 지니고 있다. 반면에 내후성이 작아 수명이 짧고, 보온력이 떨어지며, 항장력과 신장력이 작은 결점이 있어 이 필름은 기초피복재보다는 추가피복재로 이용하는 것이 바람직하다고 볼 수 있다.

45 정답 ①

펠레트하우스는 시설의 지붕과 벽에 이중구조를 만들고 발포 폴리스티렌립을 충전시켜 보온효율을 높인 하우스이다.

46 정답 ②

작물생육에 유효한 것은 포장용수량과 위조계수 사이의 것이다.

47 정답 ①

일반적으로 가정에서 취미오락용으로 이용하기에 바람직한 유리온실은 외지붕형 온실이다.

② **스리쿼터형 온실** : 학교교육용으로 적합하다.
③ **벤로형 온실** : 상업적인 대규모 시설재배에 많이 이용된다.
④ **둥근지붕형 온실** : 식물원, 시험장 등에서 표본전시용으로 많이 이용하고 있다.

48 정답 ④

문제에서는 쌓기 노임을 구하는 문제이며 풀이과정은 다음과 같다.
(2.5인×30,000원×100톤)+(2.3인×10,000원×100톤)=9,800,000원

49 정답 ①

문제에서 제시된 그림은 지붕형태에 따른 유리온실의 구분에서 둥근지붕형 유리온실이다. 둥근지붕형 유리온실은 그늘이 적어 실내가 밝다.

50 정답 ①

조경은 단순히 정원만을 꾸미는 것만 의미하지는 않는다.

조경의 대상

- 주거지(개인주택, 아파트단지)
- 공원(도시공원, 자연공원)
- 위락관광 시설(휴양지, 유원지, 골프장)
- 문화재 주변(궁궐, 왕릉, 전통민가, 사찰)
- 기타(도로, 광장, 사무실, 학교)

51 정답 ①

티이(tee)는 출발점 지역을 의미한다.

② **그리인(green)** : 종점 지역을 의미한다.

③ **페어웨이(fair way)** : 티와 그린 사이에 짧게 깎은 잔디지역을 의미한다.

④ **하자드(hazard)** : 장애지역, 벙커(bunker), 연못, 내, 수목 등으로 코스의 변화성을 부여하는 지역을 의미한다.

52 정답 ④

아고라는 그리스의 정원으로 건물로 둘러싸여 상업 및 집회에 이용되는 옥외 공간 즉 광장을 의미한다.

53 정답 ①

휴게시설은 평의자, 등의자, 퍼걸러(파고라) 등의 시설로써 조망이 좋으며 한적한 휴게 공간이다.

54 정답 ③

판상구조의 토양에서는 물이 상하 · 수직방향으로 이동이 어려울 뿐만 아니라 뿌리가 뻗어나가기가 어렵다.

55 정답 ④

스터블 멀칭은 토양침식을 방지하기 위한 멀칭방식이다.

56 정답 ③

잔디는 지면피복성, 내답압성, 재생력이라는 독특한 기능을 갖고 있는 지피식물의 일종이다. 단자엽식물 벼과에 속하는 식물로서 독특한 형태적 특성을 갖고 있다.

57 정답 ④

배토는 잔디의 부정근, 포복경 및 직립경의 발달을 촉진시키고, 북더기 잔디층이 생기는 것을 억제한다. 균일한 잔디표면을 유지하고 겨울철 잔디를 보호하는 역할을 한다.

58 정답 ③

다짐기계를 구분하면 다음과 같다.

다짐기계의 구분

다짐기계	전압식	머캐덤롤러, 탠덤롤러, 탬핑롤러, 타이어롤러
	충격식	램머, 프로그램머, 템퍼
	진동식	진동롤러, 소일콤팩터, 진동콤팩터

59 정답 ④

교량계획의 외부적 제요건을 만족하여야 한다.

60 정답 ②

인간은 녹색으로 덮인 자연을 그리워하는 본능을 가지고 있다. 하지만 녹색만으로 우거진 자연은 시간이 지나면 단조로운 감이 들게 된다. 여러 가지 모양과 색상을 갖춘 화단을 마련함으로써 단조로움을 탈피하여 화려함과 다양함을 즐길 수 있다. 계절에 따라 다른 꽃을 심어 계절감과 함께 변화감을 고양시킬 수 있다.

빠른 정답 찾기

01	④	02	②	03	④	04	③	05	③
06	④	07	③	08	④	09	②	10	④
11	②	12	③	13	②	14	④	15	①
16	③	17	③	18	④	19	①	20	③
21	①	22	①	23	③	24	②	25	①
26	②	27	①	28	③	29	④	30	③
31	④	32	③	33	④	34	①	35	③
36	②	37	③	38	③	39	④	40	④
41	①	42	②	43	①	44	①	45	④
46	②	47	②	48	①	49	④	50	①
51	①	52	②	53	②	54	①	55	③
56	①	57	②	58	①	59	③	60	③

01 정답 ④

투영도는 일정한 사물이나 공간을 입체적으로 표현하기 위한 수단을 의미한다.

① **투시도** : 설계안이 완공되었을 경우를 가정해 설계내용을 실제 눈에 보이는 대로 절단한 면을 그린 그림을 의미한다.
② **상세도** : 평면도 및 단면도에 잘 나타나지 않은 구조물의 재료, 치수 등의 세부사항을 표현한 것을 의미한다.
③ **입면도** : 구조물의 정면에서 본 외적 형태를 의미한다.

02 정답 ②

영식쌓기는 한 켜는 마구리쌓기, 한 켜는 길이쌓기로 하고, 모서리 끝에 이오토막이나 반절을 사용하는 방식으로, 벽돌쌓기법 중 가장 튼튼한 쌓기법이다.

03 정답 ④

도시공원 및 녹지 등에 관한 법률 제8조(공청회 및 지방의회의 의견 청취 등)에 따르면 공원녹지기본계획 수립권자는 공원녹지기본계획을 수립하거나 변경하려면 미리 지방의회의 의견 청취 절차를 거쳐야 한다. 이 경우 지방의회는 특별한 사유가 없으면 30일 이내에 의견을 제시하여야 한다.

04 정답 ③

차폐식재에는 잣나무, 서양측백, 화백, 사철나무, 식나무, 호랑가시나무 등이 있다.

05 정답 ③

시설의 외표 면적에 대한 바닥면적의 비율을 보온비라 한다. 시설은 구조적으로 바닥면적은 열을 저장하는 열원이 되고, 외표 면적은 방열면적이 되므로 보온력은 바닥면적이 상대적으로 커야 증가한다.

06 정답 ④

일반적으로 시설 내의 유해가스의 축적 여부는 천장에 맺힌 물방울의 pH나 전기전도도를 측정하여 확인할 수도 있다. 물방울의 pH가 6.0 이하이면 아질산가스, pH가 7.0 이상이면 암모니아 가스가 발생되고 있는 것이다.

07 정답 ③

객토는 시설토양을 다른 흙으로 바꾸어 주는 것으로, 염류집적이 심한 토양을 개량하는 방법 가운데 가장 적극적이면서 확실한 방법 중 하나이고 그 외 담수처리, 심경, 유기물시용, 합리적 시비, 피복물 제거, 청소작물의 이용 등이 있다.

08 정답 ④

수경재배 양액에 철 원소는 Fe^{2+}, Fe^{3+}의 이온 형태로 흡수되며 황산제 1철($FeSO_4 7H_2O$)등으로 공급되기도 하지만, 양액의 pH가 4.5이상 높아지면 침전되어 불용화 되기 때문에 철금속원소와 EDTA 화합물이 복합된 킬레이트철 형태의 비료(Fe–EDTA, 또는 Fe–DPTA)로 공급한다. 이 두 종류는 pH 7.0이나 8.0에서도 침전되지 않아 흡수가 가능하다.

09 정답 ②

시설의 특이한 환경조건이 병해의 발생을 조장한다. 먼저 온도환경이 시설의 병해 발생에 적당하다. 시설 내에서 많이 관찰되는 병원균의 발육 적온을 살펴보면 대부분 20℃ 내외이기 때문에 기온이 낮은 겨울의 시설 내에서 병해 발생이 심해진다. 그리고 저온기의 무가온시설에서는 다습조건으로 잿빛곰팡이병이 심해진다. 반면에 주간 온도가 높아지는 봄철에는 시설 내의 습도가 낮아지면서 흰가루병이 많이 발생한다. 한여름 고온기의 비가림재배에서는 강우가 차단되어 오히려 발병이 억제된다. 저온, 다습, 약광으로 작물이 도장하여 연약해지고, 염류집적에 따른 길항작용으로 특정 양분이 결핍되면 병에 대한 내성이 약해진다. 이처럼 내성이 약해지면 쉽게 발병하며, 일단 병원균이 실내로 유입되면 전파속도가 빠르기 때문에 큰 피해를 줄 수가 있다.

10 정답 ④

순수 수경은 식물을 고형 배지가 없이 베드 내에 배양액만을 공급하여 재배하는 것으로 계속 뿌리를 양액에 담가 주는 담액 수경(DFT), 일정 수위에 맞추어 흘려보내는 박막 수경(NFT), 뿌리에 양액을 분무해 주는 분무경, 그리고 최근에 개발된 흘려버림식 심지 재배(NFW) 등이 있다.

11 정답 ②

가정 수경재배에서 영양액의 농도조절은 수경재재시 매일 줄어드는 배양액만큼씩 보충하여 적정 수준을 유지한다. 식물에 적절한 수준의 영양액 상태가 유지되는지를 확인하기 위하여 전기전도도를 측정하여 이용하면 편리하다.

12 정답 ③

천적은 비산 또는 분산하는 능력이 커야 한다.

13 정답 ②

경합적 길항작용은 길항제가 제초제의 작용점에 결합되지 못하도록 방해함으로써 발생하는 작용을 말한다. 일반적으로 동일한 결합점을 두고 두 종류의 화합물이 경합함으로써 발생하는 작용을 의미한다.

14 정답 ④

자연공원법 제36조(자연 자원의 조사)에 따르면 공원관리청은 자연공원의 자연 자원을 5년마다 조사하여야 한다.

제36조(자연자원의 조사)

- 공원관리청은 자연공원의 자연자원을 5년마다 조사하여야 한다.
- 공원관리청은 조사 결과 특별한 조사 또는 관찰이 필요하다고 판단되는 경우에는 정밀조사를 할 수 있다.
- 공원관리청은 자연적 또는 인위적 요인에 따른 자연공원의 자연자원 변화 내용을 지속적으로 관찰하여야 한다.
- 조사 또는 관찰의 내용 · 방법과 그 밖에 필요한 사항은 대통령령으로 정한다.

15 정답 ①

토양에서의 잔효성은 8개월 이내이다.

16 정답 ③

색소 합성 저해형은 디페닐에테르계, 옥사디아졸계, 피라졸계 등이다.

제초제의 작용기구(특성)에 따른 분류

- **Hormone 작용형** : 페녹시계, 벤조산계, 피리딘계 등
- **광합성 저해형** : 트리아진계, 우레아계 등
- **호흡작용 저해형** : 벤조산계, 디니트로아닐린계 등
- **아미노산 합성 저해형** : 설포닐우레아계 등
- **핵산대사 및 단백질 합성 저해형** : 산아미드계 등
- **지질 합성 저해형** : 아릴옥시페녹시프로피로닉산계 등
- **색소 합성 저해형** : 디페닐에테르계, 옥사디아졸계, 피라졸계 등
- **생장 및 발육 저해형** : 산아미드계, 디니트로아닐린계 등

17 정답 ③

밭 잡초는 종류가 다양하여 발생예측이 곤란하고 발생이 불균일하다.

밭 잡초의 효율적 방제를 위한 고려사항

- 밭 작물은 종류가 많고 재배시기가 다양하다.
- 밭 잡초는 종류가 다양하여 발생예측이 곤란하고 발생이 불균일하다.
- 재배지의 토성, 수분, 유기물 함량 등이 다양하다.
- 밭에서는 잡초발생 전 토양처리제를 살포하여 초기 방제하는 것이 중요하다.
- 토양처리제로 방제가 되지 않은 것은 중경 · 배토로 방제 가능하다.
- 밭 토양의 수분조건에 따라 제초제의 제형(입제, 유제, 수화제 등)별 제초효과는 큰 차이가 있으므로 수분 상태를 잘 고려하여 제초제 선정이 필요하다.
- 밭 작물은 연중 재배하므로 작물 자체가 기상조건에 따라 생육이 부진할 때 제초제를 살포하면 약해가 발생될 우려가 높다.
- 밭 잡초의 발생 특성 등을 고려할 때 한 가지 방법만으로 효과적인 방제는 곤란하다.

18 정답 ④

Fe는 산성에서 용해도가 높아 산성에서 흡수가 잘 된다.

19 정답 ①

상하경운은 토양침식이 가장 많이 일어날 수 있는 조건에 해당한다.

20 정답 ③

논에 질소비료를 줄 때는 물을 빼고 암모늄태질소를 작토에 잘 섞어 주어야 탈질작용에 의한 손실을 막을 수 있는데 이를 전층시비법이라 한다.

21 정답 ①

석재는 휨 강도가 약하므로 들보나 가로대의 재료로는 채택하지 않는다.

22 정답 ①

연구소, 연수원 복합단지 등은 수림이 우거진 야산 등의 전원지대를 선정하여 녹지율을 60% 이상 확보한다.

23 정답 ③

녹지 생태계의 보전을 위하여 자생식물 및 향토수종을 적극 도입하며, 환경친화적인 재료를 사용한다.

24 정답 ②

기존 우수한 산림을 최대한 활용하고 부지의 단계적 개발이 가능하도록 한다.

25 정답 ①

휴게시설은 지역 여건 · 주변 환경 · 휴게공간의 특성과 규모 및 인접 휴게공간과의 기능을 고려하여 시설의 종류나 수량을 결정하며, 하나의 설계 대상 공간에서는 단위 휴게 공간마다 서로 시설을 달리하여 장소별 다양성을 부여한다.

26 정답 ②

급속한 감속으로 몸이 넘어가지 않도록 착지판과 미끄럼판의 연결부는 곡면으로 설계한다.

27 정답 ①

시설의 유지관리에 대한 지침을 설정하고, 이에 따른 장기적인 관리계획을 수립한다.

28 정답 ③

단지의 외곽녹지 주변 및 공원 산책로 주변에 설치한다.

29 정답 ④

설계 대상 공간 배수시설을 겸하도록 지형이 낮은 곳에 배치한다.

30 정답 ③

주택단지에서는 이용자의 야간안전과 편리한 이용 · 보관을 위해 현관 입구나 보안등이 비치는 곳 또는 경비실 주변, 그리고 필로티형 주동에서는 필로티 등에 배치한다.

31 정답 ④

사인 시스템 간의 형태적 조화와 통일성이 강한 디자인의 연계화 방안을 수립한다.

32 정답 ③

팔만대장경판은 산벚나무, 돌배나무, 자작나무가 이용되었다.

33 정답 ④

자연보존지구는 생물 다양성이 특히 풍부한 곳, 자연생태계가 원시성을 지니고 있는 곳, 특별히 보호할 가치가 높은 야생동식물이 살고 있는 곳, 경관이 특히 아름다운 곳이다.

34 정답 ①

국립공원 지역과 같이 숲길을 적극적으로 관리하는 '법정 탐방로'와 관리가 거의 이루어지지 않는 '비법정탐방로'가 있다.

35 정답 ③

널리 알려진 시인 · 가수 · 문화가 등의 인물이나 장소 · 전설 · 지명유래 또는 건설공사 · 행사 등의 기념할 만한 대상과 지리적으로 관련성이 높은 곳에 배치한다.

36 정답 ②

루프형의 계통은 수압을 일정하게 유지하고, 단수 구역을 최소한으로 할 경우에 사용한다.

37 정답 ③

비닐하우스의 기초피복재로서 PVC는 광투과율이 높고, 장파투과율과 열전도율이 낮기 때문에 보온력이 매우 뛰어나다.

38 정답 ③

수분은 용매로서 물질의 용해, 흡수, 이동, 대사 작용을 가능하게 해준다. 그리고 광합성의 재료이며, 체형을 유지하고 체온을 조절하는 기능을 가진다.

39 정답 ④

온실의 규격은 너비(폭), 간고(처마높이), 동고(지붕 높이), 길이로 나타낸다. 간고는 측고라고도 부르며, 동고는 시설의 최고 높이로 지면에서 용마루까지의 길이를 나타낸다.

40 정답 ④

그해에 자라 잎이 붙어 있는 가지는 새 가지라 하고 1년생 가지는 그해에 자란 잎이 떨어진 가지를 말한다.

41 정답 ①

$$\frac{\text{토량}}{\text{변화율}} = \frac{4{,}500}{0.90} = 5{,}000m^3$$

42 정답 ②

문제에서 제시된 그림은 지붕형태에 따른 유리온실의 구분에서 연동형 유리온실이다. 연동형 유리온실은 단동온실을 2개 이상 연결한 형태로 적설에 의한 피해 우려가 높다.

43 정답 ①

도료는 액체 성분 내로 고체 성분을 혼입시켜 분산하거나 용해시켜 만든 유동성 물질로, 보호 및 미화의 목적으로 물체 표면에 칠하여 도막이 형성되도록 하는 것이다.

44 정답 ①

덕수궁 석조전 앞 정원은 우리나라에서의 최초의 유럽식 정원이다.

덕수궁 석조전의 특징

- 최초의 양식 건물로 이오니아식 석조전이다.
- **정관헌** : 지붕과 난간은 한국적, 기둥과 내부 구조는 서양식이다.
- **침상헌** : 대칭적 기하학적 정원으로 최초의 유럽식 정원이다.

45 정답 ④

안산암은 현무암과 더불어 화성암 계통에 해당한다.

46 정답 ②

파고다(탑골) 공원은 우리나라 최초의 대중공원이다.

47 정답 ②

$$\text{공극률} = (1 - \frac{1.5}{2.6}) \times 100 = 42\%$$

48 정답 ①

흑색멀칭이나 짚멀칭은 지온을 조절함과 잡초발생을 방지하는 효과가 있다.

49 정답 ④

사계절 녹색이면 좋겠지만 반드시 그럴 필요는 없다.

50 정답 ①

수경재배는 토양을 사용하지 않고, 무기양분이 들어 있는 영양액과 적당한 식물지지수단을 이용하여 식물을 재배하는 기술을 의미한다.

51 정답 ①

침하가 허용치를 넘지 않아야 한다.

52 정답 ②

조형성이 강조되는 자연석이 필요할 경우에는 상세도면을 추가로 작성한다.

53 정답 ②

화단의 양식에 따라 모둠화단, 경재화단, 돌벽화단, 노단화단, 화문화단, 리본화단, 침상화단 등으로 구분할 수 있다. 모둠화단은 사방에서 감상할 수 있도록 한 화단이고, 화문화단은 꽃 색깔에 의한 무늬를 연출하는 화단이다. 침상화단은 관객들이 다니는 지면보다 낮게 부지를 조성하여 만든 화단을 말한다.

54 정답 ①

방진성은 먼지의 부착 정도, 투습성은 수분의 통과 정도, 내후성은 기후변화에 따른 변색과 착색 및 강도유지 정도를 나타낸다.

55 정답 ③

벤조산계 제초제는 광엽잡초의 뿌리나 잎을 통해 쉽게 흡수된다.

56 정답 ①

지주목과 맞닿는 나무의 수간부위에 새끼줄을 감는다.

57 정답 ②

가격특성에 따른 영향은 레크레이션에 의한 손상의 속성을 이해하기 위한 측면은 아니다.

레크레이션에 의한 손상의 속성을 이해하기 위한 5가지 측면

- 손상의 상호관련성
- 이용과 손상의 관계성
- 손상에 대한 내성의 변화
- 활동특성에 따른 손상
- 공간특성에 따른 영향

58 정답 ①

크리핑 벤트그래스에 대한 설명이다.

59 정답 ③

일반적으로 요소가 상세할수록 척도는 커진다.

60 정답 ③

상록수는 겨울에 눈이 녹지 않아 사고 위험이 발생할 수 있다.

빠른 정답 찾기

01	④	02	④	03	①	04	①	05	④
06	③	07	④	08	①	09	①	10	④
11	②	12	③	13	④	14	②	15	③
16	①	17	③	18	②	19	②	20	②
21	③	22	①	23	④	24	④	25	④
26	③	27	①	28	②	29	②	30	②
31	③	32	②	33	③	34	④	35	①
36	④	37	④	38	①	39	②	40	③
41	③	42	②	43	③	44	①	45	①
46	④	47	②	48	②	49	④	50	②
51	③	52	①	53	②	54	④	55	②
56	②	57	①	58	③	59	①	60	②

01 정답 ④

녹음식재에는 느티나무, 회화나무, 피나무, 꽃물푸레나무, 칠엽수, 가중나무, 느릅나무 등이 있다.

02 정답 ④

무너짐 쌓기는 자연 그대로인 상태의 기초 돌을 땅속에 반 묻는다. 눈에 띄기 쉬운 돌은 좋은 것으로 이음매에는 보기 좋게 하기 위하여 작은 식물을 심어야 하므로 콘크리트를 사용해서는 안 된다.

03 정답 ①

난방용량은 어떠한 기상조건에서도 시설 내 작물의 정상적인 생육을 유지할 수 있어야하므로 재배 기간 중 기온이 가장 낮은 시간대의 난방부하인 최대난방부하를 지표로 난방설비 용량을 결정한다.

04 정답 ①

시설 내의 유해가스로 암모니아, 질산 가스는 토양 중에서 유기물 또는 유기질비료가 미생물에 의해 분해되는 과정에 발생한다.

05 정답 ④

비료를 물에 타서 토양에 관수를 겸하여 공급하는 시비법을 액비시비라 하는데, 비료 용액을 저농도로 만들어 관수를 겸한다 하여 관비라고 부른다.

06 정답 ③

양액은 작물이 요구하는 필수원소를 골고루 갖춘 용액인데, 양액의 온도가 높으면 산소포화량이 적어지기 때문에 용존산소가 부족되기 쉽다.

07

정답 ④

양액의 완충능력이 대단히 약하다.

수경재배의 장점 및 단점

- 수경재배의 장점
  - 자원을 절약하고 환경을 보전한다.
  - 고품질의 무농약 청정 농산물을 생산할 수 있다.
  - 고정시설에서 같은 작물의 연작이 가능하다.
  - 여러 가지 고급 채소의 청정재배가 가능하다.
  - 근권환경이 단순하여 관리하기가 쉽다.
  - 재배관리의 생력화와 자동화가 편리하다.
  - 생육이 빠르고 균일하며 수량이 증대된다.
  - 토양재배가 어려운 곳에서도 재배할 수가 있다.
- 수경재배의 단점
  - 초기에 투자자본이 많이 필요하다.
  - 양액관리 등의 전문적 지식이 요구된다.
  - 양액의 완충능력이 대단히 약하다.
  - 선택할 수 있는 작물의 종류가 제한되어 있다.

08

정답 ①

수경재배에서 정상적인 양수분을 흡수하려면 배양액 내의 용존산소 함량이 높아야 한다. 용존산소 함량을 높이기 위해서는 수온을 낮추고, 기포발생기를 이용하고, 자주 순환시키거나 재배시스템을 분무경과 같은 방식을 도입해야 한다.

09

정답 ①

수경재배에서 이용되는 물을 용수라고 한다. 가정에서 이용되는 용수로 지하수를 이용할 때 수질이 중요한데, 특히 염류 농도를 나타내는 전기전도도가 0.3dS/m이하가 되어야 한다.

10

정답 ④

글리포세이트는 경엽처리형 제초제이다.

11

정답 ②

입제형 제초제는 바람이나 물에 쉽게 이동하여 한쪽으로 쏠려 약해를 유발시킬 수 있다.

12

정답 ③

자연공원법 제78조(매수청구의 절차 등)에 따르면 공원관리청은 토지의 매수를 청구받은 날부터 3개월 이내에 매수 대상 여부 및 매수 예상 가격 등을 매수 청구인에게 통보하여야 한다.

자연공원법 제78조(매수청구의 절차 등)

- 공원관리청은 토지의 매수를 청구받은 날부터 3개월 이내에 매수대상 여부 및 매수 예상가격 등을 매수 청구인에게 통보하여야 한다.
- 공원관리청은 매수대상임을 통보한 경우에는 5년 내에 매수계획을 수립하여 그 매수대상토지를 매수하여야 한다.
- 매수대상토지를 매수하는 경우 가격 산정의 시기·방법 및 기준 등에 관하여는 「공익사업을 위한 토지 등의 취득 및 보상에 관한 법률」을 준용한다.
- 토지를 매수하는 경우의 매수 절차와 그 밖에 필요한 사항은 대통령령으로 정한다.

13

정답 ④

강한 양이온 형태이다.

14

정답 ②

초기 처리 제초제는 이앙 후 7일 이내 살포한다.

제초제의 처리시기에 따른 분류

- **이앙 전 처리제** : 이앙 전 써레질할 때 사용하는 제초제
- **이앙 동시 처리제** : 벼 이앙과 동시에 사용하는 제초제
- **초기 처리 제초제** : 이앙 후 7일 이내 살포
- **초 · 중기 처리 제초제** : 이앙 후 10~12일 이내 살포
- **중기 처리 제초제** : 이앙 후 15일 경에 살포
- **후기 처리 제초제** : 이앙 후 20일 이후에 살포

15

정답 ③

토양 3상 비율 중에서 고상의 비율이 일정할 때 액상의 비율이 커지면 기상은 줄어들며 통기성이 나빠진다.

16 정답 ①

Al은 토양에서 Si 다음으로 많은 성분이며, 물과 만나 반응하면 H 이온을 방출하여 토양을 산성화시킨다.

17 정답 ③

아리디졸은 건조지역에서 발견되며, 국내에는 없다.

18 정답 ②

토양의 탄소격리는 적절한 토지 사용과 관리를 통하여 토양 유기탄소와 무기탄소의 저장을 증가시키는 것을 의미한다. 토양의 탄소격리를 위해서는 유기탄소 저장량과 토양의 비옥도를 저하시키지 않아야 하며 단위 비료 사용량 당 작물의 생육량을 증가시키고 토양의 질을 향상시켜야 한다. 농업 토양에서 탄소 고갈 후 탄소 저장 능력은 토지 사용을 조절하고 작물관리 방법을 개선함으로써 증가시킬 수 있다. 토양은 침식, 염류화, 영양결핍, 산성화, 오염 등을 통해 황폐화되는데 이러한 토양에서 표면의 유기탄소가 유실되고 유기탄소가 유실되면 그 토양에서 생산되는 생체량이 줄어들고 생체량이 줄어들게 되면 토양으로 다시 돌아가는 탄소가 줄어들게 된다.

19 정답 ②

콘크리트의 성능 개선을 위하여 혼화 재료를 사용하거나 특수 목적을 위해서 특수 콘크리트를 사용할 수 있다.

20 정답 ②

생태도시계획의 구체성, 실효성을 높이기 위해 대상 구역 면적은 어느 정도 좁게 하고 생태도시계획의 목표 실현과 관계 깊은 도시정비사업이나 현재 계획되거나 가까운 장래에 구체화 될 것으로 예상되는 지역을 선택한다.

21 정답 ③

주택정원의 기초 부분에는 관목류나 소교목류를 식재하여 건물 하단부의 거친 면을 가리도록 한다.

22 정답 ①

간이포장은 주로 차량의 통행을 위한 아스팔트 콘크리트 포장과 콘크리트 포장을 제외한 기타의 포장을 말한다.

23 정답 ④

여름에는 그늘을 제공하고 겨울에는 햇빛이 잘 들도록 대지의 조건 · 방위 · 태양의 고도를 고려하여 배치한다.

24 정답 ④

그네의 안장과 안장 사이에는 통과 동선에 발생하지 않도록 한다.

25 정답 ④

햇빛이 잘 들고, 바람이 강하지 않으며, 매연의 영향을 받지 않는 장소로서 배수와 급수가 용이한 부지이어야 한다.

26 정답 ③

계류의 유량산출에서 장애물이 없는 개수로의 유량 산출은 매닝의 공식을 적용한다.

27 정답 ①

설계 대상 공간의 지형이 낮은 곳에 위치한 못 안에 배치한다.

28 정답 ②

성인 · 어린이 · 장애인 등 이용자의 신체 특성을 고려하여 적정 높이로 설계하되, 하나의 설계 대상 공간에는 최소한 모든 이용자가 이용가능하도록 설계한다.

29 정답 ②

공공의 위해방지나 복지증진 또는 다른 산업을 보호할 목적으로 지정하는 숲을 보안림(protection forest)이라고 한다.

30

정답 ②

한국 마을 숲은 자연과 인간과의 관계가 문화에 남아 있다는 점에서 외국과 유사하지만, 울퉁불퉁한 지형체계의 곳곳에 분포하며 생태적, 문화적으로 생태계 서비스를 제공하는 생활형 숲의 형태라는 점이 독특한 면이라고 할 수 있다.

31

정답 ③

우리나라 도시공원의 종류는 크게 생활권공원과 주제공원으로 구분하고 있다. 생활권공원은 도시생활권의 기반 공원 성격으로 설치, 관리되는 공원으로 소공원, 어린이공원, 근린공원으로 구분하여 조성되고 있다. 주제공원은 역사 · 문화 · 수변 · 묘지 · 체육공원과 그 밖에 특별시 · 광역시 또는 도의 조례에 의해 정하는 공원이 있다.

32

정답 ②

노면 세굴은 숲길에서의 노면 침식이 가속화되면서 노면의 낮은 부분을 따라 흐르는 지표수의 흐름이 반복됨으로써 강우 시 종단 방향으로 물길을 형성하여 'U'자형 또는 'V'자형으로 깊게 세굴이 발생한 상태이다.

33

정답 ③

공간의 입체감을 높이되, 이용자들의 시야를 가리지 않는 규모로 한다.

34

정답 ④

LED는 스펙트럼의 폭이 좁아 목적으로 하는 단색광을 발광시킬 수 있으며, 방열이 적고 근접조사가 가능하여 완전제어형 식물공장과 같은 고도환경제어형 작물재배에서 각광을 받고 있는 광원 중 하나이다.

35

정답 ①

시설 내의 토양 수분은 자연 강우가 차단되고, 증발이 심해 건조하기 쉬우며, 지온이 낮고 근계가 불량하여 수분흡수가 억제된다. 또한 단열층으로 지하 수분의 상승이동이 제한된다. 그리고 공중습도가 높아 병해가 많이 발생한다.

36

정답 ④

적설하중은 적설에 의한 수직방향 무게를 나타내며, 단위면적당(m^2) 적설하중은 설계 적설심과 눈의 단위체적중량을 곱하여 구한다. 적설심은 온실 지붕의 기울기에 따라 다르다.

37

정답 ④

안장접은 대목을 볼록하게 쐐기모양으로 자르고 그 위에 오목한 접수를 얹어 접붙이는 방법으로 삼각주 대목에 비모란이나 산취등 접목용 선인장을 얹어서 접목을 실시한다.

38

정답 ①

우리나라에서 춘식 구근으로 취급하고 있는 것들은 대부분 내한성이 약해서 중부 지방에서는 서리가 내리기 시작하는 10월 중순부터 11월 상순을 전후하여 굴취하여 수확한다. 한편 추식 구근들은 내한성이 있고 적당한 저온 처리를 받아야만 정상적인 개화가 가능하다. 이들 추식 구근들은 대체적으로 6~7월경에 수확하여 저장하여 고온 다습한 여름철에 구근의 부패를 방지하여야 한다. 너무 일찍 수확하면 수량이 적고, 외피 형성과 색깔 등이 나쁘고 찢어지거나 빈약한 꽃이 발달하게 된다. 한편 늦게 수확하면 구근이 물러지기 쉽고 병해의 피해를 받기 쉽다. 일반적으로 지상부 잎의 1/2 또는 1/3이 황변했을 때 수확한다.

39

정답 ②

해바라기는 쌍자엽 식물로 뿌리는 주근계로 주근과 측근으로 구분되고, 국화과에 속하며 두상화서를 형성한다. 과실적 종자란 씨방이 비대 발육하지 못하고 씨방벽이 종피에 말라붙어 있는 것을 말한다. 해바라기, 벼, 상추, 옥수수, 상추 등이 있다. 잎자루와 잎집은 단자엽 식물인 벼과 식물(벼, 잔디 등)에 있다.

40

정답 ③

에어하우스는 2중의 필름 사이 또는 하우스 내부를 공기압으로 하우스의 형태를 유지하고 보온성을 크게 높이는 시설이다. 골격재가 적어 광차단과 구조재에 의한 열손실이 거의 없다.

41
정답 ③

문제에서 제시된 그림은 양지붕형 유리온실이다. 양지붕형 유리온실은 대형화가 용이하며, 폭도 다양하다.

42
정답 ②

회유임천식 정원은 정원의 중심부에 못을 파고 섬을 만들어 다리를 놓고 섬과 못 주위를 돌아다니며 감상하는 정원양식으로 이는 일본에서 가장 먼저 발달한 정원양식이다.

43
정답 ③

정적인 상태의 물은 호수, 연못, 물장 등이다. 호수가 정적인 상태의 수경경관을 도입하고자 할 때 옳다.

물의 구분
- **정적인 상태의 물** : 호수, 연못, 물장 등
- **동적인 상태의 물** : 폭포, 분수, 계단폭포 등

44
정답 ①

상림원은 중국 최초의 정원이며, 동양에서 가장 오래된 정원이고, 희귀 3,000여종 꽃나무 식재이다.

45
정답 ①

시멘트 벽돌의 표준규격은 190×90×57mm이다.

46
정답 ④

FRP(유리섬유강화플라스틱)는 형선박, 인공폭포, 인공 정원석, 아파트옥상 물탱크, 벽천 등의 조경시설에 활용되는 재료를 의미한다.

47
정답 ②

토양의 무기입자를 모래 및 미사 · 점토로 구분하고, 이들의 함량비에 따라 결정되는 토양의 종류를 토성이라 한다.

48
정답 ②

일년초화류는 주로 종자 번식을 하고 생육기간이 짧으며 꽃이 한꺼번에 피기 때문에 화단용으로 많이 이용된다.

49
정답 ④

식물호르몬 가운데 옥신과 지베렐린은 세포의 신장 생장을 촉진하고 시토키닌은 세포의 분열을 촉진한다. 에틸렌은 과실의 성숙을 촉진하는 기체상태의 호르몬이다. 잔디에서는 에틸렌과 ABA가 노화를 촉진하며, 시토키닌은 뿌리세포의 분열로 인한 뿌리의 왕성한 활동을 도와 노화를 억제한다.

50
정답 ②

낙엽침엽교목으로는 은행나무, 낙우송, 메타세콰이어 등이 있다.

51
정답 ③

완전히 수중에 잠겨 있으면 썩지 않는다.

52
정답 ①

사업계획 구역 내의 자생수목은 정밀조사 후 활용계획을 수립하고 지형조성공사 시행 전에 이식 · 보존하여 활용해야 한다.

53
정답 ②

잔디의 종류를 식별하는 데 있어서 가장 중요한 부위는 잎몸과 잎집을 나누는 부분에 있는 잎혀(엽설), 잎귀(엽이)이다. 이들의 특유한 구조는 잔디의 종류를 식별하는데 편리하게 이용되고 있다. 줄기를 말린 형태로도 구분할 수 있다.

54
정답 ④

잡초가 있으면 토양미생물에 좋은 미세 환경을 주어서 토양 물리환경이 개선된다.

55 정답 ②

토양은 화석연료의 대체재로 사용될 수 있는 biofuel을 생산하는 식물체를 키우는 배지가 되고 biofuel의 원료가 되는 식물체를 제거할 때 토양에서 탄소를 제거하기 때문에 대기중으로 방출되는 이산화탄소를 조절하는 역할을 한다. Biofuel은 사용할 때 이산화탄소가 발생하긴 하지만 biofuel을 생산하기 위한 식물체를 생육시킬 때 이산화탄소가 동화되기 때문에 순 이산화탄소 배출량은 0이 되어 탄소중립을 이룰 수 있다.

56 정답 ②

시공금액은 M.Laurie의 조경가의 3가지 역할이 아니다.

M.Laurie의 조경가의 3가지 역할

- 조경계획 및 평가
- 단지계획
- 조경설계

57 정답 ①

산 쓰레기는 소각이 쉽지 않다(음식 찌꺼기, 빈 깡통 등).

58 정답 ③

톨 페스큐에 대한 내용이다.

톨 페스큐

- 유럽 원산이다.
- 뿌리는 깊게 뻗으며 짧은 땅속줄기가 있고 다발을 이룬다.
- 겉모양은 메도우페스큐와 비슷하나 키가 더 크고 밑동의 잎수가 많다.
- 잎은 다른 여러해살이 화본과 목초에 비하여 더 거칠고 진한 녹색을 띠며 광택이 난다.

59 정답 ①

초고는 지상부터 맨 끝 가지의 높이를 말한다.

60 정답 ②

수명이 가급적 긴 수종이 수목의 요건 중 하나이다.

수목의 요건

- 이식하기 쉽고 척박지에 잘 견디는 수종
- 열매 및 잎이 아름다운 수종
- 수명이 가급적 긴 수종
- 해당 지역의 기후, 토양 등 환경에 대한 적응성이 큰 수종
- 병충해가 적고 관리하기 쉬운 수종
- 수목의 구입이 용이하고 지정된 규격에 합당한 수종

빠른 정답 찾기

01	②	02	②	03	②	04	③	05	①
06	①	07	③	08	③	09	①	10	③
11	③	12	②	13	④	14	②	15	③
16	①	17	④	18	③	19	②	20	③
21	③	22	①	23	②	24	①	25	②
26	③	27	①	28	②	29	④	30	①
31	①	32	③	33	④	34	③	35	①
36	④	37	①	38	②	39	②	40	④
41	②	42	②	43	③	44	③	45	③
46	①	47	②	48	③	49	④	50	④
51	③	52	③	53	①	54	④	55	④
56	②	57	③	58	④	59	④	60	③

01 정답 ②

난방을 하는 온실의 열 손실은 피복재를 통과하는 관류열량, 틈새를 통해나가는 환기전열량, 그리고 토양과의 열 교환으로 전달되는 지중전열량으로 구성되는데, 관류열량이 차지하는 비율이 전체의 60%이상, 경우에 따라서는 100%에 달하기도 한다.

02 정답 ②

눈에 난반사가 이루어지지 않는 수종이어야 한다.

03 정답 ②

시듦병, 풋마름병, 덩굴마름병은 시드는 증상을 보인다.

04 정답 ③

수경재배용 무기배지로 암면, 펄라이트, 질석, 자갈, 모래, 송이, 폴리페놀, 폴리우레탄 등이 있고, 유기배지로 코코넛 코이어, 피트, 훈탄, 톱밥, 수피, 목탄 등이 있다. 코코피트는 코코넛 코이어를 가공한 분말로 현재 시장 점유율이 다른 배지보다 높다.

05 정답 ①

폴리에틸렌 필름은 광투과율이 높고, 필름 표면에 먼지가 잘 부착되지 않으며, 필름 상호간에 달라붙지 않아 취급이 용이하고, 여러 가지 약품에 대한 내성이 큰 장점이 있는데, 무엇보다 저렴하여 가장 많이 사용된다.

06 정답 ①

석회질비료는 화학적 형태에 따라 알칼리도에 차이가 있어 생석회, 소석회 및 탄산석회의 알칼리도는 각각 80%, 60%, 45%로 규정되어 있다.

07 정답 ③

옥상녹화란 옥상에 인위적인 지형, 지질의 토양층을 새로이 형성하고 식물을 심어 녹지공간을 만드는 것이다. 즉, 쉼공간을 조성하는 것으로 도시민의 휴식 공간 제공, 환경교육 및 도시지역 생물다양성 4중량형으로 구분되며, 옥상녹화 시스템은 방수층, 방근층, 배수, 저장층, 토양여과층, 토양층, 식생층으로 구성되어 있다.

08 정답 ③

산아미드계 제초제는 생식기관보다 영양기관에 집적된다.

09 정답 ①

정자(整姿, trimming)는 나무 전체의 모양을 일정하게 다듬는 작업을 말한다.

② **정지(整枝, training)** : 수목의 수형을 영구히 유지, 보존하기 위해 줄기나 가지의 성장조절, 수형을 인위적으로 만들어가는 기초정리 작업을 말한다.

③ **전제(剪除, trailing)** : 생장에는 무관한 불필요한 가지나 생육에 방해되는 가지를 제거하는 것을 말한다.

④ **전정(剪定, pruning)** : 수목관상, 개화결실, 생육상태 조절 등의 목적에 따라 정지하거나 발육을 위해 가지나 줄기의 일부를 잘라내는 정리 작업을 말한다.

10 정답 ③

지정된 장소 밖에서 야영행위를 한 자는 50만 원 이하의 과태료에 해당한다.

자연공원법 제86조(과태료)에 따라 200만 원 이하의 과태료를 부과하는 자

- 출입 및 조사를 정당한 사유 없이 방해하거나 거부한 자
- 퇴거 등 조치명령에 따르지 아니한 자
- 총 또는 석궁을 휴대하거나 그물을 설치한 자
- 지정된 장소 밖에서 상행위를 한 자
- 지정된 장소 밖에서 흡연행위를 한 사람
- 제한 또는 금지된 영업이나 그 밖의 행위를 한 자
- 지질공원의 시설을 훼손하는 행위를 한 자

11 정답 ③

광엽잡초에 특이적으로 반응하며, 토양 및 경엽처리가 가능하다.

12 정답 ②

A층은 토양의 표면이 되는 부분으로 많은 성분이 빗물에 의하여 밑으로 씻겨 내려간 토양으로서 용탈층이라 부르며, B층은 A층으로부터 용탈된 물질이 쌓이는 층으로서 집적층이라 부른다. A층은 부식의 함량이 높은 층이어서 B층에 비하여 검은(어두운)빛을 띠는 것이 보통이다. C층은 A층과 B층을 이루는 풍화된 그대로이거나 또는, 풍화 도중에 있는 모재층이다. O층은 A층 위의 유기물집적층이며, R층은 C층 밑의 모암층(기암층)이다.

13 정답 ④

뿌리 뻗기에 불리한 토양의 용적밀도는 1.4 g/cm^3, 용적밀도가 클수록 단위 용적 당 토양(고상)의 비율이 높은 것을 의미하며, 수분과 공기가 들어갈 수 있는 공간이 작은 것을 의미한다.

14 정답 ②

석회요구량은 pH 6.5까지 개량하는데 필요로 하는 석회질 비료의 양을 말한다.

15 정답 ③

암모니아 휘산은 토양이 염기성 반응을 나타내는 곳에서 많이 일어난다.

16 정답 ①

낮 동안 저장된 열은 일몰 후부터 적외선의 형태로 방출되는데(장파방사), PE는 80%, EVA는 40%, PVC는 20%를 방출한다. 따라서 PE는 보온성이 약하고 PVC는 보온성이 강하다. FRP는 경질판이다.

17 정답 ④

철부도장은 접착성이 강한 재료를 사용하고 녹슬음을 방지하기 위한 바탕칠을 반영한다.

18 정답 ③

출입구는 공원 내부에 통과 동선이 발생하지 않도록 선정하여야 하며 놀이시설물은 어린이의 연령과 놀이그룹의 규모, 예산, 놀이터의 유형 및 위치, 안전성 등을 고려하여 선정하되 융통성을 가져야 한다.

19 정답 ②

도로 구조 설계는 도로의 구조시설에 관한 규정을 준용하고 부득이한 때는 구조시설 기준을 별도로 작성하여 적용한다.

20 정답 ③

태양광선을 반사하지 않아야 한다.

포장 면의 조건

- 미끄럼을 방지하면서도 걷기에 적합할 정도의 거친 면을 유지해야 한다.
- 요철이 없도록 하여 걸려 넘어지지 않도록 한다.
- 고른 면을 유지해야 한다.
- 견고하면서도 탄력성이 있어야 한다.
- 태양광선을 반사하지 않아야 하며 색채의 선정 시에도 이를 고려한다.
- 비가 온 뒤에 건조속도가 빨라야 한다.
- 건조 후 균열이 생기면 안 된다.
- 겨울에 동파되지 않아야 한다.

21 정답 ③

규격은 공간 규모와 이용자의 시각적 반응을 고려하여 결정하되 균형감과 안정감이 있도록 하며, 일반적으로 높이에 비해 길이가 길도록 한다.

22 정답 ①

앉음 판에는 이용자의 안전을 위하여 손잡이를 채용한다.

23 정답 ②

이용자가 다수인 시설은 입구 동선과 주차장과의 관계를 고려하며, 주요 출입구에는 단시간에 관람자를 출입시킬 수 있도록 광장을 설치한다.

24 정답 ①

한쪽 열기 문의 경우 좌측 핸들을 원칙으로 하고, 양쪽 열기 문의 경우 문을 향해 오른쪽에서 먼저 여는 구조를 원칙으로 한다.

25 정답 ②

관리시설의 설계는 인간척도에 적합하게 설계한다.

26 정답 ③

주출입구는 장애인 등이 접근하기에 불편함이 없도록 최소한의 경사로로 설계한다.

27 정답 ①

연간 ha당 토사 유출량은 활엽수림지 0.7톤, 침엽수림지 1.0톤, 사방지 2.2톤, 황폐지 약 118톤으로 나타났다.

28 정답 ②

상록활엽수림이나 온대낙엽수림의 북방한계선과 해발고의 증가에 따른 식물의 분포한계는 겨울철의 최저온도에 의해서 결정된다.

29 정답 ④

시설녹지는 완충녹지, 경관녹지, 연결녹지 등 3개의 유형으로 세분된다.

30 정답 ①

숲길 복원을 위한 숲길 관리는 크게 지형복원, 지반 안정, 노면 정비, 식생 복원, 편의시설 설치 등으로 구분할 수 있다.

31 정답 ①

불특정 다수의 집중적인 이용에 대비하여 청소나 보수 등의 유지관리에 편리하도록 회로 구성 등의 설계에 고려한다.

32 정답 ③

습공기선도는 온도와 상대습도 두 개의 환경요인을 이용하여 모든 공기의 성질을 알 수 있도록 만든 도표이다. 습구온도, 노점온도, 절대습도 등 환경조절에 필요한 공기상태를 나타내는 값을 별도의 계산 없이 도표로 알 수 있다. 습공기선도 도표를 이용해 알 수 있는 공기의 상태를 나타내는 특성치로, 건구온도, 습구온도, 포화온도, 노점온도, 상대습도, 절대습도, 수증기압, 비체적, 비엔탈피 등이 있다.

33 정답 ④

사질토양은 보수력과 보비력, 완충능력이 약하지만 배수성과 통기성이 좋고 저온기에 지온상승이 빠르다. 그리고 사질토양에서는 작물의 생장 속도가 빠른 반면 조직이 느슨하고 노화가 촉진되며, 저장기관을 이용하는 경우 저장성이 떨어진다.

34 정답 ③

프리지아는 글라디올러스와 같이 구경을 가지고 번식한다. 인경에는 나리 외에도 튤립, 히아신스, 아마릴리스 등이 있고, 근경에는 아이리스와 카나, 괴경에는 시클라멘 외에도 아네모네 등이 있다. 또한 달리아는 괴근으로 번식한다.

35 정답 ①

①은 화학적 방제에 해당한다.

36 정답 ④

유리온실은 북유럽 국가와 에스파냐, 이탈리아에서 다른 지역에 비하여 상대적으로 넓은 것이 특징이다. 특히 네덜란드의 경우는 시설의 대부분이 유리온실이다.

37 정답 ①

습생식물은 습기가 많은 토양에서 잘 자라는 식물로 미나리아재비, 약모밀, 낙우송, 버드나무 등이 있다.

38 정답 ②

가을거름은 약화 된 수체에 저장 양분을 많게 하여 이듬해 생육촉진을 도모할 목적으로 한다. 가을거름은 수체의 생육이 곧 정지하는 시기에 주는 것이므로 속효성 비료를 시용한다.

39 정답 ②

염화비닐(PVC : polyvinyl chloride) 필름은 제조과정에서 부드러움과 탄성을 주기 위한 가소제, 수지의 분해를 방지하기 위한 열안정제, 그리고 내후성을 강화하기 위한 자외선 흡수제 등이 첨가되어 있다. 광투과율이 높고, 장파투과율과 열전도율이 낮기 때문에 보온력이 뛰어나며, 항장력과 신장력이 크고, 내후성이 강하며, 화학약품에 대한 내성이 크다는 장점을 지니고 있다. 반면에 가소제가 표면으로 용출되어 먼지가 잘 달라붙어 사용 중 광투과율이 낮아지고, 필름끼리 서로 달라붙어 취급이 다소 불편하다. 보온성이 좋다는 점에서 하우스의 기초피복재로 추천되고 있지만 값이 비싸 보급이 잘 안 되고 있다.

40 정답 ④

포기나누기는 어미나무 줄기의 지표면 가까이 또는 뿌리에서 발생하는 흡지를 뿌리와 함께 잘라 새로운 개체로 만드는 방법으로 영양 번식법 중에서 가장 간단한 방법이다.

41 정답 ②

문제에서 제시된 그림은 지붕형태에 따른 유리온실의 구분에서 외지붕형(한쪽 지붕형) 유리온실이다. 외지붕형(한쪽 지붕형) 유리온실은 북쪽 벽을 통한 열 손실이 적은 관계로 보온성이 우수하다.

42 정답 ②

안압지는 연못 안에 3개의 인공 섬을 만들어 넣고 연못의 동쪽과 북쪽으로는 12개의 봉우리를 만들었는데 이는 동양의 신선사상에 유래한 것으로 전해진다. 방장도, 봉래도, 영주도로 불리운 3개의 섬은 삼신산을 12개의 봉우리는 무산 십이봉을 의미한다.

43 정답 ③

목재 접착제 중 내수성이 큰 순서는 페놀수지 > 요소수지 > 아교이다.

44 정답 ③

조강 포틀랜드 시멘트는 조기에 높은 강도, 급하거나 추울 때, 겨울, 물속(수중), 조기 공사 시에 사용하며 수화열이 크다.

45 정답 ③

보도블록의 표준규격은 300×300×60mm이다.

46 정답 ①

어골형은 주관을 중앙에 하고 비스듬히 지관을 설치한 것으로 경기장과 같이 전 지역에 배수가 균일하게 요구되는 곳에 주로 활용되는 암거형태이다.

47 정답 ②

수분이 토양에 침투할 때 토성이 미세할수록 침투율은 감소한다.

48 정답 ③

생활공간의 확장이 주택정원의 기능이다.

주택정원의 기능

- 건물의 미관
- 관망과 전망
- 생활공간의 확장
- 주변의 기후 조절
- 재해방재의 경감
- 건축의 경제적 가치 향상

49 정답 ④

벤트 그래스는 관리 집약형 잔디라고 할 수 있는 잔디로서 잔디를 깎는 것에 대한 내성이 강하고, 균일도가 높다. 높은 수준의 농약 사용이 필요하고, 비료의 요구도가 다른 잔디보다 높다.

50 정답 ④

잡목분재는 낙엽성 수목으로 잎을 감상하기 위한 분재이다. 봄철의 새싹, 여름철의 신록, 가을철의 단풍, 겨울철의 앙상한 가지를 감상할 수 있다. 우리나라에는 소재가 풍부한데 소사나무, 서나무, 단풍나무, 화살나무, 신나무, 느티나무, 은행나무 등이 있다.

51 정답 ③

지지력을 산정하는 경우에는 상부구조 및 하부구조의 자중과 이들에 작용하는 최대 외력을 작용하중으로 한다.

52 정답 ③

정원수의 아름다움의 3가지 요소로는 내용미, 색채미, 형태미 등이 있다.

53 정답 ①

벤로형 온실은 폭이 좁고 처마가 높은 양지붕형 온실을 연결한 것으로 골격률을 낮출 수 있어 시설비를 절약할 수 있다.

54 정답 ④

검역은 예방법적 잡초방제법이다.

55 정답 ④

화단의 구배나 수목의 식재 위치로 인해 물이 유실될 경우 고랑을 파서 물이 유실되지 않도록 한다.

56 정답 ②

직접 손대지 않고 정보수집이 가능하다.

57 정답 ③

지표, 공중의 습기가 포화되고 증발량이 감소된다.

58 정답 ④

역 T형 옹벽은 옹벽 높이가 약간 높은 철근 콘크리트 옹벽이다.

59 정답 ④

유도식재는 공간조절기능에 해당한다.

식재의 기능구분

- **공간조절기능** : 경계식재, 유도식재 등
- **경관조절기능** : 지표식재, 경관식재, 차폐식재 등
- **환경조절기능** : 녹음식재, 방풍식재, 방설식재, 방화식재, 지피식재 등

60 정답 ③

식재할 장소가 불량할 경우 분을 크게 뜬다.

뿌리분의 크기를 결정할 시 고려사항

- 노거수나 수세가 약한 나무의 분은 크게 하는 것이 좋다.
- 희귀하거나 고가의 나무는 분의 크기를 크게 한다.
- 이식이 어려운 나무의 분은 다소 크게 뜨는 것이 좋다.
- 산지에 자생하는 나무는 분을 크게 뜬다.
- 식재할 장소가 불량할 경우 분을 크게 뜬다.
- 활엽수는 침엽수보다 작게, 침엽수는 상록수보다 분을 작게 뜬다.
- 분을 뜨는 적기가 아닌 때에는 분의 크기를 좀 크게 뜨는 것이 좋다.
- 세근의 발달이 나쁘고, 발근력이 약한 나무는 분의 크기를 크게 한다.

빠른 정답 찾기

01	③	02	①	03	②	04	③	05	③
06	①	07	④	08	④	09	②	10	④
11	④	12	①	13	③	14	②	15	②
16	④	17	③	18	②	19	②	20	①
21	②	22	③	23	①	24	④	25	④
26	①	27	④	28	④	29	①	30	①
31	②	32	①	33	②	34	③	35	③
36	④	37	④	38	③	39	④	40	④
41	③	42	①	43	①	44	③	45	①
46	④	47	①	48	④	49	④	50	①
51	②	52	②	53	④	54	④	55	③
56	③	57	③	58	②	59	②	60	①

01 정답 ③

기간난방부하는 재배 기간 동안의 난방부하로서 연료의 소비량을 예측하는데 이용한다.

02 정답 ①

일반적으로 시설작물은 밀식으로 근군의 폭이 좁아 수분부족 장해를 받기 쉬우므로, 관수개시점을 노지재배의 경우보다 낮게 하여 상대적으로 다습하게 토양수분을 관리할 필요가 있다.

03 정답 ②

토마토의 주요 병해로 풋마름병, 역병, 잎곰팡이병, 겹둥근무늬병, 흰가루병, 바이러스병 등이 있다. 밀가루를 뿌린 듯 흰가루가 잎 전체에 생기는 병은 흰가루병이다.

04 정답 ③

순환식 수경재배는 배액의 수집과 이용에 시설과 비용이 요구되지만 한번 사용했던 양액을 버리지 않고 재사용하는 것이기 때문에 친환경적이면서 비료와 수분을 절약할 수 있는 자원절약형 방식이라 할 수 있다.

05 정답 ③

팬앤드패드 방법은 환풍기(팬)와 공기가 통하는 젖은 패드를 이용하는 간이 냉방법으로, 패드를 시설의 한쪽 벽에 설치하고 반대편에 풍압형 환풍기를 설치하여 운영한다.

06 정답 ①

일반적으로 비료를 혼합하면 흡습성이 커지며, 분말비료를 입상화하면 흡습을 줄일 수 있고 방습포대에 포장해야 한다. 비료 등의 염류가 공기 중에서 흡습성이 큰 순위에 따라 몇 가지 비료의 종류는 질산암모늄 > 요소 > 염화암모늄 > 황산암모늄 > 염화칼륨 > 황산칼륨이다.

07

정답 ④

호텔이나 백화점, 컨벤션센터와 같은 대형의 공공건물에 있는 실내 조경 공간은 휴식과 만남, 담소의 장이 되기도 하고 소규모 공연장의 역할을 하며 상업적 공간으로 활용되기도 하는 등 다목적 실내광장의 역할을 한다.

08

정답 ④

토양에 처리된 제초제의 행적은 흡착, 휘발, 용탈, 유거, 식물체 내 흡수, 미생물적 분해, 화학적 분해, 광분해를 거쳐 소실된다. 도태는 자연계에 적응하지 못하고 사라지는 것을 말한다.

09

정답 ②

저항성 잡초 계통이 감수성 잡초보다 생존할 가능성이 낮다.

10

정답 ④

도시공원 및 녹지 등에 관한 법률 제10조(공원녹지기본계획의 효력 및 정비)에 따르면 공원녹지기본계획 수립권자는 5년마다 관할구역의 공원녹지기본계획에 대하여 그 타당성을 전반적으로 재검토하여 이를 정비하여야 한다.

도시공원 및 녹지 등에 관한 법률 제10조(공원녹지기본계획의 효력 및 정비)

- 도시 · 군관리계획 중 도시공원 및 녹지에 관한 도시 · 군관리계획은 공원녹지기본계획에 부합되어야 한다.
- 공원녹지기본계획 수립권자는 5년마다 관할구역의 공원녹지기본계획에 대하여 그 타당성을 전반적으로 재검토하여 이를 정비하여야 한다.

11

정답 ④

주요한 감식층위의 유무와 그 종류에 의하여 12개의 목으로 분류하고, 다음으로 아목(亞目 : suborder), 대군(大群 : great group) · 아군(亞群 : subgroup) · 속(屬 : family) · 통(統 : series)으로 분류하고 있다. 12목의 이름은 알피졸, 안디졸, 아리디졸, 엔티졸, 젤리졸, 히스토졸, 인셉티졸, 몰리졸, 옥시졸, 스포도졸, 울티졸, 버티졸 등이다.

12

정답 ①

제초제 살포 후 어지럽거나 메스껍거나 두통이 나면 즉시 의사와 상담하여야 한다.

제초제 안전 사용에 대한 대책

- 농약 포장지에 부착된 사용 방법을 충분히 숙지하고 사용하여야 한다.
- 제초제 살포 시에는 방제복, 마스크, 장갑, 장화 등의 보호 장구를 작용하고 직접적인 접촉을 피해야 한다.
- 살포자는 건강 상태가 양호하여야 한다.
- 살포 도중 음주는 절대 피하고 음식을 먹을 때는 손을 깨끗이 씻어야 한다.
- 살포 도중 약액이 피부에 묻었을 경우 즉시 깨끗이 씻어야 한다.
- 살포 후 사용한 분무기 또는 기타 용구는 깨끗이 씻어 다음에 사용토록 한다.
- 제초제를 담았던 빈 병은 일정한 곳에 모으고 봉지나 포장지 등은 분리 수거해야 한다.
- 제초제 살포 후 어지럽거나 메스껍거나 두통이 나면 즉시 의사와 상담하여야 한다.

13

정답 ③

중량법에 의한 토양의 수분함량

= (수분무게)÷(마른 토양 무게)×100%

= 30g÷120g×100%=25%이다.

14

정답 ②

산성토양을 개량하는 석회질비료는 소석회, 석회석, 석회고토, 패화석, 생석회 등이 있다.

15

정답 ②

용성인비는 물에는 용해되지 않고 구연산에 용해되는 비료이다.

16

정답 ④

주야간 변온관리방식은 항온관리방식보다 작물의 수량과 품질향상은 물론 난방비를 크게 절감할 수 있다.

17 정답 ③

모든 옥외 공간 계획과 설계에서 유지관리의 노력과 비용을 최소화할 수 있도록 설계한다.

18 정답 ②

토지이용은 가족 단위 혹은 집단의 이용 단위와 전 연령층의 다양한 이용 특성을 고려하고 기존의 자연조건을 충분히 활용한다.

19 정답 ②

식재지역 및 구조물 쪽으로 역경사가 되지 않도록 하며, 식재지역에 다른 지역의 물이 유입되지 않도록 설계한다.

20 정답 ①

개거배수는 지표수의 배수가 주목적이지만 지표저류수, 암거로의 배수, 일부의 지하수 및 용수 등도 모아서 배수한다.

21 정답 ②

휴게용 그늘막은 긴 휴식에 이용되므로 사람의 유동량 · 보행거리 · 계절에 따른 이용 빈도를 고려하여 배치한다.

22 정답 ③

회전축의 베어링에는 별도의 주입구를 폐쇄식으로 설계하여야 하며, 상부에 기름주입 뚜껑을 둘 경우에는 개폐식으로 설계한다.

23 정답 ①

표면배수는 필드에 체수 현상이 발생하지 않도록 필드의 중심에서 주변을 향하여 균등한 기울기를 잡고, 필드와 트랙 사이에는 배수로를 설계한다.

24 정답 ④

정수설비 – 여과재 · 배관과 밸브 · 물의 상태이다.

25 정답 ④

그늘진 습지 · 급경사지 · 바람에 노출된 곳 · 지반 불량지역 등에는 관리시설을 배치하지 않도록 한다.

26 정답 ①

우리나라 가로수 현황을 크기순으로 나열하면 벚나무 > 은행나무 > 버즘나무 > 느티나무 > 단풍나무 > 이팝나무 > 배롱나무이다.

27 정답 ④

산림자산을 측정하는 것으로 전체 산림 혹은 일부분의 산림에서 생육하고 있는 모든 나무의 재적을 임목축적이라고 한다.

28 정답 ④

천이의 진행은 마무리되고 생물상은 물리적 환경과 평형상태를 이루며 거의 변화가 없어지는 안정된 군집에 도달하게 되고 이러한 마지막 단계 또는 거의 변화 없이 상당히 오랫동안 지속되는 군집을 극상군집(極相群集 ; climax community)이라 한다.

29 정답 ①

가로수의 조건으로는 공해에 강할 것, 주민에게 친밀감을 주는 수종, 환경오염 저감과 기후 조절에 적합할 것 등이 있다.

30 정답 ①

녹지 활용 계약은 도시민이 이용할 수 있는 공원녹지를 확충하기 위해 도시지역 안의 식생 또는 임상이 양호한 숲을 토지의 소유자와 지방자치단체가 계약을 체결하여, 계약된 토지를 일반 도시민에게 제공하는 것을 조건으로 하고 있다. 해당 토지의 식생 또는 숲의 유지 · 보존 및 이용에 필요한 부분에 지원을 하는 제도이다.

31 정답 ②

전선에 접속점을 만들지 않아야 한다.

32 정답 ①

비엔탈피는 공기의 총열량을 건조공기 중량으로 나눈 값이며, 단위는 kcal/kg으로 나타낸다.

33 정답 ②

관련되는 치수는 되도록 한 곳에 모아서 기입한다.

34 정답 ③

발광다이오드는 반도체의 양극에 전압을 가해 식물생육에 필요한 특수한 파장의 단색광만을 방출하는 인공광원이다.

35 정답 ③

비가림하우스는 포도의 간이시설재배로 수확기를 다소 앞당기기 위하여 사용한다.

① **터널형 하우스** : 지붕 모양이 터널 또는 반원형인 온실로써 우리나라 시설 원예 초기의 비닐하우스 형태의 하나이다. 보온성이 크고 내풍성이 강하며 광선의 입사가 고른 반면에, 환기 시설의 설치가 어려워 환기 능률이 떨어지고 내설성이 약하다는 단점이 있다.

② **아치형 하우스** : 양쪽에 벽이 있고 지붕이 곡면으로 되어 있는 비닐 온실로써 대부분 철재 파이프를 골격으로 사용한다. 구조적으로 환기창 설치가 어려워 환기 능률이 나쁘고, 적설에 약하다. 또한, 지붕형 하우스에 비하여 내풍성이 강하고, 광선이 고르게 입사하며, 비닐이 골격재에 잘 밀착하여 파손될 위험이 적다는 이점이 있다.

36 정답 ④

비가림하우스는 자연 강우 차단을 위해 일정한 골격에 피복재를 덮어씌운 시설이다.

① **수막하우스** : 야간에 커튼 표면에 얇은 지하수 수막을 형성하여 보온을 하는 방식의 하우스이다.

② **에어하우스** : 2중 필름 사이를 공기압으로 형태를 유지하고 보온성을 크게 높인 시설이다.

③ **펠레트하우스** : 시설의 지붕과 벽을 이중구조를 만들고 발포 폴리스티렌립을 충전시켜 보온효율을 높인 하우스이다.

37 정답 ④

둥근지붕형 온실은 식물원, 시험장 등에서 표본전시용으로 많이 이용하고 있다.

① **외지붕형 온실** : 일반적으로 가정에서 취미오락용으로 이용하기에 바람직한 유리온실이다.

② **스리쿼터형 온실** : 학교교육용으로 적합하다.

③ **벤로형 온실** : 상업적인 대규모 시설재배에 많이 이용된다.

38 정답 ③

난방을 하는 온실의 열손실은 피복재를 통과하는 관류열량, 틈새로 통해 나가는 환기전열량, 그리고 토양과의 열 교환으로 전달되는 지중전열량으로 구성되는데, 관류열량이 차지하는 비율이 가장 높다.

39 정답 ④

복숭아, 나팔꽃, 코스모스는 춘파 일년초에 해당한다.

일년초의 구분

- **춘파 일년초** : 맨드라미, 채송화, 샐비어, 나팔꽃, 봉선화, 해바라기, 매리골드, 백일홍, 코스모스 등
- **추파 일년초** : 과꽃, 금잔화, 시네라리아, 패랭이꽃, 데이지, 프리뮬러, 금어초 등

40 정답 ④

서까래는 왕도리, 중도리 및 갓도리 위에 걸쳐 고정하는 사재이다.

41 정답 ③

문제에서 제시된 그림은 지붕형태에 따른 유리온실의 구분에서 $\frac{3}{4}$ 지붕형(쓰리쿼터형) 유리온실이다. $\frac{3}{4}$ 지붕형(쓰리쿼터형) 유리온실은 남쪽 지붕의 폭이 전체 폭의 $\frac{3}{4}$ 이다.

42 정답 ①

중국의 4대 명원(四大名園)에 포함되는 것은 작원이 아니라 유원이다.

중국의 4대 명원(四大名園)
졸정원, 사자림, 유원, 창랑정

43 정답 ①

앙드레 르 노트르는 프랑스 조경의 아버지라 불리며 베르사유 궁전을 꾸몄다.

44 정답 ③

별서 정원은 사대부가 본가와 떨어진 초야에 집을 지어 별장과 같은 성격을 의미한다. 소쇄원은 양산보라는 사람이 지었으며, 전남 담양군에 소재하고 있고 자연계류의 비탈면을 깎아 자연석으로 단과 담을 쌓아 자연식에 정형식을 가미하였다.

45 정답 ①

점토 벽돌의 표준규격은 190×90×57mm이다.

46 정답 ④

블리딩(bleeding)은 재료의 선택, 배합 등이 부적당해서 물이 먼지와 함께 표면위로 올라와서 곰보처럼 생기는 현상을 의미한다.

47 정답 ①

포장의 표토를 곱게 중경하여 고운 흙을 피복한 것과 같은 상태로 만들 때 토양층을 토양 멀칭이라고 한다. 토양 수분의 증발억제를 꾀한다.

48 정답 ④

다정양식은 조용하고 맑은 실용적인 면이 중시되었으며, 다정양식의 특징은 소박한 재료의 사용, 소규모의 정원, 곡선을 주로 사용하며 해안과 하안의 경관을 연출하려고 한 양식이다.

49 정답 ④

일년초화류는 파종 시기에 따라 춘파일년초, 추파일년초로 구분한다.

50 정답 ①

시설의 외표면적에 대한 바닥면적의 비율을 보온비라 한다. 시설은 구조적으로 바닥면적은 열을 저장하는 열원이 되고, 외표면적은 방열면적이 되므로 보온력은 바닥 면적이 상대적으로 커야 증가한다.

51 정답 ②

옹벽이 길게 연속되는 경우에는 신축이음 및 수축이음을 설치해야 한다.

52 정답 ②

겨울이 되면 지상부는 말라죽지만 지하부는 살아남는 초본성 화훼식물을 숙근초화류라고 한다. 꽃잔디, 국화와 카네이션 등이 이에 속한다.

53 정답 ④

비닐하우스는 유리온실에 비해 내구연한이 짧고 여러 가지로 불편하나 조립과 해체, 이동이 간편하고 설치비용이 적게 드는 장점이 있어 우리나라 시설의 대부분을 차지하고 있다.

54 정답 ④

제초제 흡수 부위는 뿌리, 종자 및 신초, 잎, 줄기 등이다.

제초제의 분류

제초제는 화학적 이름, 화학적 특성, 독성유무, 살포방식, 또는 작용기작 등에 따라 다양하게 분류할 수 있으며, 크게는 대상식물의 선택성 유무에 따라 선택적 제초제와 비선택적 제초제로 분류할 수 있다. 선택적 제초제는 잡초의 종류에 따라 선택적으로 작용하며, 비선택적 제초제는 모든 식물을 죽인다.

55 정답 ③

비료 입자가 식물체에 직접 닿지 않도록 한다.

56 정답 ③

Berlyne의 미적 반응과정은 자극탐구 → 자극선택 → 자극해석 → 반응이다.

57 정답 ③

결합수는 토양입자의 내부에 결합되어 있는 물이다.

58 정답 ②

대비는 미적 특성에 해당한다.

조경식재의 원리

- **물리적 특성** : 형태, 선, 질감, 색채 등
- **미적 특성** : 조화, 대비, 균형, 강조, 연속, 척도, 변화 등

59 정답 ②

굴취에서 식재까지의 시간이 짧을수록 좋다.

수목운반 시의 주의점

- 잔뿌리는 잘 잘라서 정리한다.
- 증산억제제를 엽면 살포한다.
- 수피손상방지를 위해 새끼나 가마니로 감는다.
- 굴취에서 식재까지의 시간이 짧을수록 좋다.
- 뿌리분이 깨지지 않도록 하고 이중적재를 금한다.
- 수분증산을 억제하기 위해 거적이나 시트로 덮어준다.
- 가지치기를 하고 굵은 가지, 부러지기 쉬운 가지는 수간 쪽으로 당겨 묶는다.

60 정답 ①

목재 지주대는 내구성이 강하고 방부처리된 것을 이용한다.

제1회 CBT 모의고사 정답 및 해설

빠른 정답 찾기

01	③	02	③	03	①	04	④	05	②
06	④	07	①	08	③	09	②	10	①
11	④	12	④	13	③	14	②	15	③
16	①	17	②	18	①	19	③	20	④
21	④	22	②	23	③	24	①	25	③
26	①	27	③	28	③	29	③	30	③
31	②	32	④	33	③	34	①	35	③
36	③	37	②	38	④	39	③	40	①
41	②	42	④	43	②	44	①	45	③
46	④	47	③	48	①	49	④	50	③
51	③	52	④	53	③	54	④	55	③
56	③	57	③	58	④	59	①	60	④

01 정답 ③

해안가는 조경의 대상에 해당하지 않는다.

조경의 대상
- 주거지(개인주택, 아파트 단지)
- 공원(도시공원, 자연공원)
- 위락관광 시설(휴양지, 유원지, 골프장)
- 문화재 주변(왕릉, 궁궐, 사찰, 전통 민가)
- 기타(도로, 학교, 광장, 사무실)

02 정답 ③

전원풍경식은 자연식 정원(동아시아, 유럽의 18세기 영국을 중심으로 정원구성에서 자연적 형태를 이용)에 각각 해당한다.
①, ②, ④는 정형식 정원(서아시아, 유럽을 중심으로 형식을 포함한 기하학식 정원)에 해당한다.

정형식 정원과 자연식 정원
- **정형식 정원** : 건물에서 뻗어 나가는 강한 축을 중심으로 좌우 대칭형, 수목을 전지 · 전정하여 기하학적 모양으로 정원을 장식
- **자연식 정원** : 자연을 축소하거나 모방하여 자연적 형태로 정원을 조성, 주변을 돌아볼 수 있는 산책로를 만들어 다양한 경관을 즐기도록 조성

03 정답 ①

정원 양식의 발생 요인 중 역사성은 사회환경요인에 해당한다.
②, ③, ④는 자연환경요인에 각각 해당한다.

정원 양식의 발생 요인
- **자연환경요인** : 지형, 기후, 토지, 식물, 암석 등
- **사회환경요인** : 민족성, 역사성, 종교, 기타(정치, 경제, 예술, 건축 등)

04 정답 ④

안압지는 문무왕 14년(674년)의 대표적 정원이다.
①, ② 고구려의 대표적 정원(안학궁, 장안성)이다.
③ 백제 무왕 35년(634년)의 대표적 정원이다.

05 정답 ②

투시도에 대한 설명이다.

조경계획과 관련한 설계도의 종류

- **평면도** : 물체를 수직 방향으로 내려다본 것을 가정하고 작도한 것을 의미한다.
- **상세도** : 세부 사항을 시공이 가능하도록 표현한 도면을 의미한다.
- **투시도** : 설계내용을 실제 눈에 보이는 대로 입체적인 그림으로 나타낸 것을 의미한다.
- **단면도** : 구조물을 수직으로 자른 단면을 보여 주는 도면. 구조물의 내부구조 및 공간구성을 표현한 것을 의미한다.
- **입면도** : 평면도와 같은 축척을 이용하여 작성. 정면도, 배면도, 측면도 등으로 세분화한 것을 의미한다.

06 정답 ④

생활권 공원으로는 소공원, 어린이공원, 근린공원 등이 있으며 주제공원으로는 문화공원, 역사공원, 묘지공원, 수변공원, 도시농업공원, 체육공원, 기타 공원 등이 있다.

07 정답 ①

금어초는 가을뿌림에 해당한다.

봄뿌림 및 가을뿌림

- **봄뿌림** : 매리골드, 나팔꽃, 맨드라미, 샐비어, 코스모스, 과꽃, 봉선화, 채선화, 분꽃, 백일홍 등
- **가을뿌림** : 팬지, 금잔화, 금어초, 패랭이꽃, 안개초 등

08 정답 ③

목질 재료는 가격이 비교적 저렴하다.

목질 재료의 특징

- 가볍고 중량에 비해 강도가 크다.
- 외관이 아름다우며 재질이 부드럽고 촉감이 좋다.
- 전도성이 낮다.
- 가격이 비교적 저렴하며 생산이 용이하다.

09 정답 ②

석질 재료는 무겁고 가공하기 어렵다.

석질 재료의 장단점

- 장점
  - 외관이 아름다우며 내구성 및 강도가 크다.
  - 가공성이 있고 다양한 외양을 가질 수 있다.
  - 압축강도 및 내화학성이 크고 마모성은 작다.
- 단점
  - 무겁고 가공하기 어렵다.
  - 비용이 많이 들며 휨 강도나 인장강도가 작다.
  - 열을 받을 경우 균열 또는 파괴되기가 쉽다.

10 정답 ①

보통 포틀랜드 시멘트는 건축구조물이나 콘크리트 제품 등 여러 방면에 이용된다.

② **중용열 포틀랜드 시멘트** : 댐, 터널 공사 등 큰 덩어리 콘크리트에 적합하다.
③ **조강 포틀랜드 시멘트** : 수밀성이 좋고 저온에서 강도 발현이 우수해 겨울철, 수중, 해중 공사 등에 적합하다.
④ **백색 포틀랜드 시멘트** : 산화철의 함량이 적어 건축물의 도장, 인조대리석 가공품, 채광용, 표식 등에 사용한다.

11 정답 ④

실리카 시멘트는 해수, 공장폐수, 하수 등을 취급하는 구조물이나 광산과 같은 특수목적 구조물에 이용한다.

① **중용열 포틀랜드 시멘트** : 댐, 터널 공사 등 큰 덩어리 콘크리트에 적합하다.
② **고로슬래그 시멘트** : 화학적 저항성이 크고 발열량이 적은 관계로 공장폐수, 오수의 배수로 구축 등에 활용된다.
③ **플라이 애시 시멘트** : 건조수축이 적고 화학적 저항성이 강하다.

12 정답 ④

시공자의 선정 방법으로는 수의 계약, 특명 입찰, 일반경쟁입찰, 지명경쟁입찰, 제한경쟁입찰, 일괄입찰 등이 있다.

13 정답 ③

뿌리분의 크기는 근원 직경의 4~6배로 하는데, 보통 4배 정도를 기준으로 한다.

14 정답 ②

1970년대에 조경용어의 사용 시작, 조경개념이 도입되었다.

15 정답 ③

동아시아, 유럽의 18세기 영국에서 발달한 형태는 자연식 정원에 해당하는 내용이다.

16 정답 ①

경관구성의 기본요소로는 선, 형태, 크기 및 위치, 질감, 색채, 농담 등이 있다.

17 정답 ②

②는 차가운 색에 대한 내용이며 ①, ③, ④는 따뜻한 색에 관련한 내용이다.

색채의 구분

- **따뜻한 색** : 정열적, 온화, 전진, 친근한 느낌
- **차가운 색** : 지적, 후퇴, 냉정함, 상쾌한 느낌

18 정답 ①

경관분석의 기본계획은 기본구상 및 대안작성 → 토지이용계획 → 교통동선계획 → 시설물배치계획 → 식재계획이다.

19 정답 ③

유도식재는 길을 안내하는 식재로써, 이는 공간조절에 해당한다.

20 정답 ④

생물재료의 특성으로는 자연성, 연속성, 조화성, 비규격성 등이 있으며, 무생물 재료의 특성으로는 균일성, 불변성, 가공성 등이 있다.

21 정답 ④

지피식물은 식물 잎의 모양에 따른 분류에 해당한다.

22 정답 ②

자귀나무, 능소화는 7월이다.

꽃의 개화기 및 색깔의 분류

- **3월** : 동백나무(적색), 풍년화(황색), 생강나무(황색), 산수유(황색), 개나리(황색), 매화나무(담홍색, 백색) 등
- **4월** : 살구나무(담홍색), 벚나무(담홍색, 백색), 명자나무(담홍색), 박태기나무(담홍색), 목련(백색, 자주색), 산철쭉(홍자색), 조팝나무(백색), 황매화(황색), 히어리(황색) 등
- **5월** : 등나무(연자색), 모과나무(담홍색), 백합나무(녹황색), 산딸나무(백색), 쥐똥나무(백색), 칠엽수(홍백색), 영산홍(담홍자색), 이팝나무(백색), 매자나무(황색) 등
- **6월** : 인동(백색, 황색), 해당화(자홍색), 수국(자주색), 치자나무(백색), 피라칸사(백색), 개쉬땅나무(백색) 등
- **7월** : 자귀나무(담홍색), 불두화(백색), 무궁화(백색, 담자색), 회화나무(황색), 배롱나무(홍색), 능소화(주황색) 등

23 정답 ③

돌가공 순서는 꼭두기 → 정다듬 → 도두락다듬 → 잔다듬이다.

24

정답 ①

유기질 비료의 제공이 멀칭의 목적 중 하나이다.

멀칭(짚 덮기)의 목적

- 토양 구조개선
- 잡초발생 방지
- 토양수분 유지
- 토양 비옥도 증진
- 토양의 굳어짐 방지
- 유기질 비료의 제공
- 토양 침식 및 수분손실 방지

25

정답 ③

이식 후 전정을 하지 않은 경우 식재 후 나무가 고사한다.

식재 후 나무가 고사하는 이유

- 너무 깊게 심은 경우
- 기후조건이 맞지 않은 경우
- 토양이 오염되어 불량한 경우
- 이식 후 전정을 하지 않은 경우
- 이식적기가 아닌 때 이식한 경우
- 식재 후 나무가 심하게 흔들린 경우
- 식재 후 충분히 물을 주지 않은 경우
- 뿌리를 너무 많이 잘라내고 심은 경우
- 미숙퇴비나 계분을 과다하게 시비했을 경우
- 뿌리 사이에 공간이 있어 바람이 들어가거나 햇볕에 말랐을 경우

26

정답 ①

삼각지주는 바람을 막기 위한 조치에 해당하는 내용이다.

지주 세우기

- **나무 보호를 위한 조치** : 단각지주, 이각지주, 삼발이 등
- **바람을 막기 위한 조치** : 삼각지주, 사각지주 등

27

정답 ③

제초제는 황색이다.

농약 포장지 색깔

- **살균제** : 분홍색
- **살충제** : 녹색
- **제초제** : 황색
- **비선택형 제초제** : 적색
- **생장 조절제** : 청색

28

정답 ③

가을전정은 나무가 생장 중인 가을에 전정하는 것으로 그 목적은 흉년인 해에 예비지를 설정해 놓음으로서 풍년인 다음해의 과다 착화를 방지하고 새순발생은 많게 하여 해거리를 방지하는데 있다. 따라서 가을전정은 흉년인해 즉 착과부적으로 여름순의 발생이 많은 해에 실시하는 것이 원칙으로 하고 있다.

29

정답 ③

비료의 3요소에는 질소(N), 인(P), 칼륨(K)이 있다.

30

정답 ③

성장 억제를 위해 전정을 한다.

전정의 목적

- 생장조장을 위해
- 생리조절을 위해
- 성장억제를 위해
- 개화결실을 위해
- 갱신을 위해

31

정답 ②

음수(음지에서 견디는 힘이 강한 수목)에 해당하는 수목으로는 독일가문비나무, 사철나무, 서향, 아왜나무, 주목, 팔손이나무, 회양목, 송악, 전나무, 비자나무, 가시나무, 식나무, 후박나무, 동백나무 등이 있다.

32
정답 ④

1회 신장형 수목으로는 소나무, 곰솔, 너도밤나무, 과수 등이 있다.

33
정답 ③

3엽 속생으로는 백송, 리기다소나무, 대왕송, 테다소나무 등이 있다.

34
정답 ①

기식화단은 중앙에는 키 큰 직립성의 조화를 심고, 주변부로 갈수록 키 작은 종류를 심어 사방에서 관상할 수 있게 하는 화단을 의미한다.

35
정답 ③

공기건조법은 자연건조법에 해당하며 ①, ②, ④는 인공건조법에 해당한다.

목재의 건조방법
- **자연건조법** : 침수법, 공기건조법 등
- **인공건조법** : 증기법, 열기법, 훈연법, 진공법, 고주파 건조법 등

36
정답 ③

석회암은 퇴적암에 해당하며 ①, ②, ④는 화성암에 해당한다.

암석의 분류
- **화성암** : 화강암, 안산암, 현무암, 섬록암 등
- **퇴적암** : 응회암, 사암, 점판암, 혈암, 석회암 등
- **변성암** : 편마암, 대리석, 사문암, 결절편암 등

37
정답 ②

벽돌쌓기 방식 중 가장 구조적으로 안정된 것을 순서대로 나열하면 '영국식 쌓기 > 네덜란드식 쌓기 > 미국식 쌓기 > 프랑스식 쌓기'이다.

38
정답 ④

조경 시공순서는 '터 닦기 → 급배수 및 호안공 → 콘크리트 공사 → 정원시설물 설치 → 식재공사'이다.

39
정답 ③

배수를 결정하는 요소로는 토지 이용, 배수지역의 크기, 토양 형태, 식물피복 상태, 물의 양 및 강우 강도 등이 있다.

40
정답 ①

진동 콤팩터는 '다짐'에 해당한다.

작업종별 적정 기계
- **운반** : 불도저, 덤프트럭, 벨트컨베이어, 케이블 크레인 등
- **굴착** : 파워셔블, 백호, 크램셸, 트랙터 셔블, 불도저, 리퍼 등
- **적재** : 셔블계 굴착기(파워셔블, 백호, 크램셜), 트랙터 셔블 등
- **다짐** : 로드 롤러, 타이어 롤러, 탬핑 롤러, 진동 롤러, 진동 콤팩터, 레버 등

41
정답 ②

탄저병의 발병 부위는 잎, 꽃 등이다.

발병 부위에 따른 병해의 분류
- **줄기** : 줄기마름병, 가지마름병, 암종병 등
- **잎, 꽃** : 흰가루병, 탄저병, 회색곰팡이병, 붉은별무늬병, 녹병, 균핵병, 갈색무늬병 등
- **뿌리** : 흰빛날개무늬병, 자주빛날개무늬병, 뿌리썩음병, 근두암종병 등
- **나무 전체** : 흰비단병, 시들음병, 세균성 연부병, 바이러스 모자이크병 등

42
정답 ④

소나무좀은 구멍을 뚫는 해충에 해당한다.

43 정답 ②

농약은 서늘하고 어두운 곳에 농약 전용 보관 상자를 만들어 보관한다.

농약의 안전 사용을 위한 내용

- 작업 중에 음식 먹는 일은 삼간다.
- 쓰고 남은 농약은 표시를 해 두어 혼동하지 않도록 한다.
- 작업이 끝나면 노출 부위를 비누로 씻고 옷을 갈아입는다.
- 농약의 중독증상이 느껴지면 즉시 의사의 진찰을 받도록 한다.
- 서늘하고 어두운 곳에 농약 전용 보관 상자를 만들어 보관한다.
- 적용 병해충에 사용할 수 있는 농약이 여러 가지가 있을 경우 번갈아 가면서 사용한다.
- 농약은 바람을 등지고 살포하며, 피부가 노출되지 않도록 마스크와 보호복을 착용한다.
- 제초제를 살포할 때에는 약이 날리어 다른 농작물에 묻지 않도록 깔때기 노즐을 낮추어 살포한다.
- 피로하거나 몸의 상태가 나쁠 때에는 작업을 하지 않으며, 혼자서 긴 시간의 작업은 피하도록 한다.
- 식물별로 적용 병해충에 적합한 농약을 선택하여 사용농도, 사용횟수 등 안전 사용기준에 따라 살포한다.

44 정답 ①

합판은 수축, 팽창의 변형이 없다.

45 정답 ③

블리딩은 재료의 선택, 배합이 부적당해서 물이 먼지와 함께 표면위로 올라와서 곰보처럼 생기는 현상을 의미한다.

46 정답 ④

조경구조물 시공순서는 버림 콘크리트 타설 → 철근조립 → 거푸집 조립 → 본 콘크리트 타설이다.

47 정답 ③

철재 페인트칠의 순서는 녹닦기(샌드페이퍼 등) → 연단(광명단) → 에나멜 페인트 칠하기이다.

48 정답 ①

병충해에 대한 저항력의 증진이 거름주기의 목적 중 하나이다.

거름주기의 목적

- 조경수목의 미관을 유지
- 토양미생물의 번식을 촉진
- 열매성숙, 꽃을 아름답게 함
- 병충해에 대한 저항력의 증진

49 정답 ④

조경계획 과정은 목표설정 → 자료분석 → 기본계획 → 기본설계 → 실시설계 → 시공 및 감리 → 유지관리이다.

50 정답 ③

노단화단은 입체화단에 해당한다.

51 정답 ③

소쇄원은 전남 담양군에 소재하고 있으며 양산보라는 사람이 지었다. 주로 자연계류의 비탈면을 깎아 자연석으로 단과 담을 쌓아 자연식에 정형식을 가미하였다.

52 정답 ④

비조(아스카)시대(593-700)에 612년 백제 노자공이 궁남정에 수미산과 오교를 만들었다.

53 정답 ③

나일 강 동편의 신전군과 서편의 분묘군은 서로 상이한 건물군의 축조로 매우 철학적이다.

54

정답 ④

제4차 공간은 시간 공간의 연속적인 변화이다.

55

정답 ③

자연공원의 환경에 중대한 영향을 미치는 사업에 관한 사항이 공원위원회의 심의 사항이다.

자연공원법 제10조(공원위원회의 심의 사항)의 내용

- 자연공원의 지정 · 해제 및 구역 변경에 관한 사항
- 공원기본계획의 수립에 관한 사항(국립공원위원회만 해당한다)
- 공원계획의 결정 · 변경에 관한 사항
- 자연공원의 환경에 중대한 영향을 미치는 사업에 관한 사항
- 그 밖에 자연공원의 보전 · 관리에 관한 중요 사항

56

정답 ③

자연공원법에 관한 사항 중 환경부 장관은 지질공원의 관리 · 운영을 효율적으로 지원하기 위해 수행해야 할 업무로 지질사업의 사업 타당성 조사는 옳지 않다.

자연공원법 제36조의5(지질공원에 대한 지원)

- 지질 유산의 조사
- 지질공원 학술조사 및 연구
- 지질공원 지식 · 정보의 보급
- 지질공원 체험 및 교육 프로그램의 개발 · 보급
- 지질공원 관련 국제협력
- 그 밖에 환경부 장관이 지질공원의 관리 · 운영에 필요하다고 인정하는 사항

57

정답 ③

포장 재료의 선택이나 포장 패턴의 설계는 포장이 기능적, 시각적으로 전체 구상에 종합화 되게끔 다른 설계 요소들의 선택과 구성이 상호 보완될 수 있도록 한다.

58

정답 ④

유동성 포장은 배수 시설 설치에 따른 비용이 적게 든다.

59

정답 ①

적색의 심리적 반응으로는 머리를 자극하고 맥박이 오르고 식욕이 늘어난다.

60

정답 ④

2H는 설계 도면과 정밀한 도면에 적당하다. 잘 지워지지 않으나 쉽게 번지지 않는다.

제2회 CBT 모의고사 정답 및 해설

빠른 정답 찾기

01	②	02	④	03	④	04	①	05	④
06	③	07	①	08	④	09	③	10	①
11	②	12	①	13	③	14	④	15	③
16	③	17	①	18	②	19	④	20	③
21	③	22	①	23	③	24	④	25	③
26	①	27	③	28	④	29	③	30	④
31	③	32	①	33	②	34	②	35	④
36	③	37	②	38	④	39	④	40	①
41	②	42	①	43	③	44	④	45	②
46	③	47	①	48	②	49	④	50	①
51	④	52	④	53	④	54	③	55	④
56	②	57	③	58	③	59	③	60	①

01 정답 ②

목질 재료는 강도가 균일하지 못하고 크기에 제한을 받는다.

02 정답 ④

석질 재료는 비용이 많이 들며 휨 강도나 인장강도가 작다.

03 정답 ④

1982년 유네스코 생물 보전 지역으로 지정된 곳은 설악산이다.

04 정답 ①

경관의 우세요소는 '선 > 형태 > 질감 > 색채'이다.

05 정답 ④

경계식재는 조경설계 기준 중 공간조절에 해당한다.

① **방화식재** : 외관 상 보기 흉한 곳, 구조물 등을 은폐 또는 외부에서 내부가 보이지 않도록 시선이나 시계를 차단하는 식재를 말한다.
② **녹음식재** : 지하고(나무의 첫번째 가지)가 높은 낙엽활엽수를 말한다.
③ **지피식재** : 키가 작고 지피를 밀생하게 하는 수종을 의미한다.

06 정답 ③

초화류는 화단에 심어지는 것을 의미한다. 이들의 경우 가지 수는 적고 큰 꽃이 피어야 한다. 이러한 초화류에는 화문화단, 평면화단, 침상화단 등이 있으며, ③의 경우에는 화단에 심어지는 것이 아닌 일반식물에 해당한다.

07 정답 ①

매실나무는 7월이다.

08 정답 ④

비료의 4요소에는 질소(N), 인(P), 칼륨(K), 칼슘(Ca)이 있다.

09 정답 ③

안으로 향한 가지가 전정해야 할 가지이다.

전정해야 할 가지
- 죽은 가지
- 병든 가지
- 처진 가지
- 바퀴살 가지
- 안으로 향한 가지
- 뿌리 및 줄기에서 움튼 가지

10 정답 ①

잎과 줄기에도 흠뻑 관수한다.

관수(灌水) 방법
- 땅이 흠뻑 젖도록 관수한다.
- 잎과 줄기에도 흠뻑 관수한다.
- 식물을 주의 깊게 관찰하고 토양 상태를 관찰한다.
- 수목의 상태를 보아 영양제를 혼합하여 관수를 실시한다.
- 화단의 구배나 수목의 식재 위치로 인해 물이 유실될 경우 고랑을 파서 물이 유실되지 않도록 한다.

11 정답 ②

일본 정원양식의 변천과정은 임천식(헤이안시대) → 회유임천식(가마쿠라시대) → 축산고산수식(14세기) → 평정고산수식(15세기 후반) → 다정식(16세기) → 원주파임천형식(에도초기) → 축경식(에도후기)이다.

12 정답 ①

관개경관은 교목의 수관 아래에 있는 것처럼 위로는 시야가 차단되고 옆으로는 열린 경관이다. 숲 속의 오솔길처럼 나뭇가지와 잎들이 하늘을 뒤덮고 수간이 기둥처럼 보이는 경관은 관개경관이다.

② **지형경관** : 지형지물이 경관에서 지배적인 위치를 지니는 경우 주변 환경의 지표(산봉우리, 절벽 등)를 말한다.
③ **터널경관** : 수림의 가지와 잎들이 천정을 이루고 수간이 교목의 수관 아래 형성되는 경관으로 숲속의 오솔길, 밀림 속의 도로, 노폭이 좁은 곳의 가로수, 나뭇잎 사이의 햇빛과 그늘의 대비로 인한 신비를 들 수 있다.
④ **비스타경관** : 좌우로의 시선이 제한되고, 중앙의 한 점으로 시선이 모이도록 구성된 경관을 말한다.

13 정답 ③

월계수는 상록활엽수에 해당한다.

상록침엽수와 상록활엽수
- **상록침엽수** : 소나무, 잣나무, 향나무, 개잎갈나무, 전나무, 가문비나무, 측백나무 등
- **상록활엽수** : 녹나무, 월계수, 굴거리나무, 감탕나무, 먼나무, 후피향나무, 동백나무, 빗죽이나무, 태산목, 소귀나무, 목서, 종가시나무, 붉가시나무, 가시나무, 종가시나무, 돈나무, 회양목, 꽝꽝나무, 사철나무, 사스레피나무, 서향, 식나무, 광나무, 왕쥐똥나무, 치자나무, 다정큼나무, 피라칸다, 팔손이 등

14 정답 ④

산수유의 개화 시기는 3월이다.

나무의 개화 시기
- **2월** : 풍년화, 오리나무 등
- **3월** : 매화나무, 생강나무, 올벚나무, 개나리, 산수유, 동백나무 등
- **4월** : 자목련, 개나리, 겹벚나무, 꽃산딸나무, 꽃아그배나무, 목련, 백목련, 산벚나무, 아그배나무, 왕벚나무, 이팝나무, 갯버들, 명자나무, 미선나무, 박태기나무, 산수유, 산철쭉, 수수꽃다리, 조팝나무, 진달래, 철쭉, 황철쭉, 동백나무, 소귀나무, 월계수, 만병초, 호랑가시나무, 남천, 등나무, 으름덩굴 등
- **5월** : 귀룽나무, 때죽나무, 백합나무, 산딸나무, 오동나무, 일본목련, 쪽동백나무, 채진목, 가막살나무, 모란, 병꽃나무, 장미, 쥐똥나무, 다정큼나무, 돈나무, 인동덩굴 등
- **6월** : 모감주나무, 층층나무, 개쉬땅나무, 수국, 아왜나무, 태산목, 클레마티스 등

- **7월** : 노각나무, 배롱나무, 자귀나무, 무궁화, 부용, 협죽도, 능소화 등
- **8월** : 배롱나무, 자귀나무, 무궁화, 부용, 싸리나무 등
- **9월** : 배롱나무, 부용, 싸리나무 등
- **10월** : 장미, 호랑가시나무 등
- **11월** : 호랑가시나무, 팔손이 등

15 정답 ③

아랫가지가 오래 사는 것이 생울타리에 알맞은 수종이다.

생울타리에 알맞은 수종

- 맹아력
- 다듬기 작업에 견딜 것
- 아랫가지가 오래 사는 것
- 잔가지와 잔잎이 많이 있는 나무
- 수관 안쪽을 향해 가지가 성장할 것

16 정답 ③

척박지에 견디는 수종으로는 소나무, 오리나무, 버드나무, 자작나무, 등나무, 아카시아, 자귀나무, 보리수나무 등이 있다.

17 정답 ①

2회 신장형 수목으로는 철쭉류, 사철나무, 쥐똥나무, 편백, 화백, 삼나무 등이 있다.

18 정답 ②

5엽 속생으로는 잣나무, 눈잣나무, 섬잣나무, 스트로브잣나무 등이 있다.

19 정답 ④

봄에 파종하는 1년초는 내한성이 약하다.

20 정답 ③

콘크리트는 모양을 임의로 만들 수 있으며 재료의 채취 및 운반 등이 용이하다.

21 정답 ③

수의계약은 경쟁이나 입찰에 따르지 아니하고, 일방적으로 상대편을 골라서 맺는 계약을 의미한다.

① **지명경쟁입찰** : 건축주가 공사에 적격하다고 인정하는 3~7개의 시공회사를 선정하여 입찰시키는 방식을 의미한다.
② **특명입찰** : 건축주가 해당 공사에 가장 적격한 단일 도급업자를 지명하여 입찰시키는 방식을 의미한다.
④ **일반경쟁입찰** : 유자격자는 모두 입찰에 참여할 수 있으며, 균등한 기회를 제공하고 공사비 등을 절감할 수 있으나 부적격자에게 낙찰될 우려가 있는 입찰방식을 의미한다.

22 정답 ①

조경공사의 일반적 순서는 부지 지반조성 → 지하매설물 설치 → 조경시설물 설치 → 수목식재이다.

23 정답 ③

무성하게 자란 가지는 자른다.

24 정답 ④

① 진딧물류는 즙액을 빨아먹는 해충이다.
②, ③ 향나무하늘소 및 소나무좀은 구멍을 뚫는 해충에 각각 해당한다.

25 정답 ③

살균제는 병원균을 죽이는 목적으로 쓰이는 농약으로, 사용방법에 따라 식물체에 직접 살포하는 살포용 살균제, 종자살균제, 토양살균제등으로 분류하며 상표의 색깔이 붉은색이다.

① **살선충제** : 식물체 내에 기생한 선충을 죽이는 유기인제와 토양 중의 선충을 죽이는 토양 훈증제가 있다.
② **살충제** : 해충을 방제할 목적으로 쓰이는 약제로서, 살충작용에 따라 독제, 접촉제, 침투성 살충제, 훈증제, 유인제,

기피제, 불임제 등이 있으며, 상표의 색깔이 녹색이다.
④ **제초제** : 잡초를 죽이기 위하여 쓰이는 농약으로 선택성 제초제와 비선택성 제초제가 있다.

26

정답 ①

환석은 둥근 생김새를 가진 돌을 말한다.

27

정답 ③

플라스틱은 가공성이 좋아서 복잡한 모양의 성형이 좋다.

28

정답 ④

거푸집에 물을 뿌리면 안 된다.

29

정답 ③

모래터는 하루 4~5시간의 햇빛이 쬐이고 통풍이 잘되는 곳이어야 한다.

30

정답 ④

테라스의 최소 넓이는 $2m^2$이다.

31

정답 ③

다듬은 수목으로 산봉우리나 먼 산을 상징한다.

32

정답 ①

나일 강 유역은 산맥으로 둘러싸여 지형이 폐쇄되어 있다. 중앙 아프리카에서 발원하는 백나일과 아비시니아 산령에서 발원하는 청나일로 이루어진 나일 강은 세계에서 가장 크고 수량이 풍부하기로 이름이 나 있다.

33

정답 ②

②는 공원마을지구에 해당하는 내용이다.

자연공원법 제18조(용도지구)에 따른 공원자연보존지구

- 생물다양성이 특히 풍부한 곳
- 자연생태계가 원시성을 지니고 있는 곳
- 특별히 보호할 가치가 높은 야생 동식물이 살고 있는 곳
- 경관이 특히 아름다운 곳

34

정답 ②

식물재료의 기능적 이용으로는 장식적인 기능, 공간이나 옥외실 창조, 차폐, 급한 경사의 완화, 동선의 유도, 바람에 대한 노출의 조절 등이 있다.

35

정답 ④

절단석은 톱 등에 의해서 원하는 크기나 형태로 잘라 놓은 석재를 말한다.

36

정답 ③

선의 체계가 제도 시의 주의사항 중 하나이다.

제도 시의 주의사항

- **농도의 짙음** : 모든 선은 복사할 때 명확하게 복사할 수 있도록 농도가 짙고 검어야 한다.
- **일정한 선의 굵기** : 각 선의 굵기는 변화하지 않고 희미하게 되지 않게 선의 굵기가 일정해야 한다.
- **명확성** : 선은 교차되어야 하고 정확하게 연결되어야 하며 끝이 명확해야 한다.
- **선의 체계** : 다양하게 묘사된 선은 형태나 굵기를 분리하기 쉬워야 한다.
- **명암의 특성** : 음영의 표현과 질감의 표현은 표현하고자 하는 내용을 분명하게 하기 위해서 이용된다. 또한, 불필요한 명암을 표현하여 도면을 지저분하게 하지 말아야 한다.

37

정답 ②

공공의 건강, 쾌적함 등에 관한 정량적인 분석이 어렵다.

환경영향평가의 문제점

- 환경적 영향에 대한 과학적인 자료가 미흡하다.
- 환경 파괴에 대한 지표 설정이 어렵다.
- 환경적 영향을 분석하기 위해서 얼마의 자료가 필요한지에 대한 지식이 부족하다.
- 환경 영향 평가를 위한 수학적 모델 등이 실제 환경적 영향을 반영하는가에 대한 평가가 부족하다.
- 공공의 건강, 쾌적함 등에 관한 정량적인 분석이 어렵다.
- 경제적, 정치적 요인으로 인하여 환경 및 영향 평가에 대한 과소평가 또는 정보의 통제가 행해진다.
- 개발 행위의 허가 기준에 대한 허가와 불허의 명확한 기준을 정하기 어렵다.

38
정답 ④

고려시대의 정원 관장 부서는 내원서이다.
② **장원서** : 조선시대 궁궐의 정원 · 화초 등을 관리하고 각 도에서 진상한 과일을 관리하던 관서를 말한다.
③ **문수원** : 고려시대의 대표적 정원이다.

39
정답 ④

십장생에는 소나무, 거북, 학, 사슴, 불로초, 해, 산, 물, 바위, 구름 등이 있다.

40
정답 ①

물, 그늘, 꽃이 중심이 되고 높은 담을 설치한다.

41
정답 ②

프랑스의 정원 양식은 평면기하학식 정원 양식을 취한다.

42
정답 ①

부등변삼각형 식재는 크기나 종류가 다른 3가지를 거리가 다르게 하여 식재하는 것을 말한다.

43
정답 ③

경관 조절에는 지표식재, 경관식재, 차폐식재 등이 있다.

44
정답 ④

설계기준은 하중 및 옥상 정원의 식재지역은 전체면적의 1/3 이하이다.

45
정답 ②

규모는 100,000m^2 이상이다.

46
정답 ③

생물재료에는 초화류, 수목, 지피식물 등이 있으며, 무생물 재료로는 석질, 목질, 물, 시멘트, 점토제품, 금속제품 등이 있다.

47
정답 ①

목재의 방향에 따른 강도 순서는 섬유방향 인장강도 → 섬유방향 휨 강도 → 섬유방향 압축강도 → 섬유 직각 방향 압축강도이다.

48
정답 ②

방재 – 비탈면식재이다.

고속도로 식재의 기능과 구분

- **주행** : 시선유도식재, 지표식재 등
- **사고방지** : 차광식재, 명암순응식재, 진입방지식재, 완충식재 등
- **방재** : 비탈면식재, 방풍식재, 방설식재, 비사방지식재 등
- **휴식** : 녹음식재, 지피식재 등
- **경관** : 차폐식재, 수경식재, 조화식재 등
- **환경보존** : 방음식재, 임연보호식재 등

49

정답 ④

자갈은 유동성 포장이고, ①, ②, ③은 단위 포장재이다.

기본적 포장 재료

- **유동성 포장** : 자갈
- **단위 포장재** : 벽돌, 타일, 석재
- **고착성 포장** : 콘크리트, 아스팔트

50

정답 ①

강수조절은 기상학적 이용 효과이다.

식재의 이용 효과

- **건축적 이용 효과** : 사생활의 보호, 차단, 은폐, 공간 분할, 점진적 이해 등
- **공학적 이용 효과** : 토양침식조절, 음향의 조절, 대기 정화, 섬광조절, 반사조절, 통행 조절 등
- **기상학적 이용 효과** : 태양복사열 조절, 강수조절, 바람의 조절, 온도조절 등
- **미적 이용 효과** : 조각물, 반사, 영상, 섬세한 선형미, 장식적인 수벽, 조류 및 소동물 유인, 배경용, 구조물의 유화 등

51

정답 ④

테라스 앞면은 벽돌, 다듬은 돌, 판석 등으로 쌓아 올리고 바닥은 타일, 돌을 깔기도 하며 높이가 낮을 때에는 넓게, 높이가 높을 때에는 좁게 하는 것이 조화롭다.

52

정답 ④

식수대와 가옥과의 사이는 최소 30m 이상 떨어져야 한다.

53

정답 ④

한국의 3대 해충으로는 흰불나방, 솔잎혹파리, 솔나방 등이 있다.

54

정답 ③

'이용자'가 프리드만의 옥외 공간 설계평가 시 고려할 4가지 중 하나이다.

프리드만의 옥외 공간 설계평가 시 고려할 4가지

- **물리 및 사회적 환경** : 이용자 만족도와 환경 사이의 관계
- **이용자** : 이용자의 기호, 개인적 특성
- **주변 환경** : 환경의 질, 토지이용, 자원시설
- **설계과정** : 설계 참여자 역할, 이용자 행태와 가치관

55

정답 ④

레크레이션 관리의 원칙은 부지의 변형은 가능하다는 것이다.

레크레이션 관리의 원칙

- 이용자의 문제가 바로 유지관리의 문제이다.
- 이용자의 경험의 질을 고려해야한다.
- 부지의 변형은 가능하다.
- 접근성이 레크레이션 이용에 있어 결정적 영향이 된다.
- 레크레이션 자원은 자연적인 경관미를 제공한다.
- 레크레이션 자원은 파괴 후 원상회복이 불가능하다.

56

정답 ②

수목의 주지는 하나로 자라게 한다.

정지 및 전정의 일반원칙

- 무성하게 자란 가지는 제거한다.
- 지나치게 길게 자란 가지는 제거한다.
- 수목의 주지는 하나로 자라게 한다.
- 평행지를 만들지 않는다.
- 수형이 균형을 잃을 정도의 도장지는 제거한다.
- 역지, 수하지 및 난지는 제거한다.
- 같은 모양의 가지나 정면으로 향한 가지는 만들지 않는다.
- 기타 불필요한 가지를 제거한다.

57
정답 ③

결합수는 토양입자의 내부에 결합 되어 있는 물을 말한다.

58
정답 ③

관리주체와 이용자 간에 유대관계가 형성되도록 유지관리가 옳다.

59
정답 ③

붕산수는 액체 비료에 해당한다.

60
정답 ①

고랑관수는 고랑을 만들어 흐르게 하여 수분을 공급하는 방법이다.

② **점적관수** : 식물이 필요한 수분을 한 방울씩 적절하게 공급함으로써 식물생육이 가장 잘 이루어질 수 있는 토양조건을 만들어 주는 가장 이상적인 관수 방법을 말한다.
③ **전면관수** : 밭 전면에 물이 땅속으로 얕게 스며들도록 하는 것을 말한다.
④ **살수관수** : 일정한 수압을 가진 물을 송수관으로 보내고 그의 선단에 부착한 각종 노즐을 이용하여 다양한 각도와 범위로 물을 뿌리는 것을 말한다.

빠른 정답 찾기

01	③	02	①	03	④	04	①	05	④
06	③	07	①	08	④	09	③	10	①
11	③	12	②	13	③	14	①	15	②
16	③	17	②	18	①	19	④	20	③
21	③	22	②	23	①	24	②	25	③
26	①	27	②	28	②	29	④	30	③
31	④	32	④	33	④	34	④	35	④
36	②	37	③	38	④	39	③	40	①
41	①	42	③	43	④	44	③	45	③
46	①	47	②	48	③	49	①	50	④
51	①	52	①	53	③	54	④	55	①
56	②	57	①	58	③	59	①	60	④

01 정답 ③

형태는 경관 구성의 가변요소가 아니다.

경관 구성의 가변요소
- 광선
- 기상조건
- 계절
- 시간
- 기타(운동, 거리, 관찰 위치, 규모 등)

02 정답 ①

지피식재는 키가 작고 지표를 밀생하게 피복하는 수종으로 이는 번식 및 생장이 양호하고 답압에 견디는 수종이다. 이에는 조릿대, 사철나무, 금테나무, 광나무, 맥문동 등이 있다.

03 정답 ④

화살나무는 빨간 단풍에 속한다.

단풍색으로 분류하는 수목의 분류
- **빨간 단풍** : 단풍나무류, 감나무, 담쟁이, 옻나무, 붉나무, 마가목, 산딸나무, 화살나무 등
- **노란 단풍** : 고로쇠단풍, 은행나무, 느티나무, 계수나무, 참나무류, 배롱나무, 플라타너스, 자작나무 등

04 정답 ①

낙엽수(낙엽침엽수 포함)는 11월~3월이 전정 적기이다.

05 정답 ④

한국정원의 시대별 순서는 임류각(백제 진사왕 7년, 391) → 궁남지(백제 무왕 35년, 634) → 석연지(백제 의자왕, 655) → 포석정(통일신라 경애왕 4년, 927)이다.

06 정답 ③

중국 정원은 경관의 조화보다는 대비를 중시(자연미와 인공미)하였다.

07

정답 ①

8~11세기는 임천식 정원이다.

일본 조경양식의 시기별 발달

- **8~11세기** : 헤이안 시대이며, 임천식 정원이다.
- **12~14세기** : 가마쿠리시대이며, 회유임천식 정원(침전건물 중심)이다.
- **14세기** : 무로마치시대이며, 축산고산수식 정원(선사상과 화묵의 영향)이다.
- **15세기 후반** : 무로마치시대이며, 평정고산수식 정원(바다의 경치표현)이다.
- **16세기** : 모모야마시대이며, 다정양식 정원(노지식, 곡선을 많이 사용)이다.
- **17세기** : 에도 초기이며, 지천임천식 또는 회유식 정원(임천식과 다정양식의 결합)이다.
- **에도 후기** : 축경식 (풍경을 축소시켜 좁은 공간 내에 표현)이다.

08

정답 ④

파노라마 경관은 시야를 제한받지 않고 멀리까지 트인 경관이며, 웅장함과 아름다움을 느낄 수 있으며, 자연에 대한 존경심(경외심)을 일으키게 한다(수평선, 지평선).

① **터널 경관** : 수림의 가지와 잎들이 천정을 이루고 수간이 교목의 수관 아래 형성되는 경관으로 숲속의 오솔길, 밀림 속의 도로, 노폭이 좁은 곳의 가로수, 나뭇잎 사이의 햇빛과 그늘의 대비로 인한 신비를 들 수 있다.

② **위요 경관** : 수목, 경사면 등이 울타리처럼 자연스럽게 둘러싸여 있는 경관을 말한다.

③ **초점 경관** : 관찰자의 시선이 경관 내의 어느 한 점으로 유도되도록 구성된 경관(폭포, 수목, 암석, 분수, 조각, 기념탑 등)이다.

09

정답 ③

맹아성은 줄기나 가지가 꺾이거나 다치면 그 부분에 있던 숨은 눈이 자라 싹이 나오는 것을 의미한다. 맹아력이 강한 나무로는 낙우송, 사철나무, 탱자나무, 회양목, 능수버들, 미루나무, 플라타너스, 무궁화, 쥐똥나무, 개나리, 가시나무 등이 있다. 반면에 맹아력이 약한 나무로는 해송, 소나무, 잣나무, 자작나무, 살구나무, 감나무, 칠엽수, 벚나무 등이 있다.

10

정답 ①

심근성 나무에는 소나무, 전나무, 느티나무, 은행나무, 모과나무, 백합나무 등이 있다.

11

정답 ③

습지를 좋아하는 나무에는 낙우송, 계수나무, 주엽나무, 수양버들, 위성류, 오동나무, 수국 등이 있다.

12

정답 ②

2엽 속생으로는 소나무, 해송(곰솔, 흑송), 방크스 소나무 등이 있다.

13

정답 ③

겨울 추위를 경험함으로써 꽃봉오리를 맺게 되는 성질을 지닌다.

14

정답 ①

경재화단은 도로나 건물, 산울타리, 담장을 배경으로 폭이 좁고 길게 만든 화단을 의미한다.

15

정답 ②

탄성과 강도를 높이는 것이 목재건조의 목적이다.

목재건조의 목적

- 탄성과 강도를 높인다.
- 변색과 부패를 방지한다.
- 갈라짐이나 뒤틀림을 방지한다.
- 가공, 접착, 칠이 잘 되게 한다.
- 단열과 전기절연 효과를 높인다.

16 정답 ③

금속재료는 강도에 비해 가볍다.

17 정답 ②

사후관리는 시공관리의 3대 기능에 해당하지 않는다.

시공관리의 3대 기능

품질관리, 원가관리, 공정관리

18 정답 ①

네트워크 공정의 작성 순서는 작업리스트 → 흐름도 → 애로우도 → 타임스케일도이다.

19 정답 ④

낙엽이 진 후이기 때문에 가지의 배치나 수형이 잘 드러나므로 전정하기 쉽다.

20 정답 ③

붉은별무늬병은 잎, 꽃 부위에 해당하는 병해에 해당한다.

발병 부위에 따른 병해의 분류

- **줄기** : 줄기마름병, 가지마름병, 암종병 등
- **잎, 꽃** : 흰가루병, 탄저병, 회색곰팡이병, 붉은별무늬병, 녹병, 균핵병, 갈색무늬병 등
- **뿌리** : 흰빛날개무늬병, 자주빛날개무늬병, 뿌리썩음병, 근두암종병 등
- **나무 전체** : 흰비단병, 시들음병, 세균성 연부병, 바이러스 모자이크병 등

21 정답 ③

연못은 정적인 상태의 물에 해당한다.

물의 특징

- **정적인 상태의 물** : 호수, 연못 등
- **동적인 상태의 물** : 폭포, 분수, 계단폭포(캐스 케이드) 등

22 정답 ②

조경수목은 정형화된 규격표시가 있어 규격이 다른 나무는 현장 수검 시에 문제의 소지가 있다.

23 정답 ①

내화벽돌은 물을 사용하지 않는다.

벽돌쌓기의 일반사항

- 내화벽돌은 물을 사용하지 않는다.
- 몰타르 강도는 벽돌강도 이상이 되도록 한다.
- 굳기 시작한 몰타르는 절대로 사용하지 않는다.
- 몰타르가 굳기 전에 하중이 가해지지 않게 한다.
- 벽돌 1일 쌓기 높이는 1.2~1.5m(17~20켜)로 한다.
- 벽돌나누기를 정확히 하되 토막벽돌이 나지 않게 한다.
- 가로, 세로 줄눈의 너비는 10mm가 표준이며 통줄눈이 생기지 않도록 한다.
- 벽돌은 쌓기 2, 3일 전에 물을 충분히 흡수시켜, 몰타르의 수분흡수를 방지한다.
- 도면이나 특기시방서에 정하는 바가 없을 때는 영식 또는 화란식 쌓기법으로 한다.
- 하루 작업이 끝날 때에 켜에 차이가 나면 층단 들여쌓기하고, 모서리 벽의 물림은 켜걸름 들여쌓기로 한다.

24 정답 ②

철봉은 안전을 도모하기 위하여 80~100cm의 높이로 하는 것이 좋다.

25 정답 ③

다정은 16세기에 다도를 위한 다실에 이르는 로지를 중심으로 한 좁은 공간에 꾸며지는 일종의 자연식정원을 의미한다. 다실의 경우에는 입구를 낮게 하여 자신을 낮춤으로써 겸손한 마음을 갖고, 속세와 인연을 끊음을 의미한다.

26 정답 ①

티그리스-유프라테스 강의 범람은 나일 강과 비교하여 불규칙적이다.

27 정답 ②

관계 중앙행정기관의 장에 관한 사항은 도시공원 및 녹지 등에 관한 법률에서 공원녹지기본계획에 포함되어야 하는 사항이 아니다.

도시공원 및 녹지 등에 관한 법률 제6조(공원녹지기본계획의 내용 등)

- 지역적 특성 및 계획의 방향 · 목표에 관한 사항
- 인구, 산업, 경제, 공간구조, 토지이용 등의 변화에 따른 공원녹지의 여건 변화에 관한 사항
- 공원녹지의 종합적 배치에 관한 사항
- 공원녹지의 축(軸)과 망(網)에 관한 사항
- 공원녹지의 수요 및 공급에 관한 사항
- 공원녹지의 보전 · 관리 · 이용에 관한 사항
- 도시녹화에 관한 사항
- 그 밖에 공원녹지의 확충 · 관리 · 이용에 필요한 사항

28 정답 ②

배색은 식재구성에 있어 다른 시각적 특성과 동시에 고려해야 한다.

29 정답 ④

구는 원의 회전체로서 어느 방향이나 동일한 곡면을 가지고 있는 것이 특징이다.

30 정답 ③

토양의 4대 성분은 물(30%), 광물질(45%), 공기(20%), 유기물(5%) 등으로 이루어져 있다.

31 정답 ④

조선시대의 정원 관장 부서는 장원서이다.

32 정답 ④

우리나라 정원의 주정원은 후원(뒷뜰)이고, 낙엽 활엽수로 계절의 변화를 즐긴다.

33 정답 ④

스페인 정원은 다채로운 색채를 도입하였다.

34 정답 ④

일시적 경관은 기상의 변화, 수면에 투영 반사된 영상, 동물의 일시적인 출현, 계절, 시간성, 자연의 다양성 등으로 인한 경관을 말한다.

① **세부 경관** : 사방으로 시야가 제한되고 협소한 경관 구성 요소들의 세부적 사항까지도 자각되는 것을 말한다.
② **파노라마 경관** : 시야가 제한을 받지 않고 멀리 트인 경관을 말한다.
③ **초점 경관** : 관찰의 시선이 경관 내 어느 한 점으로 유도되도록 구성된 경관을 말한다.

35 정답 ④

경계식재에는 독일가문비, 서양측백, 화백, 해당화, 박태기나무, 사철나무, 광나무 등이 있다.

36 정답 ②

초화류에는 평면화단, 입체화단, 특수화단 등이 있다.

37 정답 ③

공해의 감소가 도시공원의 기능이다.

38 정답 ④

러프(rough)는 페어웨이 주변의 깎지 않은 초지(거친 지역)를 말한다.

39 정답 ③

가로막기의 기능으로는 인간의 움직임 규제, 자동차 움직임 규제, 시선 방지, 광선방지, 해가림, 바람막이, 바람 조절에 의한 먼지 방지, 소음방지, 경계 명시, 경관 미화, 공간 분리 등이 있다.

40 정답 ①

목재의 갈라진 구멍, 흠, 틈 등은 퍼티로 땜질하여 24시간 후에 초벌칠을 한다.

41 정답 ①

정보제공은 형식참가의 단계이다.

주민참가의 단계(안시타인의 3단계 발전과정)
(※위에서 아래로 가면서 발전)

비참가의 단계(1단계)	조작(manipulation)
	치료(therapy)
형식참가의 단계(2단계)	정보제공(informing)
	상담(consultation)
	유화(placation)
시민권력의 단계(3단계)	파트너십(partnership)
	권한위양(delegated power)
	자치관리(citizen control)

42 정답 ③

절단석은 톱 등에 의해 원하는 크기나 형태로 잘라 놓은 석재를 말한다.

43 정답 ④

수목은 원으로 표현하되 침엽수는 직선, 톱날형으로 표현하고, 활엽수는 부드러운 질감으로 표현한다.

44 정답 ③

천이(succession)의 순서는 나지 → 1년생 초본 → 다년생초본 → 음수관목(양수관목) → 양수교목 → 음수교목이다.

45 정답 ③

제3종 완충녹지의 경우 교통 공해 발생지역에 설치한다.

46 정답 ①

버뮤다그라스는 서양 잔디에 해당한다. 한국의 잔디로는 들잔디(Zoysia japonica), 금잔디, 고려잔디(Z. matrella), 비로드잔디(Z. tenuifolia), 갯잔디(Z. sinica) 등이 있다.

한국의 잔디

- **들잔디(Zoysia japonica)** : 한국에서 가장 많이 식재되는 잔디, 공원, 경기장, 법면녹화, 묘지 등에 많이 사용한다.
- **갯잔디(Z. sinica)** : 임해공업단지 등의 해안 조경에 사용한다.
- **금잔디, 고려잔디(Z. matrella)** : 대전이남 지역 자생, 치밀한 잔디밭 조성, 내한성이 약, 내습성과 내음성이 비교적 강하다.
- **비로드잔디(Z. tenuifolia)** : 정원, 공원, 골프장 티, 그린, 페이웨이로 사용한다.

47 정답 ②

Maslow의 욕구의 위계순서는 생리적 욕구 → 안전의 욕구 → 소속감의 욕구 → 존경의 욕구 → 자아실현의 욕구이다.

48 정답 ③

레크레이션 공간관리의 기본전략 중 하나는 순환식 개방형이다.

레크레이션 공간관리의 기본전략

- 완전방임형 관리전략
- 폐쇄 후 자연 회복형
- 순환식 개방형
- 폐쇄 후 육성관리
- 계속적 개방 및 이용 상태에서의 육성관리

49 정답 ①

질소는 잎의 색을 좋게 하여 줄기와 잎의 생장을 촉진시키고, 줄기와 잎을 잘 자라게 한다. 하지만 과잉 시에 잎은 암녹색이 되지만, 내용적으로는 연약하여 병충해나 한해 · 풍해를 받기 쉽다. 반대로 결핍 시에 잎은 담황색이 되며, 아래 잎에서 낙엽이 지고, 영양생장이 쇠퇴된다.

50 정답 ④

오전 일찍이나 오후 늦은 시간이 좋다.

51 정답 ①

강우가 내리는 중에 또는 강우 직후에 배수 상황을 살펴보는 것이 효과적이다.

52 정답 ①

과석은 무기질 비료에 해당한다.

53 정답 ③

시설의 주야간 변온관리 시 해가 진 후 4~6시간 정도는 동화 산물의 전류를 촉진 시킬 수 있도록 약간 높은 온도를 유지한다.

54 정답 ④

열절감률은 장파방사의 투과율에 의해 결정된다. 짚과 거적은 열 절감률이 가장 우수한 보온자재 중의 하나이다. 열 절감률은 부직포 일중커튼은 30%, 알루미늄 증착 필름일중커튼은 55%, PE필름 이중커튼은 45%, 짚과 거적 외면피복은 65%이다.

55 정답 ①

점적관수는 플라스틱 파이프나 튜브에 미세한 구멍을 뚫거나, 그것에 연결된 가느다란 관의 선단 부분에 노즐이나 미세한 수분 배출구를 만들어 물이 방울져 소량씩 스며들어서 나오도록 하여 관수하는 방법으로 물을 절약할 수 있다.

56 정답 ②

총채벌레류는 1mm이하이고, 온실가루이는 1.5mm정도이며, 진딧물류는 이보다 크다. 반면에 응애류는 성충의 크기가 0.5mm 정도로 작아 육안으로 식별하기 어려운 경우가 많다.

57 정답 ①

양액에 뿌리를 담가서 재배하는 담액수경 방식의 경우, 산소 공급을 위하여 특별한 장치나 수단이 동원되어야 한다.

58 정답 ③

연작은 시설토양의 염류농도 장해 대책과 관련이 없다.

염류장해대책

- **객토** : 기존 경작지의 토양을 새로운 토양으로 바꾸는 객토를 한다. 염류의 대부분은 작토층의 표층인 5~10cm깊이의 표토층을 산흙 등으로 객토시 염류집적으로 인한 표토층의 농도장해에 따른 역삼투 방지에 유용하다.
- **심경** : 깊이 갈이라는 의미로 염류는 표층에 집적되기에 작토층 이하의 흙을 파서 올리면 염류농도를 낮출 수 있다. 토한, 토양 통기성 향상과 물리성 개선에 유익하다.
- **유기물 시용** : 유기물은 토양의 염기치환능력을 증가시키는 등 물리화학적 성질을 개선하는 기능을 가지고 있다. 그러므로 유기물 시용으로 토양환경을 개선하고 토양의 완충능력을 높이면 염류농도 장해를 경감할 수 있다.
- **적정시비** : 시설은 노지보다 시비량을 줄이는 것이 좋다.
- **피복제거** : 고온으로 작물재배가 어려운 여름에 비닐을 벗겨 비에 노출시키면 염류농도가 감소된다.
- **담수처리** : 충분한 물을 관수하는 담수처리를 함으로써 염류제거를 할 수 있다.
- **흡비작물의 활용** : 비료의 흡수력이 다른 작물에 비하여 월등히 큰 수수, 옥수수 등과 같은 작물을 의미하는데, 이러한 작물을 시설 내에 일정 기간 재배하면 토양 내 염류를 크게 줄일 수 있다.

59 정답 ①

산성 토양을 교정하는 데에는 석회를 주로 이용한다. 석회는 토양에서의 이동성이 약하므로 깊이갈이를 할 때 파낸 흙과 충분히 혼합하여 땅속에 채워 주는 것이 좋다. 석회는 산성 토양을 중화시킬 뿐만 아니라 토양의 입단 구조를 증가시켜 물리성을 좋게 해 주는 효과가 있다. 석회는 세포막의 구성 요소인 칼슘을 주성분으로 하고 있기 때문에 과수의 생육을 돕는 역할을 한다. 또한 토양 내 미생물의 활동을 활발하게 하여 유기물을 잘 분해시켜 주며, 토양 내 독성 물질을 중화시켜 주는 역할도 한다.

60 정답 ④

벚나무나 개나리같이 봄에 일찍 꽃이 피는 나무는 꽃이 진 후에 하고, 장미와 무궁화처럼 여름에 꽃이 피는 나무는 봄에 일찍 한다.

빠른 정답 찾기

01	③	02	②	03	③	04	③	05	③
06	②	07	①	08	③	09	③	10	①
11	③	12	③	13	③	14	③	15	①
16	②	17	③	18	①	19	②	20	②
21	③	22	③	23	③	24	①	25	④
26	②	27	②	28	④	29	④	30	②
31	②	32	①	33	①	34	②	35	③
36	④	37	①	38	②	39	①	40	①
41	①	42	①	43	③	44	①	45	④
46	④	47	③	48	③	49	③	50	①
51	③	52	②	53	②	54	③	55	①
56	②	57	④	58	②	59	②	60	③

01 정답 ③

편해 공생은 한쪽 개체군만 피해를 보는 것을 말한다.

02 정답 ②

정원 양식의 발생 요인에서 자연환경 요인으로는 기후, 지형, 식물, 토지, 암석 등이 있으며 이 중 가장 중요한 요소는 지형이다.

03 정답 ③

일본 최초의 서양식 공원은 히비야 공원이다.

04 정답 ③

서양 조경 양식의 흐름은 스페인(중정식) → 이탈리아(노단식) → 프랑스(평면기하학식) → 영국(전원풍경식) → 독일(풍경식/과학적) → 미국(도시공원식/현대식)이다.

05 정답 ③

통일성 달성을 위한 수법으로는 강조, 조화, 균형 및 대칭 등이 있다.

06 정답 ②

공간 조절에는 경계식재, 유도식재 등이 있다.

07 정답 ①

단면도는 구조물을 수직으로 자른 단면을 나타내며 단면 부위는 반드시 평면도 상에 나타내야 한다.

08 정답 ③

놀이면적은 전면적의 60%이내이다.

09

정답 ③

조경 수목이 지녀야할 조건 중 하나는 다량으로 쉽게 구할 수 있을 것이다.

조경 수목이 지녀야할 조건

- 수형이 아름답고 실용적일 것
- 이식이 쉽고 잘 자랄 것
- 불리한 환경에서 적응력이 클 것
- 다량으로 쉽게 구할 수 있을 것
- 병충해에 강할 것
- 다듬기 작업에 견디는 성질이 좋을 것

10

정답 ①

성토법은 지상으로부터 수간을 약 30~50cm 높이로 흙을 덮어서 흙을 묻는 방식이다.

11

정답 ③

계단 폭은 양측 통행일 경우는 최소 150cm 이상이다.

12

정답 ③

같은 등고선 위의 점은 모두 같은 높이이다.

등고선의 성질

- 같은 등고선 위의 점은 모두 같은 높이이다.
- 등고선은 도면 내, 도면 외에서 반드시 폐합한다.
- 지표면 상의 경사가 급한 경우 간격이 좁고, 완경사지는 넓다.
- 높이가 다른 등고선은 절벽, 동굴을 제외하고는 교차하거나 합치지 않는다.
- 등고선 사이의 최단거리 방향은 그 지표면의 최대 경사의 방향을 가리키므로 최대 경사 방향은 등고선에 수직 방향이다.
- 등고선이 계곡을 통과할 때는 한쪽을 따라 거슬러 올라가서 계곡을 직각방향으로 횡단한 다음 능선 다른 쪽에 따라 올라간다.
- 등고선이 능선을 통과할 때는 능선 한쪽을 따라 내려가서 그 능선을 직각 방향으로 횡단한 다음 능선 다른 쪽에 따라 올라간다.
- 등고선이 도면 내에서 폐합되는 경우는 산정이나 오목지형으로 나타내나, 소사나 물 없는 경우 화살표를 그려 구분한다.
- 등고선은 같은 경사에서 등간격이며, 등경사평면인 지표에서는 등간격의 평행선으로 된다.
- 한 쌍의 등고선의 오목형 부가 서로 마주 서 있고, 다른 한 쌍이 바깥쪽을 향하여 내려갈 때는 그곳은 고개 마루를 가리킨다.

13

정답 ③

레미콘 제작순서는 물 → 모래 → 시멘트 → 자갈 → 반죽이다.

14

정답 ③

관광자원은 생산기능에 속한다.

C. Tunnard에 따른 녹지기능의 구분

- **보호기능** : 자연 상태 유지, 문화재 보호, 일조 확보, 프라이버시 침해 방지
- **생산기능** : 농림업, 관광자원, 교육적 가치
- **수경기능** : 도시의 미적 효과를 높임

15

정답 ①

해당 지자체는 레크레이션 관리체계의 3가지 기본요소에 속하지 않는다.

레크레이션 관리체계의 3가지 기본요소

- **이용자** : 레크레이션 경험의 수요를 창출하는 주체, 가장 중요하다.
- **자연자원기반** : 레크레이션 활동 및 이용이 발생하는 근거, 이용자의 만족도를 좌우하는 요소이다.
- **서비스 관리** : 이용자를 수용하기 위해 물리적인 공간을 개발하거나 접근로 및 특정의 서비스를 제공하는 것이다.

16 정답 ②

먼지 발생은 아스팔트 포장의 파손 원인으로는 보기 어렵다.

아스팔트 포장의 파손 원인

- **균열** : 아스팔트량 부족, 지지력 부족, 시공이음새 불량 등
- **국부적 침하** : 지지력 부족 및 부동침하 등
- **요철** : 지지력 불균일, 입도, 공극률 불량 등
- **박리** : 혼합 불량, 품질 불량, 지하수위가 높은 시역, 차량 기름 등
- **연화** : 아스팔트량 과잉, 골재 입도 불량 등

17 정답 ③

수요의 3요소는 이용자, 대상지, 접근성이다.

18 정답 ①

손상의 비상호관련성은 레크레이션에 의한 손상의 속성을 이해하기 위한 측면이 아니다.

레크레이션에 의한 손상의 속성을 이해하기 위한 5가지 측면

- 손상의 상호관련성
- 이용과 손상의 관계성
- 공간특성에 따른 영향
- 활동특성에 따른 손상
- 손상에 대한 내성의 변화

19 정답 ②

인산은 개화 결실을 촉진시키고 뿌리, 줄기, 잎의 수를 증가시킨다. 하지만 결핍 시에 뿌리, 줄기, 잎의 수가 감소 되어 개화 결실이 불량하고 잎의 색이 옅어진다.

20 정답 ②

유해물질에 의한 병은 비전염성병에 해당한다.

전염성 병

바이러스에 의한 병, 마이코플라마스에 의한 병, 세균에 의한 병, 진균에 의한 병, 점균에 의한 병, 조균에 의한 병, 종자식물에 의한 병, 선충에 의한 병 등

21 정답 ③

재해대책은 비정기적으로 하는 작업이다.

공작물 유지관리

- **정기적으로 하는 작업** : 점검(순회, 안전 점검), 계획수선(전면 도장, 도로의 실코드), 청소 등
- **비정기적으로 하는 작업** : 일반수선(부분 수선 또는 교체), 개량, 재해대책(방재공사, 재해복구공사), 하자처리(하자조사 · 공사)

22 정답 ③

부분시비는 작물을 심을 때 비료를 집중적으로 특정 위치에 공급해 주는 방법이다.

23 정답 ③

자연보존지구는 생물다양성이 특히 풍부한 곳으로 자연생태계가 원시성을 지니고 있는 곳을 의미한다. 특별히 보호할 가치가 높은 야생 동식물이 살고 있는 곳 또는 경관이 특히 아름다운 곳으로서 특별히 보호할 필요가 있는 지역에 대하여 「자연공원법」에 따라 공원계획으로 결정 · 고시한 지구를 말한다. 공원자연보존지구는 「자연공원법」에 의한 용도지구의 하나에 해당한다.

24
정답 ①

물이 기화되면서 공기는 냉각되는데, 이 냉각된 공기를 시설 내로 유입시켜 실내온도를 낮추는 것을 기화냉각법이라 한다. 이때 공기 냉각에 젖은 패드, 미스트, 포그를 이용할 수 있으며, 이에 따라 기화냉각법의 종류가 결정된다. 팬은 실내 공기를 밖으로 배출시켜 외부의 공기를 유입시키는 역할을 한다.

25
정답 ④

벤치를 이용하는 분화의 시설재배에서 편리하게 이용할 수 있는 저면급수 방법으로 ebb & flow(담배수)방식이 있는데, 베드 안에 포트를 놓고 그 아래 물탱크를 설치한 다음 일정한 시간 간격으로 물을 넣었다 뺐다 하는 방식의 관수 방법이다.

26
정답 ②

딸기의 점박이 응애를 구제하는데 사용하는 천적은 칠레이리응애이다. 콜레마니진딧벌은 엽채류나 과채류의 진딧물, 온실가루이좀벌은 토마토, 오이 등의 온실가루이, 애꽃노린재류는 과채류, 엽채류, 화훼의 총채벌레를 구제하는 천적으로 사용하고 있다.

27
정답 ②

박막수경은 세계적으로 가장 널리 이용되고 있는 순수수경으로 순환식 수경 방식이다. 베드의 바닥에 일정한 크기의 구배를 만들어 얇은 막상의 양액이 흐르도록 하고, 그 위에 작물의 뿌리 일부가 닿게 하여 재배하는 방식이다. 뿌리의 일부는 공중에 노출되고, 나머지는 흐르는 양액에 닿아 공중산소와 수중산소를 다 같이 이용할 수 있다.

28
정답 ④

엽면시비는 토양이 지나치게 건조하거나 지온이 낮을 때, 작물체가 연약하고 뿌리가 상해서 정상적인 양분의 흡수가 어려울 때, 멀칭 등으로 시비가 어려울 때, 미량요소의 결핍이 예상되거나 결핍증상 나타날 때 실시한다.

29
정답 ④

토양 표면에 짚, 파쇄목, 비닐 등을 덮어 관리하는 방법이다. 이 방법으로 토양 표면을 관리하면 토양의 침식을 방지할 수 있고 토양 수분이 증발하는 것을 억제하는 효과가 있다. 짚이나 파쇄목으로 피복한 경우에는 토양에 유기물 공급이 증가하여 입단화가 촉진되는 효과도 있다. 또한 이러한 방법으로 표면을 관리하면 잡초 발생이 억제되어 제초에 드는 노력을 줄일 수 있다. 그러나 이른 봄 지온의 상승이 늦어지고 늦서리의 해를 입을 수 있다.

30
정답 ②

장점으로는 식재가능 기간이 길고 뿌리 활착이 좋으며, 다음 해 봄에 생장이 일찍 시작되는 반면, 동해와 서리피해 위험이 있고 점질에 과습한 토양에서 뿌리가 썩을 위험이 있다.

31
정답 ②

파이프의 규격은 외경으로 나타내는 지름(θ)과 파이프를 구성하는 철판의 두께(t)로 나타낸다.

32
정답 ①

토양에 처리한 제초제의 잔효성은 작물이 초관을 형성하는 시기까지이다. 그 기간은 보통 3개월 정도이다. 잔효성이 무조건 길면, 후작물에 영향을 줄 수 있다.

33
정답 ①

자연공원법 제15조(공원계획의 변경 등)에 따르면 공원관리청은 10년마다 지역주민, 전문가, 그 밖의 이해관계자의 의견을 수렴하여 공원계획의 타당성을 검토하고 그 결과를 공원계획의 변경에 반영하여야 한다.

34
정답 ②

K^+은 2:1형 점토광물에서 고정되는 양상이 NH_4^+와 유사하다.

35 정답 ③

토양생성의 5대 인자는 모재, 기후, 지형, 식생(생물상), 시간이다.

36 정답 ④

자갈의 크기는 2.0mm 이상의 크기이다.

37 정답 ①

토양의 유효수분은 (포장용수량 수분 - 위조점 수분)=35%-10%=25%이다.

38 정답 ②

R(강우인자), K(토양수식성), L(경사장)은 모두 USLE를 구성하는 요소이다.

39 정답 ①

질소비료와 석회질비료를 배합하면 암모니아 가스가 발생한다.

40 정답 ①

시설은 피복재로 외부와 차단되어 있어 기온의 일변화가 심하고 온도교차가 노지보다 크다. 위치에 따라 수광량이 다르고 대류현상이 일어나 위치별 온도 분포도 다르다. 지온은 외부 지온보다 높은 것이 특징이다.

41 정답 ①

현재의 토지이용 및 소유권, 토지이용 관련 법규, 기타 토지이용에 영향을 끼칠 수 있는 요소를 반드시 확인한다.

42 정답 ①

장제장은 관리사무소와 가까운 곳에 진입로와 연결시키되 묘역에서 격리시켜 배치한다. 석물작업장을 설치하는 경우는 묘역과 차단된 곳에 배치하며, 방음과 차단을 위한 차폐식재를 도입한다.

43 정답 ③

사용되는 재료는 휴게시설의 구조에 적합하고 미관효과가 있는 것을 사용하며, 부재와 부재의 접합 및 사용재료는 되도록 표준화된 방식을 사용하여 시설제작의 효율성과 시설의 안정성을 높이도록 한다.

44 정답 ①

선형이면서 면적인 특성이 강하므로 주변의 환경과 조화되는 색상으로 설계한다.

45 정답 ④

부재는 중간에 이음이 없도록 하고, 손이 미치는 범위의 볼트와 용접부분은 모두 위험하지 않은 마감방법으로 설계한다.

46 정답 ④

놀이공간의 규모가 클 경우에는 어린이들의 놀이행태에 맞도록 일반적이고 단순한 단위 놀이시설의 배치를 피하고, 복합적이고 연속된 놀이가 가능한 복합놀이시설을 배치한다.

47 정답 ③

심토층 배수관은 라인의 안쪽에는 설치하지 않는 것이 바람직하다. 네트포스트의 기초 등에 지장을 주지 않도록 설치한다.

48 정답 ③

못을 여러 개 배치할 경우 위의 못을 작게, 아래의 연못을 크게 한다.

49 정답 ③

관리용 장비보관소와 적치장은 이용자의 눈에 잘 띄지 않도록 관리사무소 뒷면에 배치하고 수목 등으로 적절히 차폐시킨다.

50 정답 ①

토양지피별 침투 능력은 천연활엽수림 > 인공침엽수림 > 천연침엽수림 > 벌채적지 > 초지 > 붕괴지 > 전답 > 보도의 순이다.

51 정답 ③

우리나라 대표 수종인 소나무류, 잣나무, 낙엽송, 편백, 상수리나무, 신갈나무에 대하여 탄소흡수량을 계산한 결과 탄소흡수량이 가장 많은 나무로는 참나무류인 신갈나무, 상수리나무이다.

52 정답 ②

원인이 특별히 알려지지 않은 채 숲의 나무들의 상태가 나빠지고 나무들이 죽어가는 현상을 산림쇠퇴(山林衰退 ; forest decline)라고 한다.

53 정답 ②

인공림과 자연림을 대상으로 숲이 가진 생태적, 공익적 효용을 충분히 발휘할 수 있도록 풀베기, 어린나무 가꾸기, 솎아베기, 가지치기 등을 해주는 작업이다. 특히 아직 미성숙한 산림을 대상으로 수목의 생장촉진, 형질 개선 등의 산림의 질적, 양적 생산을 높여주기 위해 시행하는 여러 가지 작업을 의미한다.

54 정답 ③

경관 조명시설의 설계는 인간척도에 적합하여야 한다.

55 정답 ①

이용자의 눈에 띄지 않도록 조경석이나 수목 등으로 차폐시킨다.

56 정답 ②

우리나라 시설의 대부분은 플라스틱 하우스이다.

57 정답 ④

연료소비량

$$= \frac{\text{기간난방부하}}{\text{연료의 발열량} \times \text{난방 장치의 열이용효율}}$$

58 정답 ②

전열선과 온풍기를 이용한 난방을 전열난방이라고 한다. 이 방식은 설비비용이 싸고 온도조절과 관리가 용이하다. 그리고 작업성이 뛰어날 뿐만 아니라 유해가스의 염려가 없고 보수하기도 쉽다. 반면에 정전 시에는 보온성이 전혀 없고 운전 경비가 비싸 대규모의 시설에서는 경제성이 전혀 없다.

59 정답 ②

팬앤드패드 방법이란 환풍기와 공기가 통하는 젖은 패드를 이용하는 냉방법이다. 철사망 등으로 공간을 만들고, 그 안에 나무를 가늘고 길게 잘라 만든 충전물인 목모를 넣어 만든 패드를 시설의 한쪽 벽에 설치한다. 여기에 지하수와 같은 물을 흘려보내면서 반대편에 풍압형 환풍기를 설치하여 실내공기를 밖으로 배출시킨다. 이렇게 되면 실내에 부압이 형성되어 외부의 공기가 패드를 통과하면서 냉각되어 유입된다.

60 정답 ③

시설의 투과광량을 증대시키기 위해 단동 온실은 남북동보다 동서동으로 설치하고, 골격재는 차광률이 작은 것을 선택한다. 피복재는 시간이 경과하면서 흙먼지 등으로 오염되어 광투과율이 낮아지므로 주기적으로 표면을 세척해 준다.

빠른 정답 찾기

01	②	02	③	03	④	04	①	05	③
06	②	07	②	08	①	09	②	10	④
11	③	12	④	13	①	14	④	15	③
16	②	17	①	18	②	19	①	20	②
21	②	22	②	23	④	24	③	25	②
26	①	27	④	28	④	29	①	30	①
31	②	32	④	33	④	34	④	35	③
36	③	37	③	38	①	39	②	40	④
41	①	42	③	43	①	44	②	45	②
46	②	47	③	48	①	49	②	50	①
51	④	52	②	53	①	54	③	55	①
56	③	57	①	58	③	59	①	60	④

01 정답 ②

이란은 사막 기후의 영향으로 인해 도시 전체를 하나의 거대한 조경으로 조성하였다.

02 정답 ③

지하고는 바닥에서 가지가 있는 곳까지의 높이를 말하며, 표시단위는 m이다.

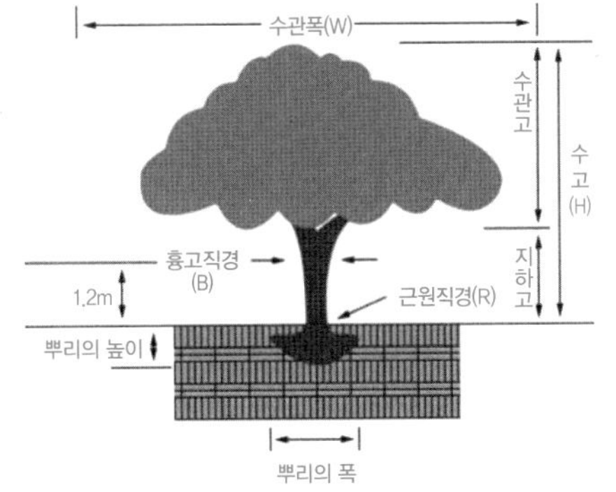

03 정답 ④

공원면적의 40% 이내로 시설물을 설치한다.

04 정답 ①

지피식물은 번식, 생장이 빨라야 한다.

05 정답 ③

파티오(Patio)는 위쪽이 트인 건물 내의 뜰이라는 뜻의 스페인어에서 유래되었다. 베란다, 전망대, 목제 테라스(deck), 현관 베란다 등과 관련이 있으며 실내와 실외가 혼합된 공간이다.

06 정답 ②

약 4cm 간격으로 보조선을 긋고 시작한다.

07 정답 ②

격자의 크기는 20~30cm이다.

08 정답 ①

부지경계선 조성 시 경계선으로부터 산울타리 완성 시 두께의 1/2만큼 안쪽으로 당겨서 식재한다.

09 정답 ②

탄저병은 잎과 어린 신초부위 및 열매 등에 발생하며, 열매의 경우 비대 초기에도 발병하며, 낙과현상을 일으킨다. 또한, 일소의 피해를 입은 열매일수록 피해가 크다.

10 정답 ④

'활동접근방법'이 S.Gold.의 레크리에이션 계획의 접근방법 중 하나이다.

S.Gold.의 레크리에이션 계획의 접근방법 5가지
- 자원접근방법
- 활동접근방법
- 경제접근법
- 행태접근방법
- 종합접근방법

11 정답 ③

규모 및 전문성이 주민의 수탁 능력을 넘지 않을 것이 주민참가의 요건이다.

12 정답 ④

이용자에 의한 손상관리의 절차 중 가장 첫 번째 단계는 기초자료의 사전평가 및 검토이다.

이용자에 의한 손상관리의 절차
- 1단계 : 기초자료의 사전평가 및 검토
- 2단계 : 관리목표의 검토
- 3단계 : 주요 영향지표의 설정
- 4단계 : 주요 영향지표의 표준 설정
- 5단계 : 표준과 현재조건의 비교
- 6단계 : 손상 발생원인을 검토
- 7단계 : 관리전략의 검토 · 설정
- 8단계 : 실행

13 정답 ①

토양의 건조를 막고 환경형성을 촉진하여 수목의 생장을 빠르게 한다.

관수의 효과
- 물은 원형질의 주성분(70~90%)을 이루며, 탄소동화작용의 직접 재료가 된다.
- 토양 중의 양분을 용해, 흡수, 운반, 신진대사를 원활하게 한다.
- 토양의 건조를 막고 환경형성을 촉진하여 수목의 생장을 빠르게 한다.
- 수목, 잎 부분의 세포압력을 유지한다.
- 지표 및 공중의 습기가 포화되고 증발량이 감소된다.
- 여름은 잎의 증발에 의해 잎의 온도상승을 막고, 체내의 온도조절을 한다.
- 수목 표면의 오염물질을 세정하고 토양 중 염류를 씻어내기를 촉진한다.

14 정답 ④

잔디조성의 단계는 전반적 토목공사 → 표면준비(장애물 제거) → 표토의 준비 → 발아 전 제초(클라신액제) → 파종(파종 후 흙을 덮어줌) → sprigging, 줄떼 및 평떼 → 분사파종(경사지나 균일한 파종이 어려운 지형)이다.

15 정답 ③

해설표지는 문화재나 역사적 유물에 대한 배경과 가치의 중요성을 설명함으로써 그 대상물에 대한 지식을 강조한다.

16 정답 ②

살수관수는 송수파이프에 노즐 부착하여 공중에서 물을 뿌려 수분을 공급하는 것을 말한다.

17 정답 ①

AE제는 계면활성제의 일종으로 콘크리트의 제조 시에 첨가하게 되면 미세한 기포가 콘크리트 내부에 골고루 발생되어 동결융해저항성 등의 내구성의 개선(증대) 등의 효과가 있다. 압축강도에 대한 영향으로는 물-시멘트비를 일정하게 하여 공기량을 증가시킬 경우 공기량 1% 증가에 따라 압축강도는 약 4~6% 정도 감소하게 되는 효과가 발생하게 된다. 참고로 AE제는 계면활성효과로 골재간의 마찰력도 작아져서 시공연도가 개선되기 때문에 철근과 콘크리트의 부착력은 작아지게(감소하게) 된다.

18 정답 ②

투과율이 높은 피복재를 선택하여 광량을 증대시킬 수 있는데, 무적필름은 물방울이 덜 맺혀 광투과율이 높다.

19 정답 ①

시설토양은 노지에 비하여 염류농도가 높으며, 특정성분의 양분이 결핍되기 쉽고, 토양의 pH가 높아지는 경향이 있다. 토양의 공극률이 낮아 통기성도 불량한 편이며, 연작장해도 예상된다.

20 정답 ②

해충방제에 페로몬이 이용되는데, 페로몬을 인공 합성하여 적당한 트랩에 바르거나 넣어 해당 해충을 불러 모아 포살할 수 있다. 시설재배에서는 주로 나방류 해충의 포살에 이용한다.

21 정답 ②

토양 pH가 상승한다.

시설토양의 특성 및 관리

- **염류의 집적** : 시설은 자연가우가 차단되고 다비재배를 하기 때문에 비료성분은 주로 표층에 집적되고 작물체의 흡비력은 상대적으로 약하다. 따라서 시설 내 토양에는 염류가 집적되기 쉬운데, 일반적으로 시설의 설치연수와 염류농도는 높은 상관관계를 보이고 있다.
- **토양 pH의 상승** : 우리나라 토양은 대개 산성화되어 있다. 그러나 고정시설에서는 토양의 집약관리로 석화, 고토, 요소, 유기질비료를 과다 시용하게 되고, 여러 가지 원인으로 염류집적이 일어나면서 알칼리화(pH7이상)되는 경향을 보이고 있다.
- **토양통기의 불량** : 시설토양은 경토가 낮은데다가 관리가 집약적으로 이루어지기 때문에 심한 답압과 인공관수로 인하여 토양이 단단히 다져져 공극량이 적어진다.
- **연작장해의 발생** : 시설의 이용률을 높이기 위하여 연속해서 같은 작물을 재배하면 여러 가지 연작장해를 나타낸다.
- **토양의 오염** : 시설원예는 도시 근교, 공장지대, 교통이 빈번한 도로변에서 많이 이루어진다. 그리고 인공관수에 의존하면서 오염된 관개수를 집중적으로 사용하며, 농약, 제초제, 화학비료 등을 과용하면 시설 내의 토양은 오염되기 쉽다.

22 정답 ②

소토법은 흙을 철판 위나 회전드럼통에 넣고 골고루 열을 가하면서 적당히 구워 소독하는 방법이다.

23 정답 ④

칼슘이 부족해지면 과실 세포벽이 약화되어 조직의 붕괴가 촉진되므로 여러 가지 생리장해가 발생할 수 있다. 예를 들면 사과의 고두병, 코르크 스폿, 내부 갈변, 밀병 등의 생리장해가 발생한다.

24

정답 ③

가지의 중간을 잘라 내는 자름전정은 자른 부위에서 새가지를 발생시키며 인접한 공간을 채우거나 가지가 적당하지 못한 방향으로 자라는 경우 잘라 내기 위해 실시한다. 강한 새가지를 발생시키고자 할 때는 절단 정도를 강하게 한다.

25

정답 ②

그을음병은 깍지벌레나 진딧물 같은 해충들이 꿀과 같은 배설물을 잎 표면에 배출하게 되면 잎이 반짝반짝 빛나게 되는데, 곧 대기 중의 균이 달라붙게 되어 이것을 양분으로 하여 급속히 퍼지게 된다.

26

정답 ①

습공기선도는 온도와 상대습도 두 개의 환경요인을 이용하여 모든 공기의 성질을 알 수 있도록 만든 도표이다. 습구온도, 노점온도, 절대습도 등 환경조절에 필요한 공기 상태를 나타내는 값을 별도의 계산 없이 도표로 알 수 있다.

27

정답 ④

농약의 상호작용 효과에는 두 종류 물질의 혼합 처리하여 나타난 결과로 상승작용, 상가작용, 독립효과, 길항작용, 증강효과를 확인할 수 있다.

28

정답 ④

자연공원에 관심 있는 자는 자연공원법에서 자연공원을 보호하고 자연의 질서를 유지 · 회복하는 데에 정성을 다해야 하는 대상이 아니다.

자연공원법 제3조(자연공원보호 등의 의무)에서 자연공원을 보호하고 자연의 질서를 유지·회복하는 데에 정성을 다해야 하는 대상

- 국가
- 지방자치단체
- 공원사업을 하거나 공원시설을 관리하는 자
- 자연공원을 점용하거나 사용하는 자
- 자연공원에 들어가는 자
- 자연공원에서 거주하는 자

29

정답 ①

탄질률이 30~35 이상으로 높은 유기물을 시용할 경우 미생물은 유기물에서 부족한 질소를 토양 중 NH_4^+나 NO_3^-를 흡수하여 보충함으로써 식물이 흡수할 수 있는 질소가 일시적으로 부족해지는 질소기아를 유발한다.

30

정답 ①

우리나라 논토양의 경반층을 이루는 구조가 판상구조이며, 점토가 집적되어 물의 하향 이동을 방해하고 뿌리의 신장을 불리하게 한다. 이런 토양을 개선하기 위해 깊이갈이를 추천하고 있다.

31

정답 ②

우리나라 밭 토양에 많은 토성은 양토이며, 점토 함량이 20% 내외이다.

32

정답 ④

토양–수분계에서 토양입자에 의하여 수분이 보유되는 데에는 부착력과 응집력 두 가지 인력이 작용한다.

33

정답 ④

오염토양 복원 비용은 소각법 > 토양경작법 > 식물정화법 > 자연경감법 순으로 소요된다.

34

정답 ④

우분은 유기질비료에 사용하지 못하고 부숙유기질비료에만 사용할 수 있다.

35

정답 ③

통나무는 곧은 것으로 껍질을 벗겨 사용하도록 설계한다.

36 정답 ③

생태환경조사는 기초조사와 생태계 정밀 조사로 구분하고, 기초 조사항목으로 지질, 토양, 지형, 경관, 수문, 식생, 야생동물, 수질, 대기질 등을 포함한다.

37 정답 ③

많은 사람이 집합하는 위치로 하되, 다수인이 집산하는 다른 시설과 근접되지 않는 장소에 입지시키고, 정 · 동적 공간의 배분에 균형을 주어야 한다.

38 정답 ①

동선은 작품관람과 연계될 수 있어야 한다.

39 정답 ②

계절에 따른 지하수 높이의 변동을 고려한다.

심토층 배수의 고려사항

- 심토층 배수의 목적은 지표면에서 침투수를 집수하는 것과 지표면 아래의 지하수 높이를 낮추는 것 등이다. 그 밖에 녹지의 비탈면과 옹벽 등 구조물의 파괴를 방지하는 데 있다.
- 지층의 성층상태, 투수성 지하수의 상태를 파악하기 위하여 지질도와 항공사진을 검토한다.
- 배수시설의 유량을 결정하기 위한 조사로 투수계수를 측정하는 경우가 많은데 조사방법의 선정이 나쁘면 판단을 잘못하는 경우도 있으므로 주의한다.
- 사질토이거나 지하수 높이가 낮고 배수가 좋은 경우에는 심토층 배수를 설계하지 않을 수 있다.
- 한랭지에서는 동상에 대한 검토로서 기온 · 토질 · 지중수에 대하여 조사한다.
- 계절에 따른 지하수 높이의 변동을 고려한다.

40 정답 ④

공공공간에는 되도록 고정식으로 하고, 정원 등 관리가 쉬운 곳에는 이동식으로 설계한다.

41 정답 ①

이용계층을 소년용(어린이놀이터)과 유아용(유아 놀이터)으로 구분하고, 신체조건 및 놀이 특성에 따른 이용행태를 고려하여 놀이시설의 기능 부여 · 연계 · 규격 · 구조 및 재료 등을 설정한다.

42 정답 ③

감성 놀이시설은 협동심, 지구력 등 감성 개발에 도움을 줄 수 있는 놀이시설로서 놀이 데크, 조형미끄럼대, 조형낚시판, 실 꿰기, 도형 맞추기, 낚시놀이, 탑쌓기, 경사 오름대, 쌀눈 오름대 등을 들 수 있으며, 흙 쌓기가 필요하거나 선큰(sunken)된 지형을 가진 일정 면적 이상의 놀이공간 부지가 필요하다.

43 정답 ①

바람의 영향을 받기 때문에 주풍 방향에 수목 등의 방풍 시설을 마련한다.

44 정답 ②

공간과 어울리는 형태로 설계할 경우 자연형 공간 · 녹지에는 목재 · 자연석 · 식물 마감의 곡선형 실개울과 정형적 공간 · 포장 부위에는 인공적 재료마감인 직선형 실개울로 적용한다.

45 정답 ②

이용자의 눈에 직접 띄지 않도록 수목 등으로 적절히 차폐시킨다.

46 정답 ②

스테인리스강이 아닌 철재류는 녹막이 등 표면 마감처리를 설계에 반영한다.

47 정답 ③

에너지가 되는 바이오매스의 종류로는 목재, 해초, 음식쓰레기, 종이, 가축분뇨, 동식물성 잔사, 플랑크톤 등의 유기물로 구분이 가능하다.

48 정답 ①

지구온난화(地球溫暖化 ; global warming)현상은 지구의 기온이 화석연료의 연소에 의한 대기 중의 이산화탄소 증가로 인해서 올라간다는 이론으로서, 이는 직접적으로 온실효과에 의하여 일어난다.

49 정답 ②

숲 가꾸기 방법에는 풀베기, 덩굴치기, 어린나무 가꾸기, 솎아베기가 있다.

50 정답 ①

야경의 중심이 되는 대상물의 조명은 주위보다 몇 배 높은 조도 기준을 적용하여 중심감을 부여한다.

51 정답 ④

특수철선과 제어기가 부착된 전구를 선형으로 배열한다.

52 정답 ②

현재 비닐하우스는 모두 철재골격으로 대체되었으며, 철재골격자재로는 아연도금 파이프와 PVC코팅파이프가 있는데, 약 90%는 아연도금 파이프가 차지하고 있다.

53 정답 ①

지표식물을 이용하거나 시설 내 천장의 물방울을 수거하여 pH나 전기전도도를 측정하여 유해가스 집적 여부를 확인할 수가 있다.

54 정답 ③

스리쿼터형 온실은 남쪽 지붕의 길이가 전 지붕 길이의 3/4 정도가 되도록 지은 온실이다.

① **양지붕형** : 양쪽 지붕의 길이와 기울기가 같다.
② **둥근지붕형** : 전체 외관을 둥굴게 만든 온실이다.
④ **더치라이트형** : 양지붕형의 양쪽의 측벽을 바깥쪽으로 다소 경사지게 지은 온실이다.

55 정답 ①

대들보는 왕도리라고도 하는데, 용마루 위에 놓이는 수평재를 말한다.

② **서까래** : 왕도리, 중도리 및 갖도리 위에 걸쳐 고정하는 사재이다.
③ **중도리** : 왕도리와 갖도리 사이에 설치되어 서까래를 받치는 수평재이다.
④ **갖도리** : 일명 처마도리라고도 하는데, 측벽 기둥의 상단을 연결하는 수평재이다.

56 정답 ③

환경조각은 환경과 조화를 이루고 공간의 흥미를 높이며, 분위기를 쾌적하게 만드는 것을 말한다.

57 정답 ①

기능성 광파장변환필름은 피복자재에 형광물질을 혼입시켜 식물생육에 낮은 파장을 광합성 효율이 높은 파장으로 변화시킨 필름이다.

58 정답 ③

접붙이기는 어미나무의 특성을 지니는 묘목을 양성할 수 있고 결실 연령을 단축시키며, 환경 적응성과 병해충 저항성을 높이고, 결실률과 과실 품종의 향상을 도모하며, 고접 등을 통해 노목의 품종 갱신도 가능하다.

59 정답 ①

휴면 기간 동안 생장이 정지되는 것은 식물호르몬과 밀접하게 연관되어 있다. 아브시스산과 같은 생장 억제 물질은 휴면

개시와 함께 증가하는 반면, 지베렐린, 옥신, 시토키닌 등과 같은 생장 촉진 물질은 감소한다. 내재 휴면이 완료된 후에는 이들 식물 호르몬의 변화가 반대의 양상을 보인다.

60 정답 ④

아칭법(arching)은 장미의 기부에서 바로 나오는 줄기를 채화모지로 쓰지 않고 벤치 위에 높여진 배지에서 통로 측 밑으로 경사지게 신초를 꺾어 휘어지게 하여 여기에서 광합성을 시켜 영양 생산을 하게하고, 뿌리 윗부분에서 새로 나오는 튼튼한 신초를 자라게 하여 기부 채화하는 방법이다.

조경기능사 필기

Craftsman Landscape Architecture

CRAFTSMAN
LANDSCAPE
ARCHITECTURE

PART 4

빈출 개념 문제 300제

1과목 조경설계
2과목 조경시공
3과목 조경관리

1과목 조경설계

01 다음 중 토성(Soil Texture)에 관한 내용으로 바르지 않은 것은?

① 자갈(gravel)은 물과 염기의 흡착력이 거의 없다.
② 점토 또는 식토(clay)는 표면적이 크므로 토양의 물리 · 화학적 반응을 좌우한다.
③ 미사(silt)는 거친 것은 모래와 비슷한 성질을 지니며, 가는 것은 표면에 점토입자가 부착되는 경향이 있어서 식물생육에 매우 이롭다.
④ 모래(sand)는 양분의 흡착과 관계가 있다.

정답 ④

모래(sand)는 양분의 흡착과는 관계가 없으나 점토 주변에 있으면서 골격 역할을 한다. 또한, 대공극이 많아지므로 통기와 물의 유통을 좋게 하고 경운도 용이해진다.

02 토양을 100~110℃로 가열해도 분리되지 않는 10,000bar(pF 7) 이상인 수분은?

① 중력수 ② 결합수
③ 모세관수 ④ 흡습수

정답 ②

결합수(Bound Water)는 토양입자의 한 구성 성분으로 되어 있는 수분으로서, 결정수 · 화합수라고도 한다. 토양을 100~110℃로 가열해도 분리되지 않는 10,000bar(pF7) 이상인 수분이며, 식물에는 흡수되지 않지만 화합물의 성질에 영향을 준다.

03 다음 중 분자 간 인력에 의하여 토양입자 표면에 흡착된 수분을 무엇이라고 하는가?

① 흡습수 ② 모세관수
③ 결합수 ④ 중력수

정답 ①

흡습수(Hygroscopic Water)는 분자간 인력에 의하여 토양입자 표면에 흡착된 수분이다. '부착수'라고도 하며, 100~110℃에서 8~10시간 가열하면 제거된다.

04 **다음 중 토양입자 사이의 소공극에 모세관력, 표면장력에 의해 유지되는 수분은 무엇인가?**

① 결합수 ② 중력수
③ 흡습수 ④ 모세관수

정답 ④

모세관수(Capillary Water)는 토양입자 사이의 소공극에 모세관력, 표면장력에 의해 유지되는 수분으로서 모관수의 대부분은 지하수(ground-water, underground water)의 상승에 의해 유지된다. 토양입자의 표면 가까이에 있는 모세관수는 내부 모세관수로서 식물에는 거의 이용되지 못한다.

05 **대공극(Macropore)에서 중력에 의하여 흘러내리는 수분은?**

① 모세관수 ② 흡습수
③ 중력수 ④ 결합수

정답 ③

중력수(Gravitational Water)는 대공극(Macropore)에서 중력에 의하여 흘러내리는 수분으로서 자유수(free water)라고도 한다. 대부분 불필요하게 과잉으로 존재하는 수분이며 배수(排水)에 의하여 제거된다.

06 **구조물의 정면에서 본 외적 형태를 무엇이라고 하는가?**

① 입면도 ② 조감도
③ 현황도 ④ 상세도

정답 ①

② **조감도** : 물체를 있는 그대로 스케치한 것을 말한다.
③ **현황도** : 기본 계획 시에 가장 기초로 이용되는 도면을 말한다.
④ **상세도** : 평면도 및 단면도에 잘 나타나지 않은 구조물의 재료, 치수 등의 세부 사항을 표현한 것을 말한다.

07 통상적인 조경수 농장조성을 위한 프로세스로 옳은 것은?

① 목표설정 → 부지선정 → 사업성 분석 → 계획 및 설계 → 대상지 분석과 인허가 → 시공 → 유지관리 → 판매
② 목표설정 → 사업성 분석 → 대상지분석과 인허가 → 부지선정 → 계획 및 설계 → 시공 → 유지관리 → 판매
③ 목표설정 → 부지선정 → 대상지분석과 인허가 → 계획 및 설계 → 사업성 분석 → 시공 → 유지관리 → 판매
④ 목표설정 → 사업성 분석 → 부지선정 → 대상지분석과 인허가 → 계획 및 설계 → 시공 → 유지관리 → 판매

정답 ③

통상적인 조경수 농장조성을 위한 프로세스는 목표설정 → 부지선정 → 대상지분석과 인허가 → 계획 및 설계 → 사업성 분석 → 시공 → 유지관리 → 판매이다.

08 다음 시방서의 작성 요령에 대한 설명으로 틀린 것은?

① 재료의 품목을 명확하게 규정한다.
② 표준시방서는 공사시방서를 기본으로 작성한다.
③ 설계 도면의 내용이 불충분한 부분은 보충 설명한다.
④ 설계 도면과 시방서의 내용이 상이하지 않도록 한다.

정답 ②

공사시방서는 표준시방서 및 전문시방서를 기본으로 하여 작성하되, 공사의 특수성 · 지역여건 · 공사방법 등을 고려하여 작성한다.

09 다음 중 계획 시 반영되는 표준치(standard)의 설명 중 옳지 못한 것은?

① 계획이나 의사결정 과정에서 지침 또는 기준이 된다.
② 목표의 달성 정도를 평가하는데 도움이 된다.
③ 여가시설의 효과도(effectiveness)를 판단하는데 도움이 된다.
④ 방법론적으로 우수하며, 확실성이 있다.

정답 ④

방법론적으로 애매하다는 단점이 있다.

10 다음 중 동선계획에서 고려되어야 할 내용과 거리가 먼 것은?

① 부지 내 전체적인 동선은 가능한 막힘이 없도록 계획한다.
② 주변 토지이용에서 이루어지는 행위의 특성 및 거리를 고려하여 적절하게 통행량을 배분한다.
③ 기본적인 동선 체계로 균일한 분포를 갖는 격자형과 체계적 질서를 가지는 위계형으로 구분할 수 있다.
④ 도심지와 같이 고밀도의 토지이용이 이루어지는 곳은 위계형 동선이 효율적이다.

정답 ④

도심지와 같이 고밀도의 토지이용이 이루어지는 곳은 격자형이 효율적이다.

11 형광등 아래서 물건을 고를 때 외부로 나가면 어떤 색으로 보일까 망설이게 된다. 다음 중 이처럼 조명광에 의하여 물체의 색을 결정하는 광원의 성질은?

① 색온도　　② 발광성
③ 연색성　　④ 색순응

정답 ③

연색성(演色性)은 광원에 따라 물체의 색감에 영향을 주는 현상이다. 예를 들면 백열전구의 연색성은 적황색이 많기 때문에 따뜻한 빛 계통의 물건을 비추면 색채가 훨씬 밝아 보이고, 형광등의 빛은 푸른 부분이 많으므로 흰빛이나 차가운 빛 계통의 물건을 뚜렷하게 보이게 한다.

12 다음 중 학교조경 계획 시 고려사항으로 가장 거리가 먼 것은?

① 일조는 겨울철 기준으로 적어도 4시간 이상 얻을 수 있도록 한다.
② 학생들의 이해를 돕기 위해 식생관련 안내 표찰 설치를 검토한다.
③ 교목위주의 수목식재를 설계하고 기존의 성상이 양호한 대형 수목은 존치시킨다.
④ 시설물 설치는 최대한 다양하게 설치한다.

정답 ④

학교조경 계획 시 고려사항으로 시설물 설치는 최대한 간단하게 설치한다.

13 **다음 중 모멘트(moment)에 대한 설명으로 옳지 않은 것은?**

① 모멘트랑 힘의 어느 한 점에 대한 회전 능률이다.
② 모멘트 작용점으로부터 힘까지의 수선거리를 모멘트 팔이라 한다.
③ 회전방향이 시계방향일 때의 모멘트 부호는 정(+)으로 한다.
④ 크기와 방향이 같고 작용선이 평행한 한 쌍의 힘을 우력이라 한다.

정답 ④

우력(偶力)은 물체에 작용하는 크기가 같고 방향이 반대인 평행한 두 힘을 말한다.

14 **다음 중 옥외조명에 사용되는 광원으로서 상대적으로 연색성이 높지만 에너지 효율성이 낮고 램프수명이 짧은 것은?**

① 고압나트륨등 ② 백열등
③ 수은등 ④ 메탈할라이드등

정답 ②

백열등은 LED와 형광등과 비교하면 가장 (램프)수명이 짧은 편이다. 하지만, 부드럽고, 은은하게 공간을 밝혀 로맨틱한 분위기를 그려내기에 적합하다.

15 **지질도에서 다음 그림과 같이 나타났을 경우 암석층 A의 경사각 표현으로 가장 적합한 것은?**

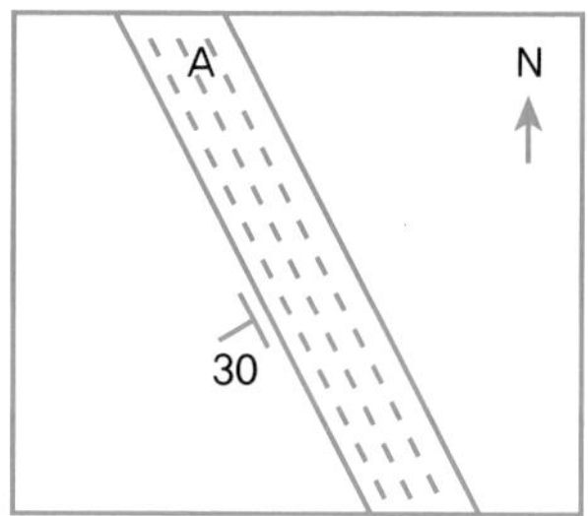

① 수평면으로부터 30° 기울어졌다.
② 수직면으로부터 좌측으로 30° 기울어졌다.
③ 지표면으로부터 30° 기울어졌다.
④ 정북(北)으로부터 좌측으로 30° 기울어졌다.

정답 ①

지질도에서 30의 의미는 암석층 A의 수평면에 대한 경사각이다.

16 **다음 중 관람자가 고정된 위치에서 보았을 때 대상 경관이 회화적 구도를 가지도록 정적인 설계를 하는 시각 구조 조작기법을 무엇이라 하는가?**

① 착시(illusion) ② 여과(filter)
③ 은폐(camouflage) ④ 틀 짜기(frame)

정답 ④

통상 초점이 있는 경관을 더욱 강조해 준다. 관찰자의 시선을 틀 속으로 집중하게 한다. 그림의 틀과 같은 효과를 갖는다.

17 **다음 중 뉴어바니즘(New Urbanism)의 계획이념과 가장 거리가 먼 것은?**

① 도로가 서로 연결된 계획
② 보행자를 최대한 고려한 계획
③ 동일한 주거형태를 이용하여 지역의 명료성을 강조하는 계획
④ 모든 요소를 종합하여 단지의 조화와 유지를 위해 강력한 디자인 코드를 사용하는 계획

정답 ③

뉴어바니즘의 계획이념은 무분별한 도시의 팽창, 난개발에 문제의식을 두고 생긴 대안마련을 위한 도시개발운동으로 지역의 명료성을 강조하는 것과는 거리가 멀다.

18 **다음 중 횡선식 공정표(bar chart)의 특징이 아닌 것은?**

① 작성하기 쉽다.
② 작업 상호관계가 분명하다.
③ 각 공종별 공사와 전체의 공정시기 등이 일목요연하다.
④ 공사 진척 사항을 기입하고 예정과 실시를 비교하면서 관리할 수 있다.

정답 ②

네트워크 공정표에 관한 설명이다.

19 암석 분류 중 화성암에 속하지 않는 것은?

① 석회암 ② 현무암
③ 섬록암 ④ 안산암

정답 ①

석회암은 퇴적암에 해당한다.
- **화성암** : 화강암, 안산암, 현무암, 섬록암 등
- **퇴적암** : 응회암, 사암, 점판암, 혈암, 석회암 등
- **변성암** : 편마암, 대리석, 사문암, 결절편암 등

20 다음 재해의 발생형태 중 재해자 자신의 움직임 · 동작으로 인하여 기인물에 부딪히거나, 물체가 고정부를 이탈하지 않은 상태로 움직임 등에 의하여 발생한 경우를 무엇이라 하는가?

① 비래 ② 전도
③ 충돌 ④ 협착

정답 ③

① **비래** : 날아오는 물건, 떨어지는 물건 등이 주체가 되어서 사람에 부딪쳤을 경우
② **전도** : 사람이 바닥 등의 장애물 등에 걸려 넘어지거나 환경적 요인으로 미끄러지는 경우
④ **협착** : 기계의 사이에 신체 또는 신체 일부가 끼이는 것

21 조경계획 수립과정을 순서별로 나열한 것으로 올바른 것은?

① 기본전제 → 자료수집(조사) → 분석 → 종합 → 기본구상 → 대안 → 기본계획
② 기본전제 → 분석 → 자료수집(조사) → 기본구상 → 종합 → 대안 → 기본계획
③ 자료수집(조사) → 종합 → 분석 → 기본구상 → 기본전제 → 대안 → 기본계획
④ 자료수집(조사) → 분석 → 종합 → 기본전제 → 기본구상 → 대안 → 기본계획

정답 ①

조경계획 수립과정을 순서별로 나열하면 기본전제 → 자료수집(조사) → 분석 → 종합 → 기본구상 → 대안 → 기본계획이다.

22 다음 중 어떤 물체나 표면에 도달하는 광(光)의 밀도(密度)를 무엇이라 하는가?

① 휘도(brightness)　② 조도(illuminance)
③ 촉광(candle-power)　④ 광도(luminous intensity)

정답 ②

조도는 단위 면적이 단위 시간에 받는 빛의 양 즉, 물체 또는 표면 등에 도달하는 광의 밀도를 말한다. 조도는 광원의 광도에 비례하고, 광원으로부터의 거리에 반비례한다.

① **휘도** : 광원 면에서 어느 방향의 광도를 그 방향에서의 투영면적으로 나눈 것을 말한다.
③ **촉광** : 빛의 광도 단위를 말한다.
④ **광도** : 빛의 진행방향에 수직한 면을 통과하는 빛의 양을 말한다.

23 다음 중 연색성은 좋지 못하나 열효율이 대단히 높고 물상의 분해 능력이 우수하며, 안개 속에서 투시성이 좋아 산악도로, 터널 등에 적합한 것은 무엇인가?

① 형광등　② 고압수은등
③ 저압나트륨등　④ 백열등

정답 ③

① **형광등** : 효율이 가장 높은 색깔은 녹색이고, 가장 낮은 색깔은 적색이다. 또한, 형광체에 따라 원하는 색광을 얻을 수 있으며 효율이 높다.
② **고압수은등** : 옥외조명용, 영화 촬영 및 영사용, 투광기에 적당하며, 효율과 광색이 좋고 용량이 크므로 가로조명, 공장조명용으로도 사용된다.
④ **백열등** : LED와 형광등과 비교하면 가장 수명이 짧은 편이다. 하지만, 부드럽고, 은은하게 공간을 밝혀 로맨틱한 분위기를 그려내기에 적합하다. 다이닝 룸이나 서재, 미디어 룸 등에 많이 사용되는 편이다.

24 다음 중 아황산가스의 식물체 내 유입은 주로 어느 곳을 통하는가?

① 기공　② 통도조직
③ 해면조직　④ 책상조직

정답 ①

아황산가스의 경우 식물에 미치는 영향으로는 기공을 통해 이루어지는데, 이때 기공을 통한 가스의 식물체 내 유입속도가 동화속도보다 빠를 경우 세포 내에 축적되어 발생하게 된다.

25 **다음 중 전기, 전화, 상 · 하수도, 가스 등의 공급 처리 시설에 관계되는 계획은 다음 중 어디에 해당되는가?**

① 시설물배치계획 ② 시설물세부계획
③ 하부구조계획 ④ 하부시설계획

정답 ③

하부구조계획은 조경계획의 과정 중 기본계획의 하나로써 이러한 하부구조계획은 공급처리 시설(전기, 전화, 상하수도, 가스 등)들을 지하로 매설함으로써 안정성, 보수의 용이성을 추구한다.

26 **다음 중 생태적 결정론(ecological determinism)을 주장하여 조경 계획 및 설계에 있어 생태적 계획의 이론적 기초가 되도록 한 사람은 누구인가?**

① Ian McHarg ② J.O.Simonds
③ Lawrece Halprin ④ Robert Sommer

정답 ①

Ian McHarg는 환경계획에서 생태적 결정론을 주장한 것으로 생태적 결정론은 생태적 제 현상들이 우리들이 지각하는 물리적 형태로 표현되며 이 제 현상들이 형태를 지배하는 것을 의미한다.

27 **다음 중 생태계획에서 고려하는 원리로 가장 부적합한 것은 무엇인가?**

① 생태계의 폐쇄성
② 생태계 구성요소들 사이의 연결성
③ 생태적 다양성과 추이대(ecotone)
④ 에너지 투입과 물질저장의 제한성

정답 ①

생태계획에서 고려하는 원리로는 생태계 구성요소들 사이의 연결성, 생태적 다양성과 추이대, 에너지 투입과 물질저장의 제한성 등이 있다.

28 **산림속의 빨간 벽돌집은 선명하고 아름답게 보인다. 이는 무슨 대비인가?**

① 색상대비 ② 명도대비
③ 채도대비 ④ 보색대비

정답 ④

① **색상대비** : 일정한 색이 인접한 색의 영향을 받아서 색상이 달라져 보이는 현상
② **명도대비** : 밝기가 다른 두 색이 서로의 영향으로 인해 밝은 색은 더 밝게, 어두운 색은 더 어둡게 보이는 현상
③ **채도대비** : 주변에 놓여진 색의 정도에 따라 더 맑게, 또는 더 탁하게 보이는 현상

29 **다음 중 도시 이미지를 분석해 보면 관찰자에게 두 가지 단계의 경계나 연속적인 요소를 직선적으로 분리하는 요소가 눈에 뜨이게 된다. 이에는 해안, 철도변, 벽 등이 포함될 수 있겠는데 이러한 요소를 케빈린치는 무엇이라 부르고 있는가?**

① 모서리(Edges) ② 통로(Paths)
③ 지역(Districts) ④ 결절점(Nodes)

정답 ①

모서리는 지역과 지역을 갈라놓거나 관찰자가 통행이 단절되는 부분을 말한다. (관악산, 북한산, 강 등)
② **통로** : 연속성과 방향성을 주는 것을 말한다. (길, 고속도로 등)
③ **지역** : 용도 면에서 분류한 것을 말한다. (중심지역, 상업지역 등)
④ **결절점** : 도로의 접합점을 말한다. (광장, 로터리 등)

30 **정면, 평면, 측면을 하나의 투상도에서 동시에 볼 수 있도록 3개의 모서리가 각각 120°를 이루게 그리는 도법은?**

① 경사 투상도 ② 등각 투상도
③ 유각 투상도 ④ 평행 투상도

정답 ②

등각 투상도는 3면(정면, 평면, 측면)을 하나의 투상면 위에 동시에 볼 수 있도록 표현된 투상도이며, 밑면의 모서리 선은 수평선과 좌우 각각 30°씩 이루며, 세 축이 120°의 등각이 되도록 입체도로 투상한 것을 의미한다.
① **경사 투상도** : 면이 모두 기면과 화면에 기울어진 투상도를 의미한다.
③ **유각 투상도** : 인접한 두 면 가운데 윗면은 기면에 평행하고 다른 면은 화면에 경사진 투상도를 의미한다.
④ **평행 투상도** : 인접한 두 면이 각 화면과 기면에 평행한 때의 투상도를 의미한다.

31 다음 중 시방서의 종류가 아닌 것은?

① 표준시방서 ② 전문시방서
③ 공사시방서 ④ 기준시방서

정답 ④

① **표준시방서** : 시설물의 안전 및 공사시행의 적정성 및 품질확보 등을 위해 시설물별로 정한 표준적인 시공기준으로 발주청 또는 설계 등의 용역업자가 공사시방서를 작성할 때 활용하기 위한 시공기준이다.
② **전문시방서** : 시설물별 표준시방서를 기본으로 모든 공종을 대상으로 하여 특정 공사의 시공 또는 공사시방서의 작성에 활용하기 위한 종합적인 시공기준이다.
③ **공사시방서** : 공사에 활용되는 재료, 설비, 시공체계, 시공기준 및 시공기술 등에 대한 기술설명서와 이에 적용되는 행정명세서로써 설계도면에 대한 설명 또는 설계도면에 기재하기 어려운 기술적인 사항을 표시해 놓은 도서를 말한다.

32 다음 중 하도급업체의 보호육성차원에서 입찰자에게 하도급자의 계약서를 입찰서에 첨부하도록 하여 덤핑입찰을 방지하고 하도급의 계열화를 유도하는 입찰방식은?

① 부대입찰 ② 내역입찰
③ 제한경쟁입찰 ④ 제한적 평균가 낙찰제

정답 ①

② **내역입찰** : 입찰서 총액에 산출내역을 첨부한 입찰을 말한다. 즉, 발주기관이 미리 공종별 목적물 물량내역을 표시하여 배부한 내역서(물량내역서)에 입찰자가 단가와 금액을 기재한 입찰금액 산출 내역서를 입찰 시에 입찰서와 함께 제출하는 것이다.
③ **제한경쟁입찰** : 국가가 계약을 체결함에 있어서 입찰 참가자의 자격을 사전에 제한하여 해당 자격을 갖춘 자로 하여금 경쟁 입찰에 붙여서 그 중 국가에 유리한 조건을 제시한 자와 계약을 체결하는 방법을 말한다.
④ **제한적 평균가 낙찰제** : 정부공사입찰에 있어 예정가격의 85%이상에서 예정가격사이로 입찰한 업자의 평균가격에서 아래로부터 가장 가까운 입찰금액을 제시한 업자를 낙찰자로 결정하는 방식을 말한다.

33 다음 설계도의 종류 중에서 3차원의 느낌이 가장 실제의 모습과 가깝게 나타나는 것은?

① 입면도 ② 평면도
③ 투시도 ④ 상세도

정답 ③

투시도는 가장 널리 알려진 원근법으로 '소실점을 정해 그 곳에 모인 선을 기준으로 그린다'는 것으로 공간의 깊이와 원근감을 표현할 수 있는 도법이며, 3차원의 느낌이 가장 실제의 모습과 가깝게 나타난다.

① **입면도** : 건물을 정면으로 바라본 것을 표현한 것으로 건축물의 외부를 표현하기 위한 도면을 말한다.
② **평면도** : 자와 컴파스를 이용하여 2차원 형상을 작도하는 방법을 말한다.
④ **상세도** : 건축 · 선박 등에서 축도(縮圖)를 그렸을 때, 그 일부를 축척(縮尺)을 바꾸어 형상 · 치수 · 구조를 명시하기 위해 사용되는 도면의 하나를 말한다.

34 다음 중 수용성 방부재가 아닌 것은?

① 플르오르화 나트륨 용액 ② 염화아연 용액
③ 아스팔트 ④ 염화제이수은 용액

정답 ③

아스팔트는 유용성 방부재에 속한다.

35 다음 중 도형의 색이 바탕색의 잔상으로 나타나는 심리보색의 방향으로 변화되어 지각되는 대비효과를 무엇이라고 하는가?

① 색상대비 ② 명도대비
③ 채도대비 ④ 동시대비

정답 ①

색상대비는 일정한 색이 인접한 색의 영향을 받아서 색상이 달라져 보이는 현상이다. 즉, 색상환에서 서로 인접해 있는 색은 서로 밀어내는 경향이 강하기 때문에 서로 색상 차이가 크게 보이게 된다.

36 다음 중 어떤 두 색이 맞붙어 있을 때 그 경계 언저리에 대비가 더 강하게 일어나는 현상을 무엇이라고 하는가?

① 연변대비　　② 면적대비
③ 보색대비　　④ 한난대비

정답 ①

연변대비는 인접한 경계 면이 다른 부분보다 더 강한 컬러, 명도, 채도 대비를 나타내는 것을 말한다.
② **면적대비** : 색채가 면적비에 따라 다르게 느껴지는 차이를 말한다.
③ **보색대비** : 먼셀의 색상환에서 서로 마주보는 위치에 있는 컬러를 말한다.
④ **한난대비** : 따뜻한 색은 더 따뜻하게, 차가운 색은 더 차갑게 보이게 하는 현상을 말한다.

37 수경시설(폭포, 벽천, 실개울 등) 설계고려 사항 중 틀린 것은?

① 실개울의 평균 물깊이는 3~4cm 정도로 한다.
② 분수는 바람에 의한 흩어짐을 고려하여 주변에 분출높이의 2배 이하의 공간을 확보한다.
③ 실개울은 설계대상 공간의 어귀나 중심광장 · 주요 조형요소 · 결절점의 시각적 초점 등으로 경관효과가 큰 곳에 배치한다.
④ 콘크리트 등의 인공적인 못의 경우에는 바닥에 배수시설을 설계하고, 수위조절을 위한 월류(over flow)를 반영한다.

정답 ②

분수의 경우 수조의 너비는 분수 높이의 2배, 바람의 영향을 크게 받는 지역은 분수 높이의 4배로 한다.

38 다음 중 여러 가지 파장의 빛이 유사한 강도를 갖고 고르게 섞여 있을 때 나타나는 색은?

① 보색　　② 백색
③ 유채색　　④ 병치혼색

정답 ②

① **보색** : 색상환에서 서로 반대쪽에 있는 색으로 색상 거리가 가장 멀고, 색상 차이가 크며, 서로 마주보고 있는 색이다.
③ **유채색** : 무채색을 제외한 모든 색으로 색의 3속성인 색상, 명도, 채도를 모두 가지고 있다.
④ **병치혼색(병치혼합)** : 직물, 모자이크 등과 같이 색을 교대로 놓고 멀리서 보았을 때 혼합된 것처럼 보이는 현상을 말한다.

39 **다음 중 측량의 3대 요소가 아닌 것은 무엇인가?**

① 각측량 ② 고저측량
③ 거리측량 ④ 세부측량

정답 ④

측량의 3대 요소로는 각측량, 고저측량, 거리측량 등이 있다.

40 **콘크리트재 유희시설의 콘크리트나 모르타르에 미관을 위한 재도장은 얼마의 기간을 두고 하는 것이 적당한가?**

① 1년 ② 3년
③ 5년 ④ 8년

정답 ②

콘크리트재 유희시설의 콘크리트나 모르타르에 미관을 위한 재도장은 3년을 두고 하는 것이 적당하다.

41 **주차장 설계 시 고려해야 할 사항과 가장 관련이 없는 것은?**

① 지역의 특성 ② 차량의 노후
③ 도로교통의 상황 ④ 시설지의 수용인원

정답 ②

주차장 설계 시 차량의 노후는 고려할 필요가 없다.

42 다음 중 시공계획 작성의 내용에 포함되지 않는 것은?

① 안전계획 ② 조경계획
③ 노무계획 ④ 공정계획

정답 ②

조경계획은 시공계획 작성의 내용에 포함되지 않는다.

43 다음 중 식재 설계 시 고려되는 물리적 요소인 것은?

① 조화 ② 색채
③ 통일 ④ 스케일

정답 ②

색채는 물리적 요소에 속한다. ①, ③, ④는 미적 요소에 속한다.

44 다음 중 식재설계 과정으로 올바른 것은?

① 부지분석 → 식재기능선정 → 식물선정 → 설계작업
② 식재기능선정 → 부지분석 → 식물선정 → 설계작업
③ 식물선정 → 부지분석 → 식재기능선정 → 설계작업
④ 부지분석 → 식물선정 → 설계작업 → 식재기능선정

정답 ①

식재설계 과정은 '부지분석 → 식재기능선정 → 식물선정 → 설계작업' 순서이다.

45 다음 중 아파트 조경계획의 진행과정이 적합하게 연결된 것은?

① 적지선정 → 단지분석 → 시설배치와 식재계획 → 구획과 토지이용계획 → 실시설계
② 단지분석 → 적지선정 → 시설배치와 식재계획 → 구획과 토지이용계획 → 실시설계
③ 적지선정 → 단지분석 → 구획과 토지이용계획 → 시설배치와 식재계획 → 실시설계
④ 단지분석 → 적지선정 → 구획과 토지이용계획 → 시설배치와 식재계획 → 실시설계

정답 ③

아파트 조경계획의 진행과정은 '적지선정 → 단지분석 → 구획과 토지이용계획 → 시설배치와 식재계획 → 실시설계' 순서이다.

46 구조물 전체의 개략적인 모양을 표시하는 도면으로 구조물 주위의 지형주물을 표시하여 지형과 구조물과의 연관성을 명확하게 표현하는 도면은?

① 구조도　② 측량도
③ 설명도　④ 일반도

정답 ④

일반도는 구조물 전체의 개략적인 모양을 표시하는 도면으로 구조물 주위의 지형주물을 표시하여 지형과 구조물과의 연관성을 명확하게 표현하는 도면이다.

47 조경설계기준에서는 계단이 높이 2m를 넘는 계단에는 몇 m 이내마다 당해 계단의 유효폭 이상의 폭으로 계단참을 두는가?

① 1m　② 2m
③ 3m　④ 4m

정답 ②

조경설계기준에서는 계단이 높이 2m를 넘는 계단에는 2m 이내마다 당해 계단의 유효폭 이상의 폭으로 계단참을 두도록 규정하고 있다.

48 다음 중 순공사원가(순공사비) 항목에 해당되지 않는 것은?

① 경비　② 재료비
③ 노무비　④ 일반관리비

정답 ④

일반관리비는 순공사원가에 포함되지 않는다.
순공사원가는 '재료비+노무비+경비+부가가치세'이다.

49 조경공사의 공정계획을 수립할 때 가장 큰 영향을 끼치는 변수 요인은?

① 기계장비의 조달　② 기상조건
③ 식물재료의 조달　④ 노무인력

정답 ②

조경공사 공정계획 수립 시 변수 요인은 세부적으로 조경공사 적정 공사 기간, 세부 공정 유형 구분, 기후 여건 등 비작업일 영향요인을 주 대상으로 하고 있으나 기후변화의 경우, 조경공사뿐만 아니라 주택건설공사 전체에 대한 공통 영향요인으로 작용하는 변수 요인이다.

50 기성고 누계곡선의 일반적인 형태는?

① S자형　　② T자형
③ C자형　　④ V자형

정답 ①

기성고 누계곡선의 일반적인 형태는 S자형이다.

51 계획 설계과정 중 단지분석, 법규검토, 제한요소 검토, 잠재요소 검토는 어느 단계에서 이루어지는가?

① 용역발주　　② 조사
③ 분석　　④ 종합

정답 ③

단지분석, 법규검토, 제한요소 검토, 잠재요소 검토는 분석 단계에서 이루어진다.

52 다음 중 조경계획 과정으로 올바른 것은?

① 자료분석 → 목표설정 → 기본계획 → 기본설계 → 실시설계 → 시공 및 감리 → 유지관리
② 목표설정 → 자료분석 → 기본계획 → 기본설계 → 실시설계 → 시공 및 감리 → 유지관리
③ 목표설정 → 자료분석 → 기본계획 → 기본설계 → 실시설계 → 유지관리 → 시공 및 감리
④ 자료분석 → 목표설정 → 기본계획 → 실시설계 → 기본설계 → 시공 및 감리 → 유지관리

정답 ②

조경계획 과정은 목표설정 → 자료분석 → 기본계획(master plan) → 기본설계 → 실시설계 → 시공 및 감리 → 유지관리로 이루어진다.

53 설계, 제조, 시공 등 도면으로 나타낼 수 없는 사항을 문서로 적어서 규정하고 있는 것은?

① 일위대가표 ② 품셈
③ 시방서 ④ 랜드마크

정답 ③

시방서는 설계, 제조, 시공 등 도면으로 나타낼 수 없는 사항을 문서로 적어서 규정한 것으로 표준시방서(조경공사 시행의 적정을 기하기 위한 표준을 명시) 및 특기시방서(해당 공사만의 특별한 사항 및 전문적인 사항을 기재, 표준 시방서에 우선함)로 구분된다.

54 식재 기반 조성 기준에 있어서 관목에 해당하는 것은?

① 토심 15~30cm 이상 ② 토심 30~60cm 이상
③ 토심 60~90cm 이상 ④ 토심 90~150cm 이상

정답 ②

관목은 토심 30~60cm 이상을 말한다.

55 다음 제도용구 중에서 곡선을 그리는데 사용하기 가장 부적합한 도구는?

① 운형자 ② 템플릿
③ 자유곡선자 ④ 팬터그래프

정답 ④

팬터그래프는 사전에 그려진 도면을 축소, 확대해 그리거나 오려내는 데 많이 활용한다.

① **운형자** : 모양이 구름의 형상으로 원 이외의 곡선을 긋는데 사용한다.
② **템플릿** : 조경설계에서 수목을 표현할 때 원형템플릿을 많이 사용한다.
③ **자유곡선자** : 자유로이 구부린 채로 곡선을 그을 때 사용한다.

56 **다음 목재의 강도 중 가장 높은 강도는?**

① 전단강도 ② 압축강도
③ 휨강도 ④ 인장강도

정답 ④

목재의 강도의 순서는 인장강도 > 압축강도 > 휨강도 > 전단강도이다.

57 **색채는 감정을 불러일으키는 직접적인 요소를 말한다. 다음 중 나머지 셋과 다른 하나는?**

① 후퇴 ② 온화
③ 전진 ④ 친근

정답 ①

- 색채의 따뜻한 색 : 전진, 정열, 온화, 친근 등
- 색채의 차가운 색 : 후퇴, 지적, 냉정, 상쾌 등

58 **제초제 사용의 장점이 아닌 것은?**

① 기계화를 쉽게 함
② 노동경합 문제 해결
③ 단위면적당 수량성 증대
④ 병이나 해충의 서식지 제거로 병해충 발생이 늘어남

정답 ④

병이나 해충의 서식처인 잡초를 제거함으로서 병 · 해충 발생이 줄어든다.

59 작물과 잡초간의 경합 대상이 아닌 것은?

① 공간　② 영양소
③ 빛　④ 수량

정답 ④

경합대상은 영양소, 빛, 공간, 수분 등이 있으며, 경합에 의해 수량이 결정된다.

60 다음 중 조형 인지 3요소에 해당하지 않는 것은?

① 색　② 형
③ 빛　④ 점

정답 ④

조형 인지 3요소에는 색, 형, 빛이 있다.

61 다음 중 먼셀의 색 입체를 위에서 아래로 수직으로 자른 단면을 무엇이라고 하는가?

① 등채도면　② 등명도면
③ 등색상면　④ 정답 없음

정답 ③

등색상면은 색 입체를 위에서 아래로 수직으로 자른 단면을 말한다. 무채색을 중심으로 보색관계인 두 색의 등색상면이 나타난다.

① **등채도면** : 명도축과 같은 거리의 원통으로 자른 면을 말한다.
② **등명도면** : 색 입체를 수평으로 자르면 각 색상의 명도가 같은 색이 나타난다. 중심은 무채색이고 색상환의 순서대로 배열된다.

62 다음 제도용구에 관한 내용 중 옳지 않은 것은?

① 제도기는 정원을 설계할 시에는 컴퍼스와 디바이더를 주로 사용한다.
② 제도용지의 경우 조경기능사 제도용지는 B4 크기를 사용한다.
③ 연필의 경우에는 샤프와 홀더를 많이 사용한다.
④ 삼각 축척은 1/100~1/600의 축척눈금이 있으며 축척에 맞추어 길이를 재는 데 사용한다.

정답 ②

제도용지의 경우 조경기능사 제도용지는 A3 크기를 사용한다.

63 다음 중 정투상도를 그릴 때의 주의 사항으로 보기 가장 어려운 것은?

① 물체의 정면을 선택할 때에는 물체의 기능이나 외형적인 특징을 가장 잘 나타낼 수 있는 면을 택한다.
② 정면도를 보충하는 우측면도, 좌측면도, 평면도, 저면도, 배면도 등의 투상도 수는 될 수 있는 대로 적게 하고, 정면도만으로 표시할 수 있는 물체는 다른 투상도를 생략한다.
③ 입화면, 평화면, 측화면 등의 투상면을 나타내는 선은 그리지 않는다.
④ 측면도는 되도록 파선이 많이 나타나는 쪽을 택하여 그린다.

정답 ④

측면도는 되도록 파선이 적게 나타나는 쪽을 택하여 그린다.

64 리모트 센싱(remote sensing)이란 무엇인가?

① 원격 측정　　② 컴퓨터 설계
③ 정밀 설계　　④ 환경 심리

정답 ①

리모트 센싱이란 해당 대상에 물리적인 접촉 없이 대상의 성질에 관한 정보를 획득하는 방법으로 서로 떨어져 있는 두 물체가 중간 매질을 거치지 않고 원격작용 원리를 이용한 탐측 방법으로서 두 물체를 근원으로 전파해 온 전자파나 음파를 이용하여 상호 간의 성질에 관한 정보를 파악하는 과학적 방법이다.

65 **작물과 잡초 간의 시간적, 공간적 차이에 의한 선택성은 무슨 선택성인가?**

① 생태적 선택성 ② 형태적 선택성
③ 생리적 선택성 ④ 생화학적 선택성

정답 ①

생태적 선택성은 작물과 잡초 간의 시간적(연령), 공간적 차이에 의해 발현되는 선택성을 의미한다.

② **형태적 선택성** : 외부 형태 차이로 발현되는 선택성을 의미한다.
③ **생리적 선택성** : 제초제의 흡수와 이행의 차이에 의한 선택성을 의미한다.
④ **생화화적 선택성** : 동일한 양의 제초제가 흡수되더라도 식물체 내에서 불활성화 시킴으로써 선택성을 발휘하는 것을 의미한다.

66 **조경설계 제도에 쓰이는 명칭 중에서 눈의 높이를 나타내는 것은?**

① H.L ② G.L
③ V.P ④ S.P

정답 ①

H.L은 화면상의 눈의 중심을 통한 선이다.

② G.L : 화면과 그 면이 만나는 선
③ V.P : 무한 원점이 만나는 점
④ S.P : 물체 평면도의 각 점과 정점을 이은 직선

67 **도면을 구분할 시에 용도에 의한 분류에 속하지 않는 것은?**

① 계획도(計劃圖) ② 배치도(配置圖)
③ 제작도(製作圖) ④ 승인도(承認圖)

정답 ②

배치도는 도면의 종류 중 내용에 의한 분류에 해당한다.

68 제초제의 안전사용 대책으로 맞는 것은?

① 농약을 살포할 때는 그동안의 경험으로 살포한다.
② 살포자는 포장지를 잘 읽어보고 건강할 때 살포하여야 한다.
③ 제초제 살포 후에 사용한 분무기는 다음에 사용할 것이므로 안 씻어도 된다.
④ 살포 도중 약액이 피부에 묻어도, 안전하니까 다 끝난 다음에 씻어도 된다.

정답 ②

①, ③, ④는 안전사용대책이 아니다.

69 다음 중 뿌리의 끝에서 생장점을 보호해 주는 조직은?

① 근관　② 근모
③ 근피　④ 내초

정답 ①

뿌리의 끝 부분은 흙을 헤치고 나가야 하기 때문에 뿌리 끝에 있는 생장점은 근관이라는 유조직으로 둘러싸여 보호를 받는다.

70 식물의 노화를 촉진하는 식물호르몬은?

① 옥신　② 지베렐린
③ 시토키닌　④ 에틸렌

정답 ④

식물호르몬 가운데 시토키닌, 옥신, 지베렐린은 노화를 억제하지만 ABA와 에틸렌은 노화를 촉진한다.

71 작물분화의 마지막 단계는?

① 유전적변이 ② 도태
③ 순응 ④ 품종

정답 ④

작물분화의 4단계는 유전적변이 – 도태 – 적응(순화) – 고립(격절, 품종)이다.

72 야생식물이 재배식물로 순화하는 과정에서 변화한 형질은?

① 자식성에서 타식성으로 되었다.
② 종자산포능력이 강화되었다.
③ 종자의 휴면성이 약해졌다.
④ 종자의 발아가 느리고 균일하게 되었다.

정답 ③

야생식물이 재배화되면서 변화한 두드러진 특성은 번식양식을 비롯하여 종자의 휴면성 · 탈립성 · 종자산포능력이 약해졌고, 종자의 발아가 빠르고 균일해졌으며, 원예식물처럼 이용부분이 대형화되었다. 또한 털 · 가시 · 돌기 등과 같은 식물의 방어적구조가 퇴화하거나 소실되었다.

73 토양의 구조 가운데 작물생육에 적합한 구조는?

① 이상구조 ② 입단구조
③ 단립구조 ④ 혼합구조

정답 ②

입단구조는 단일입자가 집합해서 2차입자로 되고, 다시 3차, 4차 등으로 집합해서 입단을 구성하는 입자로 대소공극이 모두 많고, 투수 · 투기, 양수분의 저장 등이 알맞아서 작물생육에 적당하다.

74 작물생육에 알맞는 토양의 3상 분포는?

① 고상 25%, 액상 25%, 기상 50%
② 고상 50%, 액상 30%, 기상 20%
③ 고상 25%, 액상 50%, 기상 25%
④ 고상 50%, 액상 20%, 기상 30%

정답 ②

작물생육에 이상적인 토양의 3상 분포는 고상이 50%, 액상이 30~35%, 기상이 20~25%라고 한다.

75 작물이 자라는 데 가장 적절한 토성은?

① 사토
② 식양토
③ 사양토
④ 양사토

정답 ③

물리적 · 화학적으로 양호한 성질을 갖는 토양은 작물에 따라 다르지만 사양토 또는 양토가 이에 속한다.

76 다음 중 작물의 습해와 가장 관계가 깊은 것은?

① 토양미생물활동 억제
② 이산화탄소 생성
③ 유해물질 생성
④ 무기호흡

정답 ④

과습하여 토양산소가 부족하면 직접피해로서 호흡장해가 생긴다. 호흡장해가 생기면 무기성분(N, P, K, Ca, Mg 등)의 흡수가 저해된다. 식물체가 완전히 물속에 잠기면 산소가 부족하여 무기호흡을 하게 된다.

77 **작물의 재배환경에 따른 T/R율의 변화로 옳은 것은?**

① 토양수분이 적으면 T/R율이 증대된다.
② 질소 시용량이 많으면 T/R율이 감소한다.
③ 토양 통기가 불량하면 T/R율이 감소한다.
④ 일사가 적으면 T/R율이 증대된다.

정답 ④

일사가 적어지면 체내 탄수화물의 축적이 감소하는데 이는 지상부의 생장보다 뿌리의 생장을 더욱 저하시켜 T/R율이 커진다.

78 **도시공원의 세분에 있어서 생활권공원에 속하지 않는 것은?**

① 소공원 ② 어린이공원
③ 근린공원 ④ 문화공원

정답 ④

문화공원은 주제공원에 해당한다.

79 **도시의 자연적 환경을 보전하거나 이를 개선하고 이미 자연이 훼손된 지역을 복원 · 개선함으로써 도시경관을 향상시키기 위하여 설치하는 녹지는?**

① 생산녹지 ② 완충녹지
③ 경관녹지 ④ 연결녹지

정답 ③

경관녹지는 도시의 자연적 환경을 보전하거나 이를 개선하고 이미 자연이 훼손된 지역을 복원 · 개선함으로써 도시경관을 향상시키기 위하여 설치하는 녹지를 말한다.(도시공원 및 녹지 등에 관한 법률 35조)

80 **도시 숲 등 기본계획의 수립에 대한 내용으로 옳지 않은 것은?**

① 산림청장은 도시숲 등을 체계적으로 조성 · 관리하기 위하여 도시숲 등 기본계획을 관계 중앙행정기관의 장과 협의하여 5년마다 수립 · 시행하여야 한다.
② 산림청장은 기본계획의 시행 성과 및 사회적 · 경제적 · 지역적 여건 변화 등을 고려하여 필요한 경우에는 기본계획을 변경할 수 있다.
③ 산림청장은 기본계획을 수립하거나 변경한 때에는 관계 중앙행정기관의 장 및 지방자치단체의 장에게 통보하고 국회 소관 상임위원회에 제출하여야 한다.
④ 산림청장은 기본계획을 수립하거나 변경한 때에는 농림축산식품부령으로 정하는 바에 따라 이를 공표하여야 한다.

정답 ①

산림청장은 도시숲 등을 체계적으로 조성 · 관리하기 위하여 도시 숲 등 기본계획을 관계 중앙행정기관의 장과 협의하여 10년마다 수립 · 시행하여야 한다.

81 **도시 숲 법에 규정된 원상회복명령 등에 대한 내용으로 옳지 않은 것은?**

① 산림청장 또는 지방자치단체의 장은 원상회복명령에 의한 원상회복이 불가능하거나 부적합할 경우에는 해당 행위자에게 원상회복에 소요되는 비용을 징수할 수 있다.
② 비용의 징수 기준 및 환급에 필요한 사항은 농림축산식품부령 또는 지방자치단체의 조례로 정한다.
③ 산림청장 또는 지방자치단체의 장은 원상회복 비용을 납부하여야 하는 자가 지정된 기간에 이를 납부하지 아니하는 때에는 납부 기간을 정하여 독촉하여야 한다.
④ 비용의 납부가 연체되는 경우에도 산림청장 또는 지방자치단체의 장은 가산금을 징수할 수 없다.

정답 ④

비용의 납부가 연체되는 경우 산림청장 또는 지방자치단체의 장은 가산금을 징수할 수 있다.

82 경계식재로 적당하지 않은 것은?

① 호랑가시나무　　② 광나무
③ 박태기나무　　④ 계수나무

정답 ④

계수나무는 지표식재에 해당한다.

83 소나무는 어디에 속하는가?

① 경계식재　　② 경관식재
③ 녹음식재　　④ 방음식재

정답 ②

소나무는 경관식재에 해당한다.

84 다음 중 입체화단에 속하는 것은?

① 노단화단　　② 침상화단
③ 리본화단　　④ 양탄자화단

정답 ①

노단화단은 입체화단에 속한다.
②는 특수화단에 속한다.
③, ④는 평면화단에 속한다.

85 다음 중 평면화단에 속하는 것은?

① 자수화단 ② 기식화단
③ 경재화단 ④ 테라스 화단

정답 ①

자수화단은 평면화단에 속한다. ②, ③은 입체화단에 속한다. ④는 특수화단에 속한다.

86 도시공원의 세분에 있어서 주제공원에 속하지 않는 것은?

① 역사공원 ② 근린공원
③ 수변공원 ④ 체육공원

정답 ②

근린공원은 생활권공원에 해당한다.

87 도시자연공원구역에서의 행위 제한에 대한 내용으로 옳지 않은 것은?

① 도시자연공원구역에서는 건축물의 건축 및 용도변경, 공작물의 설치, 토지의 형질변경, 흙과 돌의 채취, 토지의 분할, 죽목의 벌채, 물건의 적치 또는 「국토의 계획 및 이용에 관한 법률」 제2조 제11호에 따른 도시 · 군계획사업의 시행을 할 수 없다.
② 산림의 솎아베기 등 대통령령으로 정하는 경미한 행위도 허가를 받아야 한다.
③ 허가대상 건축물 또는 공작물의 규모 · 높이 · 건폐율 · 용적률과 허가대상 행위에 대한 허가기준은 대통령령으로 정한다.
④ 도시자연공원구역의 지정 당시 이미 관계 법령에 따라 허가 등을 받아 공사 또는 사업에 착수한 자는 허가를 받은 것으로 본다.

정답 ②

산림의 솎아베기 등 대통령령으로 정하는 경미한 행위는 허가 없이 할 수 있다.

88 도시에서 국민의 보건 · 휴양 증진 및 정서 함양과 체험활동 등을 위하여 조성 · 관리하는 산림 및 수목을 말하는 것은?

① 도시숲　② 마을숲
③ 경관숲　④ 학교숲

정답 ①

도시숲이란 도시에서 국민의 보건 · 휴양 증진 및 정서 함양과 체험활동 등을 위하여 조성 · 관리하는 산림 및 수목을 말하며, 「자연공원법」 제2조에 따른 공원구역은 제외한다.

89 우수한 산림의 경관자원 보존과 자연학습교육 등을 위하여 조성 · 관리하는 산림 및 수목을 말하는 것은?

① 가로수　② 마을숲
③ 경관숲　④ 학교숲

정답 ③

경관숲은 휴양 · 관광지, 하천, 연안 등과 인접한 우수한 산림 경관자원의 보전 · 형성 등을 위해 조성 · 관리하는 산림과 수목을 의미한다.

90 모범 도시 숲 등의 인증에 대한 내용으로 옳지 않은 것은?

① 산림청장은 도시 숲 등의 조성 · 관리를 촉진하고 질적 향상을 위하여 모범적으로 조성 · 관리되고 있는 도시 숲 등에 대하여 인증기관을 지정하여 모범 도시 숲 등으로 인증할 수 있다.
② 정당한 사유 없이 제1항에 따라 지정받은 날부터 1년 이내에 도시 숲 등 인증업무를 시작하지 아니하거나, 1년 이상 운영하지 아니한 경우에는 산림청장은 시정을 명하거나 지정을 취소할 수 있다.
③ 거짓이나 그 밖의 부정한 방법으로 지정을 받은 경우에는 산림청장은 시정을 명하거나 지정을 취소할 수 있다.
④ 인증 기준 및 절차, 인증기관의 지정 · 지정취소 등에 필요한 사항은 농림축산식품부령으로 정한다.

정답 ③

거짓이나 그 밖의 부정한 방법으로 지정을 받은 경우에는 산림청장은 지정을 취소하여야 한다.

91 **관찰의 시선이 경관내의 어느 한점으로 유도되도록 구성된 경관을 의미하는 것은?**

① 지형경관 ② 초점경관
③ 세부경관 ④ 파노라마 경관

정답 ②

① **지형경관** : 지형지물이 경관에서 지배적인 것을 의미한다.
③ **세부경관** : 사방으로 시야가 제한되고 협소한 경관 구성 요소들의 세부적 사항까지도 자각되는 경관을 의미한다.
④ **파노라마 경관** : 시야가 제한을 받지 않고 멀리 트인 경관을 의미한다.

92 **경관의 기본골격을 형성하는 요소가 아닌 것은?**

① 수목에 의한 구성 ② 연못의 형태
③ 연속적 공간의 구성 ④ 구조물의 형태

정답 ③

연속적 공간의 구성은 경관의 연결기법에 해당한다.

93 **통로 연못 주위에 돌을 깔고 돌 사이에 초화류를 식재하여 조화시켜 관상하는 화단은?**

① 기식화단 ② 화문화단
③ 포석화단 ④ 침상화단

정답 ③

① **기식화단** : 광장의 중심부나 동선의 교차점에 위치하도록 하고 중심부 부분은 흙을 높이 쌓고 가장자리를 낮게 하여 입체적으로 보이도록 조성하는 화단을 말하며 모둠화단이라고도 한다.
② **화문화단** : 키가 작고 꽃이 오래 피는 화초류를 활용해 양탄자 무늬처럼 기하학적으로 도안하여 수를 놓은 화단을 의미한다. 흔히 자수화단, 모전화단, 양탄자 화단이라고도 한다.
④ **침상화단** : 평지에 해당하는 지표보다 1m 정도 깊이의 구덩이를 파고 그 속과 둘레에 화단을 만드는 기법으로 감상의 효과가 크고 시각적으로 세련되어 보이는 화단이다.

94 말린 꽃잎 등을 투명 용기에 넣고 색과 향기를 감상하는 것은?

① 그린인테리어 ② 테라리움
③ 비바리움 ④ 포푸리

정답 ④

색깔이 곱고 향기가 있는 말린 꽃잎을 투명 용기에 넣어 색과 향기를 감상하는 것을 포푸리라고 한다.

95 다음 중에서 산성에서 양분 유효도가 높은 것은?

① N ② P
③ K ④ Fe

정답 ④

Fe는 산성에서 용해도가 높아 산성에서 흡수가 잘 된다.

96 다음 조경미의 이론에 대한 내용 중 옳지 않은 것은?

① 반복미는 같은 모양의 조경재료를 일정한 거리의 간격을 두고 반복해서 배열하는 수법이다.
② 운율미는 일정한 간격을 두고 들려오는 소리, 변화하는 색채, 형태, 선 등에서 찾아 볼 수 있다.
③ 점층미는 형태나 선, 빛깔, 음향 등이 점차적으로 증가 또는 감소하는 것을 말한다.
④ 복잡미와 단순미는 인간이 보기에 아름답지 못한 경관의 가치가 없는 곳을 처리하는 방법이다.

정답 ④

복잡미와 단순미는 멀리 보이는 자연풍경인 산이나 바다 또는 섬, 산림, 하천, 강 등을 경관 구성 재료의 일부로 이용하는 방법을 말한다.

97 **안전식재에 관한 내용 중 진입방지식재에 해당하지 않는 것은?**

① 터널 진출입시 시야 적응
② 진입방지를 통한 사고 방지
③ 사람들의 횡단을 막기 위한 식재
④ 야생동물의 도로진입으로 인한 로드 킬 방지

정답 ①

①은 명암순응식재가 가장 필요한 곳에 해당하는 내용이다.

98 **아미드태가 함유된 질소비료는?**

① 황산암모늄 ② 질산암모늄
③ 요소 ④ 염화암모늄

정답 ③

아미드태질소는 우레아제(urease)에 의해 가수분해 되며, 요소비료가 이에 해당한다.

99 **한 식물이 분비하는 물질이 주변 식물의 생장을 저해하는 현상은?**

① 타감작용 ② 회피작용
③ 연작장해 ④ 기지현상

정답 ①

한 식물이 주변의 다른 식물의 생장을 저해하는 것을 타감작용이라고 하며, 이것은 주로 특정 식물이 생산하는 타감 물질이 다른 식물에 영향을 미치기 때문에 나타나는 현상이다.

100 다음 중에서 생리적 산성비료가 아닌 것은?

① 황산암모늄(유안) ② 황산칼륨
③ 염화암모늄 ④ 질산칼슘

정답 ④

생리적 반응은 비료가 녹았을 때의 고유 성분이 아닌 식물 뿌리의 흡수작용 또는 미생물의 작용을 받은 뒤에 토양에 잔존하는 성분에 의해 나타나는 산도를 의미한다. 이때 생리적 반응은 다음과 같다.

- **산성비료** : 황산암모늄, 질산암모늄, 염화암모늄, 황산칼륨, 염화칼륨 등
- **중성비료** : 요소, 과인산석회, 중과인산석회, 석회질소 등
- **염기성비료** : 칠레초석, 용성인비, 토머스인비, 퇴구비, 나뭇재 등

2과목 조경시공

01 **관찰의 시선이 경관내의 어느 한 점으로 유도되도록 구성된 경관을 무엇이라고 하는가?**

① 초점 경관 ② 파노라마 경관
③ 세부 경관 ④ 위요 경관

정답 ①

② **파노라마 경관** : 시야가 제한 받지 않고 멀리 트인 경관을 말한다.
③ **세부 경관** : 사방으로 시야가 제한되고 협소한 경관 구성요소들의 세부적 사항까지도 자각되는 경관을 말한다.
④ **위요 경관** : 수목 경사면 등의 주위 경관 요소들에 둘러 쌓인 경관을 말한다.

02 **경관구성의 기본원칙 중 다양성에 관한 내용으로 옳지 않은 것은?**

① 율동은 동일하거나 유사한 요소가 규칙적 또는 주기적으로 반복하면서 연속적인 운동감을 지니는 것을 말한다.
② 대비는 상이한 질감 형태, 색채를 대조시킴으로서 변화를 두는 것을 말한다.
③ 단순미는 조용하고 변화의 매력이 없다.
④ 착시는 보는 위치, 배치상태, 형태, 속도, 색채 등에 따라 길이, 방향, 위치, 면적, 속도, 색채 등이 실재와 다르게 느껴지는 부정확한 시각의 형태를 말한다.

정답 ③

단순미는 아무 저항 없이 순조롭게 머릿속에 들어올 때 쾌감이 떠오르는 것으로 잔디밭, 일제림, 독립수의 경관 등이 있다.

03 다음 중 멀칭의 목적으로 보기 어려운 것은?

① 토양의 구조개선 ② 무기질 비료의 제공
③ 토양 비옥도 증진 ④ 토양의 굳어짐 방지

정답 ②

멀칭의 목적은 토양수분의 유지, 토양의 비옥도 증진, 토양의 굳어짐 방지, 유기질 비료의 제공, 토양의 구조개선, 잡초발생의 방지, 토양 침식 및 수분 손실의 방지에 있다.

04 다음 중 식재 후 나무가 고사하는 이유로 옳지 않은 것은?

① 기후 조건이 맞는 경우
② 식재 후 나무가 심하게 흔들린 경우
③ 이식 후 전정을 하지 않은 경우
④ 뿌리를 너무 많이 잘라내고 심은 경우

정답 ①

식재 후 나무가 고사하는 이유는 이식적기가 아닌 때 이식한 경우, 이식 후 전정을 하지 않은 경우, 너무 깊게 심은 경우, 토양이 오염되어 불량한 경우, 식재 후 나무가 심하게 흔들린 경우, 식재 후 충분히 물을 주지 않은 경우, 뿌리를 너무 많이 잘라내고 심은 경우, 뿌리 사이에 공간이 있어 바람이 들어가거나 햇볕에 말랐을 경우, 미숙퇴비나 계분을 과다하게 시비했을 경우, 기후조건이 맞지 않은 경우이다.

05 다음 중 판석포장에 관한 내용으로 바르지 않은 것은?

① 줄눈 간격은 1~2cm 정도로 한다.
② 석재타일로 시공할 때에도 판석과 같은 방법으로 시공한다.
③ 판석은 모르타르 위에 포장하는 것이 원칙이나 모르타르는 주지 않으며 모르타르가 있다고 가정하여 작업한다.
④ 판석은 X자 줄눈이 되도록 시공한다.

정답 ④

판석은 Y자 줄눈이 되도록 시공한다.

06 몰(mall)에 대한 내용으로 바르지 않은 것은?

① 풀 몰(full mall)은 자동차의 통행을 완전히 차단하여 포장, 수목, 벤치, 조각, 분수대 등을 설치하는 몰이다.
② 폭이 좁고 길이가 긴 것이 특징이다.
③ 세미 몰(semi mall)은 트랜싯 몰과 비슷하거나 개인차량의 통행을 금지시키지 않고 통과 교통의 속도와 차량접근을 제한하는 몰이다.
④ 트랜싯 몰(transit mall)은 버스나 택시 등 공공 교통수단은 통과시키고 기타 차량의 통행을 제한하는 몰이다.

정답 ②

몰(mall)은 주로 도심부에서 철도역, 공원, 기념광장, 공회당, 간선도로 등 주요 지점을 상호 연결하는 도로로, 폭이 넓고 길이가 짧은 것이 특징이다.

07 다음 중 비탈면 녹화의 재료선정기준으로 바르지 않은 사항은?

① 멀칭재료는 부식이 되는 식물 원료로 가공한 섬유류의 네트류, 매트류, 부직포, PVC 망 등을 사용한다.
② 생태복원용 목본류는 지역고유수종을 사용함을 원칙으로 하고, 종자파종 혹은 묘목식재에 의한 조성이 가능해야 한다.
③ 외래도입 초본류는 발아율, 초기생육 등이 우수하고 초장이 길며, 국내환경에 적응성이 높은 것이어야 한다.
④ 초기에 정착시킨 식물이 비탈면의 자연식생천이를 방해하지 않고 촉진시킬 수 있어야 한다.

정답 ③

외래도입 초본류는 발아율, 초기생육 등이 우수하고 초장이 짧으며, 국내환경에 적응성이 높은 것이어야 한다.

08 심토층 배수에 관한 내용으로 옳지 않은 것은?

① 지층의 성층상태, 투수성 지하수의 상태를 파악하기 위하여 지질도와 항공사진을 검토한다.
② 계절에 따른 지하수높이의 변동을 고려한다.
③ 한랭지에서는 동상에 대한 검토로서 기온 · 토질 · 지중수에 대하여 조사한다.
④ 심토층 배수의 목적은 지표면에서 침투수를 집수하는 것과 지표면 아래의 지하수 높이를 높이는 것 등이다.

정답 ④

심토층 배수의 목적은 지표면에서 침투수를 집수하는 것과 지표면 아래의 지하수 높이를 낮추는 것 등이다.

09 다음 중 배수를 결정하는 요소가 아닌 것은?

① 토양판매　② 토지이용
③ 토양형태　④ 식물피복상태

정답 ①

배수를 결정하는 요소에는 토지이용, 배수지역의 크기, 토양형태, 식물피복상태, 물의 양과 강우강도 등이 있다.

10 다음 목재 건조방법 중 성격이 다른 하나는?

① 열기법　② 증기법
③ 침수법　④ 진공법

정답 ③

침수법은 자연건조법에 해당한다. ①, ②, ④는 인공건조법에 해당한다.

11 다음 전정하지 않는 수종 중 낙엽활엽수가 아닌 것은?

① 수국　② 회화나무
③ 느티나무　④ 동백나무

정답 ④

④는 상록활엽수에 해당한다.

12 **다음 중 목재 시설물의 점검 시 유의하여야 할 항목과 가장 관련이 적은 것은?**

① 이용 목적　② 부재(部材)의 절단
④ 도장(途裝)의 상태　⑤ 부재(部材)의 부패

정답 ①

목재 시설물의 점검항목은 접합 부분, 갈라진 부분, 부패된 부분, 파손된 부분, 도장상태 등이 있다.

13 **다음 재료들 중 표지판의 문자판 또는 지주로 적절하지 않은 재료는?**

① 목재　② 석재
③ 금속재　④ 합성수지재

정답 ④

합성수지재는 내구성이 약해서 문자판과 지주로 사용하기 어렵다.

14 **다음 중 멜루스(Malus)속에 해당되는 식물은?**

① 아그배나무　② 복사나무
③ 팥배나무　④ 쉬땅나무

정답 ①

아그배나무는 Malus sieboldii에 속한다.

② **복사나무** : Prunus persica
③ **팥배나무** : Sorbus alnifolia
④ **쉬땅나무** : Sorbaria sorbifolia

15 다음 중 여름에 꽃을 피우는 수종이 아닌 것은?

① 배롱나무　　② 석류나무
③ 조팝나무　　④ 능소화

정답 ③

조팝나무는 꽃은 4~5월에 피고 백색이다.

① **배롱나무** : 꽃은 양성화로서 7~9월에 붉은색으로 핀다.
② **석류나무** : 꽃은 양성화이고 5~6월에 붉은 색으로 핀다.
④ **능소화** : 꽃은 8~9월경에 피고, 색은 귤색인데 안쪽은 주황색이다.

16 다음 중 시야의 거리감은 추측으로만 판단되고 경계(境界)의식이 뚜렷하지 않는 펼쳐진 경관을 무엇이라고 하는가?

① 지형(feature)경관　　② 전(panoramic)경관
③ 관개(canopied)경관　　④ 초점(focal)경관

정답 ②

전 경관은 시야가 제한을 받지 않고 멀리 트인 경관을 의미한다. (수평선, 지평선 등)

① **지형경관** : 지형지물이 경관에서 지배적인 것을 의미한다.
③ **관개경관** : 수림의 가지와 잎들이 천정을 이루고 수간이 교목의 수관 아래 형성되는 경관을 말한다.
④ **초점경관** : 관찰의 시선이 경관 내 어느 한 점으로 유도되도록 구성된 경관을 의미한다.

17 다음 중 강물이나 계곡 또는 길게 뻗는 도로와 같이 거리가 멀어짐에 따라 점차적으로 그 스스로가 하나의 점으로 변하여 시선을 집중시키는 효과를 갖는 경관을 무엇이라고 하는가?

① 초점 경관　　② 천연 미적 경관
③ 포위된 경관　　④ 세부적 경관

정답 ①

초점경관은 관찰의 시선이 경관 내 어느 한 점으로 유도되도록 구성된 경관을 의미한다.

② **천연 미적 경관(지형경관)** : 지형지물이 경관에서 지배적인 것을 의미한다.
③ **포위된 경관(위요경관)** : 관찰자의 주위에 있는 전경이 포위된 느낌을 자아내는 경관을 의미한다.
④ **세부적 경관** : 사방으로 시야가 제한되고 협소한 경관 구성 요소들의 세부적 사항까지도 자각되는 경관을 의미한다.

18 **다음 중 수목식재가 경관상 매우 중요한 위치일 때의 지주목 설치 유형을 무엇이라고 하는가?**

① 단각형 ② 매몰형
③ 삼발이형 ④ 이각형

정답 ②

매몰형은 경관상 매우 중요한 곳이나 지주목이 통행에 지장을 많이 초래하는 곳에 적용한다.

19 **다음 중 배수 지역이 방대해서 하수를 한 곳으로 모으기 곤란할 경우에 이용되는 배수 계통을 무엇이라고 하는가?**

① 방사식(放射式) ② 선형식(扇形式)
③ 직각식(直角式) ④ 차집식(遮集式)

정답 ①

방사식은 지역이 광대해서 하수를 한 곳으로 배수하기가 곤란할 때 배수지역을 수개 또는 그 이상으로 구분해서 중앙으로부터 방사형으로 배관하여 각 개별로 배제하는 방식이다. 관거의 연장이 짧고, 단면은 작아도 되나 하수처리장의 수가 많아지는 결점이 있다. 중소도시에는 부적당하나 대도시에는 편리할 때가 있는 배치방식이다.

20 **다음 중 특정한 입도를 가진 굵은 골재를 거푸집 속에 채워 넣고 그 공극 속에 특수한 모르타르를 펌프의 적당한 압력으로 주입하여 만든 콘크리트의 종류는?**

① 숏크리트 ② 프리스트레스트 콘크리트
③ 레디믹스트 콘크리트 ④ 프리팩트 콘크리트

정답 ④

① **숏크리트** : 컴프레서 또는 펌프를 활용해 노즐 위치까지 호스 속으로 운반한 콘크리트를 압축공기에 의해 시공면에 뿜어서 만든 콘크리트를 의미한다.
② **프리스트레스트 콘크리트** : 철근 콘크리트 보에 일어나는 인장응력을 상쇄할 수 있도록 미리 압축응력을 준 콘크리트를 의미한다.
③ **레디믹스트 콘크리트** : 정비된 콘크리트 제조설비를 갖춘 공장으로부터 수시로 구입할 수 있는 굳지 않는 콘크리트를 의미한다.

21 **다음 정밀토양도에서의 분류 중 같은 토양통 내에서 같은 토성을 갖는 토양을 말하며, 명명은 토양통 및 토성을 합하여 예를 들어 "예천사양토"와 같이 불리는 것을 무엇이라고 하는가?**

① 토양계　② 토양구
③ 토양상　④ 토양군

정답 ②

토양구는 같은 성질의 토양으로 이루어진 일정한 구역을 의미한다.

22 **근린주구는 공간상의 한계와 사회적 네트워크(social network), 지역시설에 대한 집중적인 이용과 주민들 간의 감성적(感性的) · 상징적(象徵的)인 의미를 지닌 작은 지역이라고 주장한 사람은 누구인가?**

① C.S.Stein　② Ruth Glass
③ G. Golany　④ Suzzane Keller

정답 ③

G. Golany은 근린주구는 공간상의 한계와 사회적 네트워크, 지역시설에 대한 집중적인 이용과 주민들 간의 감성적 · 상징적인 의미를 지닌 작은 지역이라고 주장하였다.

23 **다음 생태복원 관련 용어 중 '완벽한 복원은 아니지만 원래의 자연상태와 유사한 것을 목적으로 하는 것'은 무엇인가?**

① 복구(rehabilitation)　② 개조(remediation)
③ 재생(nature restoration)　④ 향상(enhancement)

정답 ①

② **개조(remediation)** : 건강한 생태계 조성을 위해 생태계를 개조하는 것으로 결과보다는 과정을 중요시 한다.
③ **재생(nature restoration)** : 과거의 잃어버린 자연을 적극적으로 되돌리는 것을 통해 생태계의 건강성을 회복하는 것을 말한다.
④ **향상(enhancement)** : 생태계의 질이나 중요도, 매력 측면에서의 증진을 목표로 하는 것을 의미한다.

24 아래 그림과 같은 쌓기 방식은 무엇인가?

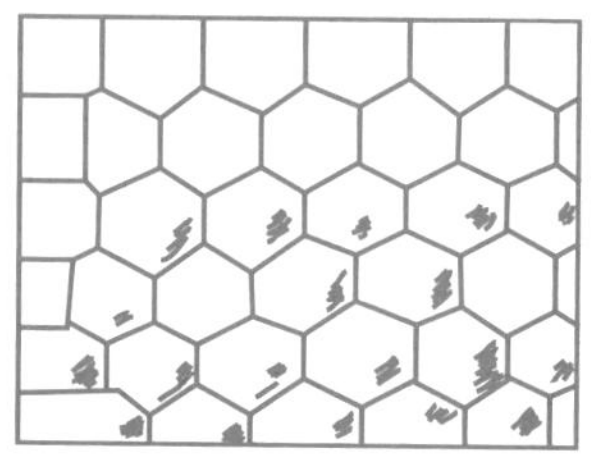

① 통줄눈쌓기 ② 귀갑무늬쌓기
③ 오늬무늬쌓기 ④ 바자무늬쌓기

정답 ②

귀갑무늬쌓기는 석재를 대강 6각형이 되게끔 다듬어 쌓은 것을 의미한다.

25 다음 배수시설의 구조 중 지하배수시설의 구조물이 아닌 것은?

① 맹암거 ② 측구
③ 유공관암거 ④ 배수관거

정답 ②

측구는 비 또는 눈에 의해 생긴 도로면의 물을 배수하기 위하여 도로 양쪽 또는 한쪽 도로에 평행하게 만든 배수구를 말한다.

26 다음 중 일반 조경공사 현장에서 가장 많이 사용하는 시멘트는?

① 조강포틀랜드 시멘트 ② 알루미나 시멘트
③ 보통포틀랜드 시멘트 ④ 실리카 시멘트

정답 ③

전 세계적으로 사용하는 전체 시멘트의 약 90%가 보통 포틀랜드 시멘트라 할 수 있을 정도이며, 어느 곳에든 다량으로 산출되는 원료이므로 제조가 쉽고 품질이 우수하고 가격 또한 저렴해 경제적이다.

27 **다음 철근콘크리트 공사 중 거푸집이 벌어지지 않게 하는 긴장재는?**

① 세퍼레이터(seperator) ② 긴장기(form tie)
③ 스페이서(spacer) ④ 정답 없음

정답 ②

긴장기(form tie)는 거푸집의 간격을 유지하며 벌어지는 것을 방지하는 긴장재이다.

① **세퍼레이터(seperator)** : 거푸집 상호 간의 간격을 유지하게 하는 것이다.
③ **스페이서(spacer)** : 철근이 거푸집에 밀착되는 것을 방지하여 피복간격을 확보하기 위한 간격재이다.

28 **다음 중 토공작업 시 지반면보다 낮은 면의 굴착에 사용하는 기계로 깊이 6m 정도의 굴착에 적당하며, 백호우(back hoe)라고도 불리는 기계를 무엇이라고 하는가?**

① 클램 쉘 ② 드랙 라인
③ 파워 쇼벨 ④ 드랙 쇼벨

정답 ④

드랙 쇼벨은 버킷이 내측으로 움켜서 기계위치보다 낮은 지반, 기초 굴착, 비탈면 절취, 옆도랑파기 등이 활용된다.

① **클램 쉘** : 구조물의 기초 및 우물통과 같은 협소한 장소의 깊은 굴착에 활용되며 단단한 지반은 곤란하다.
② **드랙 라인** : 주로 하상굴착 또는 골재채취 등에 활용된다.
③ **파워 쇼벨** : 버킷이 외측으로 움직여 기계위치보다 높은 지반이나 굳은 지반의 굴착에 활용된다.

29 **다음 중 미리 골재를 거푸집 안에 채우고 특수 혼화제를 섞은 모르타르를 펌프로 주입하여 골재의 빈틈을 메워 콘크리트를 만드는 형식을 무엇이라고 하는가?**

① 서중 콘크리트 ② 프리팩트 콘크리트
③ 프리스트레스트 콘크리트 ④ 정답 없음

정답 ②

프리팩트 콘크리트는 거푸집 안에 사전에 굵은 골재를 채워 넣은 후, 그 공극 속으로 특수한 모르타르를 주입하여 콘크리트를 만드는 공법이다.

① **서중 콘크리트** : 일평균 기온이 25℃를 초과가 예상되는 조건일 때 시공하는 콘크리트를 말한다.
③ **프리스트레스트 콘크리트** : 철근 콘크리트 보에 일어나는 인장응력을 상쇄할 수 있도록 미리 압축응력을 준 콘크리트이다.

30 **다음 중 고속도로 식재 시 주행기능의 증진을 목적으로 하는 기능식재방법으로 가장 적합한 것은 무엇인가?**

① 유도식재 ② 법면보호식재
③ 방음식재 ④ 정답 없음

정답 ①

유도식재는 보행자나 차량의 진로를 안내하고 지시하기 위하여 식물을 식재하는 일을 한다.

② **법면보호식재** : 식생이 어려운 지역에 와이어네트를 설치한 후 혼합종자와 복합유기물질을 취부하여 자연스런 식생 경관을 조성하는 공법이다.
③ **방음식재** : 도로에서 발생하는 소음이 주변 지역에 전달되는 것을 막거나 줄이기 위한 식재를 말한다.

31 **다음 중 용도지역이 다른 두 지역 간에 충돌을 예방하기 위하여 숲을 조성하게 되는데 이런 식재 또는 도로 외측에 수목을 심어서 운전자에게 안정감을 주게 하는 식재 수법은 무엇인가?**

① 위요식재 ② 유도식재
③ 지표식재 ④ 완충식재

정답 ④

완충식재는 용도나 모습, 분위기, 지표 차이 등이 상이하게 다른 두 지역이 인접되는 경우 그 사이에 시각적, 기능적 전이 공간을 만들어 식물을 식재하는 일을 말한다.

① **위요식재** : 식물로 주위를 둘러 감싸서 식재하는 일을 말한다.
② **유도식재** : 보행자나 차량의 진로를 안내하고 지시하기 위하여 식물을 식재하는 일을 말한다.
③ **지표식재** : 다른 구간과 구별되도록 식재하는 일을 말한다.

32 **다음 중 도급자가 낙찰 후 공사에 투입할 예산을 편성할 때 실제로 공사할 단가를 적용하여 산출하는 견적(적산)을 무엇이라 하는가?**

① 설계견적 ② 입찰견적
③ 실행견적 ④ 상세견적

정답 ③

실행견적은 시공자가 공사수량을 정밀 계산하고 실시 가격을 기입한 실행 예산서를 말한다.

33 **다음 중 계약 체결 절차의 흐름으로 옳은 것은?**

① 공고 → 입찰 → 낙찰 → 계약
② 입찰 → 공고 → 낙찰 → 계약
③ 공고 → 낙찰 → 입찰 → 계약
④ 낙찰 → 공고 → 입찰 → 계약

정답 ①

계약 체결 절차는 공고 → 입찰 → 낙찰 → 계약의 순으로 이루어진다.

34 **다음 중 도로, 광장 등의 간단한 포장이나 비탈면의 처리 등 현장에서 흙과 시멘트를 섞어서 간단하게 만든 콘크리트를 무엇이라 하는가?**

① 무근 콘크리트　② 버림 콘크리트
③ 소일 콘크리트　④ 철근 콘크리트

정답 ③

① **무근 콘크리트** : 철근을 넣지 않고 만든 콘크리트를 말한다.
② **버림 콘크리트** : 구조물의 밑바닥에 까는 저강도 콘크리트로써 본체 콘크리트의 품질을 확보하거나, 밑면을 평탄하게 만들어 배근 작업 따위를 돕기 위하여 사용한다.
④ **철근 콘크리트** : 콘크리트 속에 강(鋼)으로 된 막대(철근)를 넣은 건설재료를 말한다.

35 **다음 굴착기계 중 지반면보다 위에 있는 흙의 굴착에 가장 좋은 것은?**

① 파워 쇼벨(Power Shovel)　② 드래그 라인(Drag Line)
③ 클램쉘(Clamshell)　④ 백 호우(Back Hoe)

정답 ①

Power Shovel은 셔벨계 굴착기계의 기본기계로 선회이동 기중기의 본체를 이용하여 전면에 boom을 부착하고 여기에 dipper stick을 교차시켜, 디퍼의 권상에 의해 견고한 토질에서도 강력하게 굴착하고 운반기에 싣는 기계로 기계보다 높은 장소의 굴착에 적합하다.

36 **다음 평판측량의 방법에 대한 설명 중 옳지 않은 것은?**

① 현장에서는 방사법, 전진법, 교회법 중 몇 가지를 병용하여 작업하는 것이 능률적이다.
② 방사법은 골목길이 많은 주택지의 세부측량에 적합하다.
③ 교회법에서는 미지점까지의 거리관측이 필요하지 않다.
④ 전진법은 평판을 옮겨 차례로 전진하면서 최종 측점에 도착하거나 출발점으로 다시 돌아오게 된다.

정답 ②

방사법은 가장 많이 이용하는 방법으로 시중을 방해하는 장해물이 없을 경우 가능한 방법이다.

37 **다음 중 아래 그림과 같은 쌓기 방식은?**

① 찰쌓기 ② 층지어쌓기
③ 메쌓기 ④ 골쌓기

정답 ③

메쌓기는 돌과 돌 사이를 서로 맞물려가면서 메워나가듯이 쌓는 방법을 말한다. 돌을 쌓다보면 돌 사이에 간격이 생기게 되는데 이 사이를 몰탈로 채우지 않고 돌로만 채워서 쌓는 방식이다.

38 **다음 중 견치돌 사이에 모르타르를 채우고, 뒷채움으로 고임돌과 콘크리트를 사용하는 석축공법은?**

① 골쌓기 ② 메쌓기
③ 찰쌓기 ④ 층지어쌓기

정답 ③

찰쌓기는 메쌓기에서 추가로 돌과 돌 사이에 간격(줄눈)에 몰탈을 바르고 돌 뒷부분에 콘크리트로 돌 사이사이를 채우는 방식을 말한다. 메쌓기는 배수파이프가 필요 없으나 찰쌓기는 일정간격으로 하단부 쪽으로 배수 파이프를 설치한다.

39 **다음 중 안료+아교, 카세인, 전분+물의 성분으로 내수성이 없고 내알칼리성이며 광택이 없고 모르타르와 회반죽 면에 쓰이는 페인트는?**

① 유성페인트 ② 에나멜페인트
③ 수성페인트 ④ 에멀션페인트

정답 ③

① **유성페인트** : 신나, 즉 휘발성 용제로 희석해 사용하며 건조가 빠르고, 가격이 저렴하며 주로 실내에서 사용한다.
② **에나멜페인트** : 유성페인트 중 가장 많이 사용하는 제품으로, 색깔이 있어서 도장물의 표면색을 은폐시킬 수 있다.
④ **에멀션페인트** : 보일유, 유성 바니시, 수지 따위를 수중에 유화시켜 만든 액상물을 전색제로 사용한 도료를 말한다.

40 **다음 중 산림의 50%는 소나무림, 30%는 신갈나무림, 20%는 떡갈나무림으로 구성된 산림을 가리키는 것은?**

① 순림 ② 이령림
③ 혼효림 ④ 보안림

정답 ③

혼효림은 두 종류 이상의 수종으로 구성된 숲을 말하며, 일반적으로 침엽수와 활엽수 중 어느 한 쪽이 75%를 넘지 못하는 범위 내에서 혼합되어 있는 산림을 말한다.

41 **다음 중 옹벽에 뒷채움 흙을 채운 뒤에도 벽체의 변위가 생기지 않는 상태에서 작용하는 토압은 무엇인가?**

① 정지토압(靜止土壓) ② 주동토압(主動土壓)
③ 수동토압(受動土壓) ④ 정답 없음

정답 ①

정지토압(靜止土壓)은 자연지반에서 수평방향으로 작용하는 응력을 말한다.
② **주동토압(主動土壓)** : 흙을 돌담이나 옹벽 등으로 지지하여 붕괴를 방지하는 경우에 작용하는 토압을 말한다.
③ **수동토압(受動土壓)** : 옹벽을 흙 쪽으로 밀어붙였을 때 미는 힘이 어느 한도 이상이 되면 흙이 위쪽으로 밀려 올라가는데 이 때 옹벽에 작용하는 토압을 말한다.

42 다음 중 옥외조명기구를 청소하는 방법으로 강한 알칼리성, 산성의 약품을 사용하면 표면의 부식이나 산회피막이 벗겨질 위험이 있는 재료를 무엇이라고 하는가?

① 알루미늄 ② 법랑
③ 합성수지 ④ 플라스틱

정답 ①

알루미늄은 은백색의 무른 금속으로 표면에서 발생하는 부동화(passivation) 현상으로 인해 외부 환경에 따른 부식에 저항성을 가진다. 가볍고 연성이 높아 공정이 쉬우며 다양한 금속들과 합금을 형성한다. 따라서 다양한 물성의 금속 소재들을 구현 가능하다는 측면에서 널리 사용된다. 옥외조명기구를 청소하는 방법으로 강한 알칼리성, 산성의 약품을 사용하면 표면의 부식이나 산회피막이 벗겨질 위험이 있다.

43 벽돌 및 돌쌓기 시공과 관련한 내용 설명이 적합하지 않은 것은?

① 벽돌과 돌의 1일 쌓기 높이는 1.2m를 표준으로 하고, 최대 1.5m 이내로 한다.
② 벽돌과 돌의 이어쌓기 부분은 계단형으로 마감한다.
③ 벽돌에 부착된 불순물을 제거하고, 쌓기 전에 적정한 물 축이기를 한다.
④ 돌쌓기는 멧쌓기를 원칙으로 하며, 신축줄눈 간격은 10m를 표준으로 한다.

정답 ④

돌쌓기는 찰쌓기를 원칙으로 한다.

44 다음 중 일반적으로 추운 지방이나 겨울철에 콘크리트가 빨리 굳어지도록 주로 섞어 주는 것은?

① 석회 ② 염화칼슘
③ 붕사 ④ 질소

정답 ②

염화칼슘은 칼슘과 염소로 이루어진 흰 빛깔의 결정 구조를 지닌 염이다. 제빙할 때의 냉각 매제, 또 눈이 어는 것을 방지할 때 제설제로 쓰인다.

45 다음 콘크리트의 배합 방법 중에서 1:2:4, 1:3:6과 같은 형태의 배합 방법으로 가장 적합한 것은?

① 용적배합 ② 중량배합
③ 복식배합 ④ 정답 없음

정답 ①

② **중량배합** : 콘크리트 $1m^3$를 만드는 데 필요한 각 재료의 양을 단위량(kgf/cm^3)으로 나타낸 배합이다.
③ **복식배합** : 프랑스, 벨기에에서 시행하는 방법으로 모든 경우에 잔골재 400ℓ, 굵은 골재 800ℓ를 기준으로 하고 이에 대한 시멘트 300kg, 600kg과 같이 중량으로 지정하는 방법이다.

46 다음 중 굳지 않은 모르타르나 콘크리트에서 물이 분리되어 위로 올라오는 현상을 무엇이라고 하는가?

① 워커빌리티(workability) ② 블리딩(bleeding)
③ 피니셔빌리티(finishability) ④ 레이턴스(laitance)

정답 ②

블리딩(bleeding)은 콘크리트 타설 후에 비교적 무거운 골재나 시멘트는 침하하고 가벼운 물이나 미세한 물질(불순물)이 분리 상승하여 콘크리트 표면에 떠오르는 현상을 말한다.

47 다음 중 돌가루와 아스팔트를 섞어 가열한 것을 식기 전에 다져 놓은 자갈층 위에 고르게 깔아 롤러로 다져 끝맺음한 포장 방법은?

① 마사토 포장 ② 콘크리트 포장
③ 아스팔트 포장 ④ 정답 없음

정답 ③

아스팔트 포장은 아스팔트 혼합물로 표면을 덮은 도로포장을 가리킨다. 일반적인 구조는 아스팔트 표층과 기층, 그 밑에 있는 상층노반 및 하층노반으로 이루어져 있다. 표층과 기층은 쇄석 · 모래 · 석분과 아스팔트를 가열 · 혼합하여 이것을 고르게 깔아 롤러로 단단히 다진 것이다.

48 **벽돌 쌓기 방식 중 장식적으로 구멍을 내어 쌓는 벽돌 쌓기 방식은?**

① 불식쌓기 ② 영롱쌓기
③ 무늬쌓기 ④ 층단떼어쌓기

정답 ②

영롱쌓기는 벽돌담에 구멍을 내어 쌓는 방법이다.

49 **외장재로 가장 많이 이용하는 석재는?**

① 화강암 ② 석회암
③ 응회암 ④ 대리석

정답 ①

외장재로 가장 많이 이용하는 석재는 화강암이다.

50 **다음 중 재료의 물리적 성질에 대한 설명이 옳지 않은 것은?**

① 비중(比重)이란 동일한 체적을 10℃물을 중량으로 나눈 값이다.
② 함수율(含水率)이란 재료 속에 포함된 수분의 중량을 건조 시 중량으로 나눈 값이다.
③ 연화점(軟化點)이란 재료에 열을 가했을 때 액체로 변하는 상태에 달하는 온도이다.
④ 반사율(反射率)이란 재료에의 입사 광속에너지에 대한 반사백분율로서 %로 표시한다.

정답 ①

비중이란 표준이 되는 어떤 물질과 같은 부피일 때 질량의 비율을 말하는 것으로, 표준물질로는 1기압 4℃의 물과 1기압 0℃의 공기를 사용한다.

51 **수목식재가 경관 상 매우 중요한 위치일 때의 지주목 설치 유형은?**

① 단각형 ② 매몰형

③ 삼발이형 ④ 이각형

정답 ②

매몰형 지주대는 수목식재가 경관 상 매우 중요하고 보행자의 안전을 위해 지표에 지주대가 나타나지 않아야 할 때 사용한다.

52 **다음 중 목재에 대한 설명으로 옳지 않은 것은?**

① 비중에 비하여 강도가 크다.

② 온도에 대하여 팽창, 수축성이 비교적 작다.

③ 함수량의 증감에 따라 팽창, 수축성이 크다.

④ 재질이나 강도가 균일하고 알칼리에 견디는 힘이 크다.

정답 ④

목재는 재질이나 강도가 균일하지 않은 특징이 있다.

53 **주택의 배치 시 쿨데삭(Cul-de-sac) 도로에 의해 나타나는 특징이 아닌 것은?**

① 주택이 마당과 같은 공간을 둘러싸는 형태로 배치된다.

② 주민들 간의 사회적인 친밀성을 높일 수 있다.

③ 통과교통이 출입하지 않으므로 안전하고 조용한 분위기를 만들 수 있다.

④ 보행 동선의 확보가 어렵고, 연속된 녹지를 확보하기 어려운 단점이 있다.

정답 ④

주택의 배치 시 쿨데삭 도로는 차량으로부터 보행인의 안전을 위해 만들어진 형태로 근린성을 높이기 위한 목적도 포함한다.

54 살수기(sprinkler) 설치시 살수기의 열과 열 사이의 간격을 기준으로 최대 간격을 살수직경의 어느 정도로 제한하는가?

① 20~25%
② 40~45%
③ 60~65%
④ 80~85%

정답 ③

살수기 설치시 살수기의 열과 열 사이의 간격을 기준으로 최대 간격을 살수직경의 60~65%로 제한하고 있다.

55 휴양림 지역 내 진입(進入)도로의 종점(終點)에 설치된 주차장으로부터 휴양림의 주요시설 입구를 순환, 연결하는 기능을 담당하는 도로를 가리키는 것은?

① 임도
② 목도
③ 보도
④ 녹도

정답 ①

임도(林道, forest road)는 임산물의 수송이나 삼림의 관리를 안정적으로 유지시키기 위해 조성한 도로를 말한다.

56 다음 중 석재(石材) 가공 순서에서 잔다듬 작업 바로 이후에 이루어지는 작업은?

① 정다듬
② 도드락다듬
③ 물갈기
④ 혹두기

정답 ③

석재의 가공순서는 '혹두기 – 정다듬 – 도드락 다듬 – 잔다듬 – 물갈기'의 순서로 이루어진다.

57 **다음 중 열처리나 침수처리 등의 잡초방제방법을 무슨 방제법이라고 하는가?**

① 경종적 방제법　② 물리적 방제법
③ 생태적 방제법　④ 예방적 방제법

정답 ②

물리적 방제법은 물리적 작용을 이용하여 방제하는 방법으로서 기계적 방제법도 이에 포함된다. 물, 열, 광선, 고압전기, 고주파, 초음파, 방사선 등을 이용하며, 이에는 여러 가지 기계류가 사용된다. 포살, 등화유살, 고주파, 감압법, 초음파법, 침수법 등이 이에 속한다.

58 **목재는 같은 재료일지라도 탈습과 흡습에 따라 평형함수율이 달라지며 평형함수율은 탈습에 의한 경우보다 흡수에 의한 경우가 낮다. 이러한 현상을 무엇이라 하는가?**

① 기건수축　② 동적평형
③ 이력현상　④ 목재의 이방성

정답 ③

어떤 온도 및 습도 조건의 공기 중에 목재를 놓아두게 되면 더 이상 수분을 흡습하거나 또는 탈습하지 않는 평형상태에 목재가 도달하게 되는 데 이때의 함수율을 평형함수율이라고 부르게 된다. 하지만 어느 주어진 조건 아래에서 목재의 평형함수율은 그 평형이 낮은 함수율로부터 흡습에 의해 도달되느냐 또는 높은 함수율로부터 탈습에 의해 도달되느냐에 따라 달라지게 되는 이력현상을 보이게 되는데 항상 흡습에 의한 평형함수율이 탈습, 즉 건조에 의한 평형함수율보다 낮은 편이다.

59 **건축법에 의해 지역의 환경을 쾌적하게 조성하기 위하여 건축물 조성 시 일반이 사용할 수 있도록 대지 내에 일정기준에 따라 설치하는 소규모 휴식시설 등의 공간을 무엇이라고 하는가?**

① 대지내의 조경　② 공개 공지
③ 오픈 스페이스　④ 건축물 후퇴선

정답 ②

공개공지는 연면적의 합계가 5,000m^2 이상인 문화 및 집회시설, 종교시설, 판매시설, 운수시설, 업무시설 및 숙박시설 그 밖에 다중이 이용하는 시설로서 건축조례로 정하는 건축물 중 어느 하나에 해당하는 건축물의 대지에 확보되어야 한다. 공개공지의 면적은 대지면적의 10% 범위에서 건축조례로 정해지며 긴 의자 및 파고라 등 공중이 이용할 수 있는 시설로서 건축조례로 정하는 시설이 설치되어야 한다.

60 다음은 굵은 골재를 시험한 결과이다. 이 결과를 이용하여 굵은 골재의 공극률을 구하면?

- 단위용적중량 = $1500kg/m^3$
- 밀도 = $2.65g/cm^3$
- 조립률 = 6.30

① 42.4% ② 43.4%
③ 44.4% ④ 45.4%

정답 ②

공극율 = 100 - 실적율

$$실적율 = \frac{단위용적질량}{절건밀도}$$

따라서, 공극율 =

$$100 - (\frac{1.5}{2.65} \times 100) = 43.4\%$$

61 다음 중 수목 지상부 외과수술의 순서가 맞는 것은?

① 고사지 절단 - 부패부 제거 - 살균처리 - 살충처리 - 방부처리 - 방수처리
② 살균처리 - 살충처리 - 방부처리 - 방수처리 - 고사지 절단 - 부패부 제거
③ 부패부 제거 - 살균처리 - 살충처리 - 고사지 절단 - 방부처리 - 방수처리
④ 살균처리 - 살충처리 - 고사지 절단 - 부패부 제거 - 방부처리 - 방수처리

정답 ①

수목 지상부 외과수술 절차는 고사지 절단 - 부패부 제거 - 살균처리 - 살충처리 - 방부처리 - 방수처리 순서이다.

62 재료의 할증율에 관한 다음 설명 중 옳은 것은?

① 수목은 할증을 고려하지 않는다.
② 붉은 벽돌의 할증율은 시멘트 벽돌의 할증율보다 더 작다.
③ 재료 중 원석의 할증율은 20%이다.
④ 철근 구조물용 레미콘의 할증율은 2%이다.

정답 ②

재료의 할증율은 수목의 경우 10%, 붉은벽돌 3%, 시멘트벽돌 5%, 원석은 30%, 철근구조물레미콘 1%, 무근구조물레미콘 2%이다.

63 내화벽돌에 쓰이는 시멘트는?

① 일반 포트랜드 시멘트 ② 실리카 시멘트
③ 조강 포트랜드 시멘트 ④ 고로 시멘트

정답 ④

고로 시멘트는 용광로에서 선철을 제조할 시에 생기는 부산물인 슬래그에 포틀랜드 시멘트와 석고를 혼합해 만든 혼합시멘트로 작업성, 화학저항성 등이 우수하며 댐 등의 대규모 콘크리트 공사, 호안, 배수구, 터널, 지하철 공사 등에 활용된다.

64 방수에 쓰이는 시멘트는?

① 고로 시멘트 ② 실리카 시멘트
③ 조강 포트랜드 시멘트 ④ 일반 포트랜드 시멘트

정답 ②

실리카 시멘트는 방수용으로 포틀랜트 시멘트 클링커에 실리카질 혼화재를 첨가해 미분쇄한 혼합시멘트로 화학적 작용에 대한 저항성, 수밀성, 장기강도가 뛰어나며 주로 해수, 하수, 공장폐수 등에 접하는 콘크리트 또는 도장 모르타르용으로 활용된다.

65 넓고 두둑한 돌 쌓기로 이음새가 좌우상하 틀리게 쌓는 방법은?

① 견치석 쌓기 ② 무너짐 쌓기
③ 평석 쌓기 ④ 호박돌 쌓기

정답 ③

① **견치석 쌓기** : 견치석이라는 돌로 축대를 만드는 것으로, 즉 기준틀을 설치해놓고 줄을 띄워서 줄을 맞춰가면서 작업을 진행하는 것을 말한다.
② **무너짐 쌓기** : 자연 그대로의 상태로 기초 돌을 땅속에 반 정도 묻고 눈에 띄기 쉬운 돌은 좋은 것으로 이음매에는 보기 좋게 하기 위해서 작은 식물을 심는 방식이다.
④ **호박돌 쌓기** : 50cm 이상은 모르타르로 굳히면서 쌓는 방식이다.

66 일반적으로 기울기가 몇 도 이상인 때 계단을 만드는가?

① 5° ② 15°
③ 25° ④ 35°

정답 ②

기울기가 15° 이상인 때는 계단을 만든다.

67 토공용 기계 중 흙의 굴착 및 적재에 이용되는 것은?

① 버킷 ② 멀티라인
③ 브레이커 ④ 클램셸

정답 ①

버킷은 흙의 굴착 및 적재에 이용된다.

68 토공용 기계 중 암반 등을 깨는 경우에 사용되는 것은?

① 버킷 ② 멀티라인
③ 브레이커 ④ 클램셸

정답 ③

브레이커는 암반 등을 깨는 경우에 사용된다.

② **멀티라인** : 쓰레기 등의 적재에 이용된다.
④ **클램셸** : 조개 껍질처럼 양쪽으로 열리는 버킷을 흙을 집는 것처럼 굴착하는 기계이다. 자갈, 좁은 곳을 깊게 팔 때 사용한다.

69 낮은 곳의 흙을 높은 곳으로 적재하는데 사용되는 것은?

① 도저 ② 그레이더
③ 파워 셔블 ④ 타이어 로드

정답 ④

① **도저** : 흙을 모으는 것을 말한다.
② **그레이더** : 운동장 면을 평탄화하는 것을 말한다.
③ **파워 셔블** : 높은 곳의 흙을 낮은 곳으로 깎아내리는 것을 말한다.

70 높은 곳의 흙을 낮은 곳으로 깎아 내리는데 사용되는 것은?

① 도저 ② 그레이더
③ 파워 셔블 ④ 타이어 로드

정답 ③

파워 셔블은 높은 곳의 흙을 낮은 곳으로 깎아 내리는데 사용된다.

71 콘크리트의 성질 중 배합이 부적당한 경우 물이 분리되는 현상을 의미하는 것은?

① 반죽질기 ② 블리딩
③ 로울러 ④ 워커빌리티

정답 ②

블리딩은 덜 굳은 콘크리트에서 재료가 분리할 때 수분이 표면에 침출하는 일을 말한다. 즉, 콘크리트가 경화하는 동안에 혼합수의 일부가 분리하여 콘크리트 윗면으로 상승하는 현상이다.

72 허브를 노지재배할 때 가장 고려사항은?

① 토양의 성질이다. ② 노지 광조건이다.
③ 월동 가능성이다. ④ 재배지까지 거리다.

정답 ③

중요한 허브는 겨울이 온화한 지중해가 원산이다. 허브는 척박한 곳에서 잘 자라고, 국내 노지의 광조건은 허브자라기에 부족함이 없다. 가장 주요한 것은 재배지에서 월동이 가능한지 여부이다.

73 수경재배 베드 내에 배양액을 간헐적으로 흘려보내서 식물을 재배하는 방식은?

① 암면재배 ② 분무수경
③ 박막수경(NFT) ④ 담액수경(DFT)

정답 ③

수경재배 방식은 양액 공급 방법이나 식물체 지지수단을 기준으로 다양하게 분류한다. 박막수경 방식은 경사진 베드 내에 배양액을 간헐적으로 흘려보내면서 식물을 재배하는 방법이다. 암면재배는 암면이라는 배지를 사용한 배지재배 방식의 한방식이다.

74 콘크리트 시공의 준비 작업에 해당하지 않는 것은?

① 수평실 띄우기 ② 땅파서 다듬기
③ 기준목 박기 ④ 콘크리트 운반

정답 ④

콘크리트 운반은 콘크리트 시공을 마친 후에 한다.

75 콘크리트 공사 시 올바른 다지기 작업이 아닌 것은?

① 거푸집 가까이에서 작업한다.
② 거푸집에 틈틈이 물을 뿌린다.
③ 너무 높은데서 떨어뜨리면 자갈이 분리된다.
④ 한 구획 내에는 굳어지기 전에 끝낸다.

정답 ②

거푸집에 물을 뿌리면 안 된다.

76 넓은 잔디밭을 이용한 전원적이며 목가적인 자연풍경은?

① 회유임천식 ② 전원풍경식
③ 노단식 ④ 중정식

정답 ②

① **회유임천식** : 다리를 개설하여 회유하면서 경관을 즐기는 것을 말한다.
③ **노단식** : 경사지에서 발달하며, 계단식 처리를 한 것을 말한다.
④ **중정식** : 건물로 둘러쌓인 내부(스페인 정원, 중세 수도원 정원 등)로 구성된 것을 말한다.

77 유도식재로 적당하지 않은 것은?

① 회화나무 ② 미선나무
③ 은행나무 ④ 구상나무

정답 ④

구상나무는 지표식재에 해당한다.

78 자연석으로 둥근 생김새를 가진 돌을 말하는 것은?

① 환석 ② 와석
③ 입석 ④ 평석

정답 ①

② **와석** : 소가 누워 있는 것과 같은 돌이다.
③ **입석** : 세워서 쓰는 돌을 말하며, 전 · 후 · 좌 · 우 어디서나 관상할 수 있는 자연석이다.
④ **평석** : 윗부분이 평평한 돌로, 안정감을 주며 주로 앞부분에 배석한다.

79 10~30cm 크기로 주로 기초용 석재로 사용되는 것은?

① 왕모래 ② 잡석
③ 자갈 ④ 호박돌

정답 ②

① **왕모래** : 지름 3~9mm로 이는 석가산 밑에 깔아 냇물을 상징하거나 원로에 깔기도 한다.
③ **자갈** : 0.5 ~7.5cm 정도로 석축의 뒷 채움 돌을 말한다.
④ **호박돌** : 호박형의 천연석, 가공하지 않은 지름 18cm 이상의 돌을 말한다.

80 비스듬히 세워서 사용하는 돌로, 절벽과 같은 풍경을 나타낼 때 이용되는 것은?

① 횡석 ② 괴석
③ 각석 ④ 사석

정답 ④

① **횡석** : 눕혀서 쓰는 돌로, 불안감을 주는 돌을 받쳐서 안정감을 가지게 하기도 한다.
② **괴석** : 괴상한 모양으로 생긴 돌로, 제주도나 흑산도의 현무암 등에서 볼 수 있다.
③ **각석** : 각이 진 돌로, 3각 및 4각 등이 있다.

81 월동관리 방법 중 지표를 20~30cm 두께로 낙엽이나 왕겨짚 등으로 덮는 방법은?

① 훈연법 ② 매장법
③ 성토법 ④ 피복법

정답 ④

① **훈연법** : 서리 또는 이난 후 하강하는 온도를 조절하기 위하여 특히 과수원에서 $100m^2$당 1개소에 설치하는 방법을 말한다.
② **매장법** : 석류나무나 장미류에서 뿌리 전체를 땅 속에서 파서 식물을 뉘어서 월동시키는 방법을 말한다.
③ **성토법** : 지상으로부터 수간을 약 30~50cm 높이로 흙을 덮어서 흙을 묻는 방법을 말한다.

82 다음 중 살충제가 아닌 것은?

① 다이젠　② 스미티온
③ 피라치온　④ 리바이짓트

정답 ①

다이젠은 살균제이다.

83 도시에서 식물의 기능과 거리가 먼 것은?

① 소음을 경감한다.　② 공기를 정화한다.
③ 공중습도를 낮춘다.　④ 기온을 조절해 준다.

정답 ③

도시에서 식물은 미적경관을 향상시켜 주고 공기를 정화하고 소음을 경감시켜 주는 환경개선 효과를 가진다. 또한, 여름철 온도는 낮추고 겨울철에는 단열효과가 있으며 공중습도를 높여 쾌적한 환경을 조성해 준다. 산성비와 자외선 등을 차단하여 건축물의 내구성을 높여 줄 뿐만 아니라 조류 및 곤충에게 서식처 및 피난처를 제공하여 도심 생태계를 보호해 주는 역할을 한다.

84 화훼작물의 생장조절에 이용되는 DIF란 무엇인가?

① 작물별 한계일장　② 낮과 밤의 온도차이
③ 식물호르몬의 일종　④ 단색광을 방출하는 인공광원

정답 ②

DIF는 difference에서 따온 용어로서 차이라는 뜻이다. 주로 낮과 밤의 기온차이를 의미한다. 이 DIF는 화훼식물의 생장과 개화반응에 영향을 미치기 때문에 이것을 이용하여 화훼의 생육을 조절한다.

85 뱅커플랜트(banker plant)란 무엇인가?

① 천적을 증식하고 유지하는데 이용되는 식물
② 미생물을 증식하고 유지하는데 이용되는 식물
③ 토양생물을 증식하고 유지하는데 이용되는 식물
④ 토양선충을 증식하고 유지하는데 이용되는 식물

정답 ①

천적을 증식하고 유지하는데 이용되는 식물을 유지식물(뱅커플랜트)이라고 한다.

86 도시 숲 등의 조성 · 관리에 대한 내용으로 옳지 않은 것은?

① 산림청장 또는 지방자치단체의 장은 도시 숲 등의 생태적 · 경관적 · 경제적 기능 등이 효율적으로 발휘될 수 있도록 도시 숲 등을 조성 · 관리하여야 한다.

② 산림청장 또는 지방자치단체의 장은 도시 숲 등의 조성을 위하여 필요한 경우에는 소유자와 협의하여 토지 및 그 토지의 정착물을 매수하거나 임차할 수 있다.

③ 토지 등을 매수하거나 임차하는 경우 매수가격 또는 임차료의 산정 등에 관하여는 「공익사업을 위한 토지 등의 취득 및 보상에 관한 법률」을 준용한다.

④ 지방자치단체의 장은 도시 숲 등을 지속가능하게 관리하기 위하여 도시 숲 등의 생태적 건강 · 활력도, 생물다양성, 사회 · 경제적 편익 등을 측정할 수 있는 도시 숲 등 관리지표를 설정 · 운영할 수 있다.

정답 ④

산림청장은 도시 숲 등을 지속가능하게 관리하기 위하여 도시 숲 등의 생태적 건강 · 활력도, 생물다양성, 사회 · 경제적 편익 등을 측정할 수 있는 도시 숲 등 관리지표를 설정 · 운영할 수 있다.

87 경관구성에 있어서 통일성 달성을 위한 기법이 아닌 것은?

① 조화　　② 강조

③ 균형과 대칭　　④ 율동

정답 ④

율동은 경관구성에 있어서 다양성 달성방법을 위한 기법이다.

88 물체표면이 빛을 발했을 때 밝고 어두움의 비율에 따라 시각적으로 느끼는 감각을 의미하는 것은?

① 선　　② 농담

③ 질감　　④ 색채

정답 ③

질감은 물체표면이 빛을 발했을 때 밝고 어두움의 비율에 따라 시각적으로 느끼는 감각을 의미한다.

89 **경관구성에 있어서 다양성 달성방법을 위한 기법이 아닌 것은?**

① 균형과 대칭 ② 비례에서의 변화
③ 율동의 변화 ④ 대비효과 이용

정답 ①

균형과 대칭은 경관구성에 있어서 통일성 달성을 위한 기법이다.

90 **수용성 방부제로 크롬, 구리, 비소의 화합물은?**

① CCA방부제 ② ACC방부제
③ 크레오스트유 ④ 그로포수화제

정답 ①

CCA방부제는 수용성 방부제로 크롬, 구리, 비소의 화합물로 이루어져 있다.

91 **수용성 방부제로 크롬, 구리의 화합물은?**

① CCA방부제 ② ACC방부제
③ 크레오스트유 ④ 포스팜액제

정답 ②

ACC방부제는 수용성 방부제로 크롬, 구리의 화합물로 이루어져 있다.

92 **살충제는 농약 포장지가 어떤 색깔인가?**

① 적색 ② 녹색
③ 황색 ④ 청색

정답 ②

살충제는 농약 포장지가 녹색이다.

93 다음 중 가장 풍화에 잘 견디는 광물은?

① 휘석 ② 석고
③ 석영 ④ 흑운모

정답 ③

풍화에 잘 견디는 광물의 순서는 석영(가장 강함) > 백운모, 정장석(K장석) > 사장석(Na와 Ca 장석) > 흑운모, 각섬석(hornblede), 휘석(augite) > 감람석(olivine) > 백운석(dolomite), 방해석(calcite) > 석고(gypsum) 순이다. 일반적으로 색깔이 밝은 광물은 어두운 광물에 비하여 풍화에 잘 견딘다.

94 다음 중 입체 디자인의 구조 요소가 아닌 것은?

① 면 ② 모서리
③ 꼭지점 ④ 질감

정답 ④

④는 입체 디자인의 시각 요소에 해당한다.

- **입체디자인 요소** : 점, 선, 면, 양감
- **입체 디자인의 시각 요소** : 형태, 색채, 크기, 질감
- **입체 디자인의 상관 요소** : 위치, 공간, 방향, 중량감
- **입체 디자인의 구조 요소** : 꼭지점, 모서리, 면

95 다음 중에서 용성인비에 함유된 인산의 형태는?

① 구용성 ② 수용성
③ 가용성 ④ 불용성

정답 ①

용성인비에 함유된 인산형태는 구연산에 용해되는 구용성이다.

96 조경수목 관리에 있어서 관수 위치는 근원경의 (　　)배 되는 부위에 원형으로 골을 파서 관수하는 것이 좋다. (　　)에 들어갈 알맞은 숫자는?

① 1~2　　② 3~5
③ 6~7　　④ 8~10

정답 ②

관수 위치는 근원경의 3~5배 되는 부위에 원형으로 골을 파서 관수하는 것이 좋다.

97 다음 중 수평선의 특성이 아닌 것은?

① 평온함　　② 친밀감
③ 장중함　　④ 조용함

정답 ③

장중함은 수직선의 특성이다.

98 다음 중 조경공간에서 유지관리의 기본적 목적에 들지 않는 것은?

① 수익성　　② 기능성
③ 관리성　　④ 안전성

정답 ①

조경공간에서 유지관리의 기본적 목적으로는 기능성, 관리성, 안전성 등이 있다.

99 기계 사이에 신체 또는 신체의 일부가 끼이는 것을 무엇이라고 하는가?

① 전도 ② 충돌
③ 협착 ④ 비래

정답 ③

① **전도** : 사람이 바닥 등의 장애물 등에 걸려 넘어지거나 환경적 요인으로 미끄러지는 경우를 말한다.
② **충돌** : 재해자 자신의 움직임 · 동작으로 부딪힌 경우를 말한다.
④ **비래** : 날아오는 물건, 떨어지는 물건 등이 주체가 되어서 사람에 부딪쳤을 경우를 말한다.

100 다음 중 조경에서 사용되는 목재의 여러 가지 방부처리법 중 방부효과 면에서 가장 효과가 뛰어난 것은?

① 수침법 ② 도포법
③ 가압침투법 ④ 침적법

정답 ③

가압침투법은 목재의 방부처리법 중 방부효과에서 가장 효과가 뛰어나다. 압력용기 속에 목재를 넣어 7~12기압의 고압하에서 방부제를 주입하는 방법이다.

① **수침법** : 공기 전조 시간을 단축시키며, 재질이 부러지기 쉬우며 강도가 저하되지만 수축에 의한 결점이 적다.
② **도포법** : 목재를 충분히 건조시킨 후에 솔 등으로 약제를 도포하여 방부 처리하는 것을 말한다. 이에는 크레오소트유, 콜타르 치르 아스팔트 방부칠 등이 있다.
④ **침적법** : 목재를 약제에 담그는 것을 말한다.

3과목 조경관리

01 고산수정원에 관한 내용으로 옳지 않은 것은?

① 돌이나 모래로 바다나 계류를 나타낸다.
② 초기의 묵화적인 산수를 사실적으로 취급한 것으로부터 점차 추상적인 의장으로 변해간다.
③ 다듬은 수목으로 산봉우리나 먼 산을 상징한다.
④ 상징적이고 회화적이며 신선사상과 북종화에 영향을 받지 않는다.

정답 ④
상징적이고 회화적이며 신선사상과 북종화에 영향을 받는다.

02 조경가의 자질 중 자연과학적 지식에 해당하지 않는 것은?

① 토양
② 수목
③ 건축
④ 지질

정답 ③
③은 공학적 지식에 해당한다.

03 다음 조경가의 자질 중 인문사회과학적 지식에 해당하는 것을 모두 고르면?

ㄱ. 토목
ㄴ. 기후
ㄷ. 아름다운 공간 창조
ㄹ. 사회학
ㅁ. 지리학

① ㄱ, ㄴ
② ㄴ, ㅁ
③ ㄷ, ㄹ
④ ㄹ, ㅁ

정답 ④
ㄱ은 공학적 지식에 해당하며, ㄴ은 자연과학적 지식에 해당하며, ㄷ은 예술적 소양에 각각 해당한다.

04 다음 중 정형식 정원에 속하지 않는 것은?

① 평면기하학식 ② 전원풍경식
③ 중정식 ④ 도단식

정답 ②

②는 자연식 정원에 해당한다.

05 중국정원에 관한 내용으로 가장 바르지 않은 것은?

① 원시적 공원의 성격을 지닌다.
② 자연과의 미와 인공의 미를 같이 사용한다.
③ 건축물로 둘러싸인 공간 내 회화적 정원이다.
④ 대비보다는 경관의 조화에 초점을 맞춘다.

정답 ④

중국정원은 경관의 조화보다는 대비에 초점을 맞춘다.

06 꽃이나 열매가 관상 대상인 수목에 그 목적, 즉 관상기가 끝난 후 수세를 회복시키기 위해서 시비하는 비료를 무엇이라고 하는가?

① 화학비료 ② 밑거름
③ 덧거름 ④ 정답 없음

정답 ③

대개 화학비료를 사용하며 3요소(질소, 인산, 칼리(칼륨))가 고루 배합된 것이라야 한다. 가을의 덧거름은 질소비료를 많이 시비하면 내한성이 약해져서 상하기 쉬우므로 질소질의 양이 적게 든 화학비료를 사용하는 것이 유리하다.

07 **카르바메이트계(carbamate group) 제초제의 내용으로 옳지 않은 것은?**

① 잡초발생 후에 처리하는 토양처리 제초제이다.
② 토양에서도 쉽게 분해되나 건조하거나 온도가 낮은 상태에서는 잔효성이 길다.
③ 내성식물에서는 빨리 분해 및 대사되나 이행은 늦다.
④ 흡수된 부위에서 식물체 내를 쉽게 이행한다.

정답 ①

잡초발생 전에 처리하는 토양처리 제초제이다.

08 **다음 중 요소계(urea group) 제초제에 관한 내용으로 옳지 않은 것은?**

① 증산류와 함께 잎으로부터 뿌리로 이행되어 축적된다.
② 토양 중에서의 지속시간이 길어 후작물의 피해가 우려된다.
③ 광합성의 명반응(Hill 반응)을 억제하여 식물체를 고사시킨다.
④ 식물체의 뿌리로 흡수되므로 뿌리가 퍼져 있는 부위에 제초제가 존재하여야 효과를 극대화시킬 수 있다.

정답 ①

증산류와 함께 뿌리로부터 잎으로 이행되어 축적된다.

09 **아릴옥시페녹시프로피오네이트계 제초제에 관한 내용으로 옳지 않은 것은?**

① 이 계열의 제초제는 식물체내의 지질생합성 작용을 억제한다.
② 이 계열의 제초제를 맞으면 새로운 잎과 뿌리의 생장이 급속히 증가하게 된다.
③ 약효까지 1주 또는 그 이상의 시간이 요구된다.
④ 일년생 및 다년생 화본과(벼과) 잡초만을 방제하는 선택성 제초제이다.

정답 ②

이 계열의 제초제를 맞으면 새로운 잎과 뿌리의 생장이 급속히 정지되고 2~4일째 잎이 황화되며, 생장점으로부터 고사 현상이 나타나서 죽게 된다.

10 다음 중 생물재료의 특성이 아닌 것은?

① 조화성 ② 자연성
③ 연속성 ④ 신뢰성

정답 ④

생물재료의 4가지 특징은 다음과 같다.

- **연속성** : 생장과 번식으로 계속되는 변화가 이루어진다.
- **조화성** : 형태, 색채, 종류 등이 다양하게 변화하며 조화를 이룬다.
- **다양성** : 생물로서의 소재 특이성을 지닌다.
- **자연성** : 새싹, 개화, 결실, 단풍, 낙엽 등의 계절적 변화를 알 수 있다.

11 다음 중 조경의 정의를 잘못 설명한 것은?

① 외부공간을 취급하는 계획 및 설계 전문분야
② 토지를 미적 · 경제적으로 조성하는데 필요한 기술과 예술이 종합된 실천과학
③ 인공 환경의 미적 특성을 다루는 전문 분야
④ 환경을 이해하고 보호하는데 관련된 전문 분야

정답 ①

내부공간을 취급하는 계획 및 설계 전문분야이다.

12 다음 중 고대 로마의 공공광장(公共廣場)인 포름(Forum)에 대한 설명으로 옳지 않은 것은?

① 지배계급을 위한 상징적 공간이다.
② 사람들이 많이 모이기에 교역의 장소로 발달하였다.
③ 그리스의 아고라와 같은 대화의 광장이다.
④ 기념비적이고 초인간적 스케일을 적용하였다.

정답 ②

교역의 성격보다는 고대 그리스의 아고라와 같은 의미를 가진 화합의 광장이다.

13 **다음 중 일본의 고산수정원은 어떤 목적에 의하여 조성되었는가?**

① 불교 선종(禪宗)의 영향으로 방이나 마루에서 정숙하게 감상하도록 조성
② 도교사상의 영향으로 위락이나 산책을 위한 실용적인 목적으로 조성
③ 불교 정토종(정토정)에서 화엄장엄 세계를 구현하는 목적으로 조성
④ 신선 사상의 목적으로 정숙하게 관조하는 목적으로 조성

정답 ①

실정 시대 고산수 정원은 선종의 영향을 강하게 받았으며, 수묵산수화와 분재로 구성되어 있다. 고산수 수법은 이후에 도산 시대와 강호 시대를 이어 현대에까지 계승되었다.

14 **다음 중 자연공원에 있어서 오물처리 문제의 일반적인 특징을 잘못 설명한 것은?**

① 발생하는 쓰레기는 대부분 소각하기 쉬운 것이다.
② 타 지역에서 일시적으로 방문한 사람들에 의해 초래된다.
③ 방문하는 이용자 수에 의해 발생 쓰레기의 양이 좌우된다.
④ 통제를 하지 않으면 인간의 행위에 따라서 쓰레기의 산재(散在)하는 범위가 광범위 하다.

정답 ①

음식 찌꺼기, 빈 깡통 등으로 이루어져 쉽게 소각이 불가능하다.

15 **다음 중 고려시대에 조영된 민간정원과 관련 인물의 연결이 잘못된 것은?**

① 김치양 – 행단(杏亶)
② 기홍수 – 퇴식재(退食齋)
③ 이규보 – 이소원(理小園)
④ 최충헌 – 남산리제(男山里弟)

정답 ①

김치양 – 경원이다.

16 **다음 중 조경과 관련 있는 분야로 현상학적 접근을 바탕으로 문화경관, 장소성 등에 관심이 많은 학문 분야이며 아이켄, 렐프, 튜안 등의 학자들이 대표적인 학문 분야는?**

① 인문지리학 ② 건축학
③ 도시계획학 ④ 인문생태학

정답 ①

인간과 장소를 연결시키고자 하는 장소론적 접근은 인문지리학에서부터 발달 되었다.

17 **다음 중 정원시설과 관련된 인물의 연결이 적절하지 않은 것은?**

① 오곡문 – 양산보 ② 암서재 – 송시열
③ 초간정 – 권문해 ④ 동천석실 – 정영방

정답 ④

정영방은 서석지원, 석문임천 정원과 관련되어 있다.

18 **다음 고대 메소포타미아인들의 정원에 대한 개념 중 틀린 것은?**

① 산악경관을 동경하여 이상화하였다.
② 관개용 수로를 기본적으로 배치하였다.
③ 높은 담으로 둘러싼 뜰 안을 기하학적으로 배치하였다.
④ 방형(方形)의 공간에 천국의 4대강을 뜻하는 Paradise 개념의 수로를 배치하였다.

정답 ①

고대 메소포타미아인들의 동경하던 대상은 '녹음, 높이 솟은 수목'이었다.

19 다음 중 창덕궁 옥류천 주변에 있는 정자가 아닌 것은?

① 청의정 ② 농산정
③ 농수정 ④ 취한정

정답 ③

농수정은 창덕궁 연경당 내 존재하는 정자이다.

20 다음 중 중국에서 조경에 관계되는 한자의 의미 설명이 잘못된 것은?

① 원(園) : 과수류를 심었던 곳으로 울타리가 있는 공간
② 포(圃) : 채소를 심거나 기르는 곳
③ 원(苑) : 짐승을 기르거나 자생하던, 울타리가 있는 공간
④ 정(庭) : 건물이나 울타리에 둘러싸인 평탄한 뜰

정답 ③

유(囿) : 짐승을 기르거나 자생하던, 울타리가 있는 공간을 말한다.

21 다음 중 우리나라에 모란(牡丹) 씨가 도입된 시기는?

① 신라 진평왕 49년 ② 백제 동명성왕 22년
③ 신라 법흥왕 21년 ④ 신라 문무왕 14년

정답 ①

『삼국유사』에는 진평왕 때 "당 태종이 붉은색, 자주색, 흰색의 세 빛깔의 모란을 그린 그림과 그 씨 석 되를 보내왔다"고 기록되어 있다.

22 **다음 중 축조물의 형태에 있어서 다른 셋과 같은 유형이 아닌 것은?**

① 피라미드(Pyramid) ② 아도니스원(Adonis garden)
③ 공중공원(Hanging garden) ④ 지구라트(Ziggurat)

정답 ②

축조물 형태에 따른 구분은 다음과 같다.
- **아도니스원** : 주택정원, 옥상정원
- **피라미드, 공중정원, 지구라트** : 묘지 또는 신전

23 **다음 중 근대 조경의 흐름에 있어 적절하지 않은 설명은?**

① 미국에서 전원도시(田園都市) 운동은 20C 초에 시작되었다.
② 래드번(Radburn)은 쿨데삭(cul-de-sac)의 원리를 정원이 아닌 단지계획에 적용한 것이다.
③ 뉴욕(New York)의 센트럴파크(Centeral Park)는 죠셉 팩스톤(Joseph Paxton)과 옴스테드(Olmsted)의 공동 작품이다.
④ 레치워스(Letchworth) 개발과 웰윈(Welwyn)조성은 영국의 대표적 전원도시이다.

정답 ③

뉴욕의 센트럴파크는 옴스테드(Fredrick Law Olmsted)와 보우(Calvert Vaux)의 공동 작품이다.

24 **다음 중 서원과 대(臺)의 연결이 틀린 것은?**

① 도산서원 – 천연대 ② 옥산서원 – 사산오대
③ 돈암서원 – 영귀대 ④ 무성서원 – 유상대

정답 ③

종천서원 – 영귀대
① **도산서원** – 운영대와 천연대

25 **다음 헤이안 시대 침전조(寢殿造)정원에 대한 설명 중 틀린 것은?**

① 왕족을 중심으로 한 사교 장소였다.
② 연못에는 홍교나 평교를 설치하였다.
③ 침전조의 원형은 평등원이다.
④ 조전(釣殿)은 뱃놀이를 위한 승 · 하선(乘 · 下船) 장소로 이용되기도 하였다.

정답 ③

침전조 건물에 어울리는 정형화된 정원(지천양식, 홍교, 평교) 헤이안시대의 침전조 정원으로는 일승원 정원, 동삼조전 정원 등이 있고, 정토정원으로는 평등원 정원, 모월사 정원 등이 있다.

26 **다음 중 영국 풍경식 조경가들의 활동연대 순서가 오래된 것부터 순서대로 바르게 배열된 것은?**

① 찰스 브릿지맨 → 란셀로트 브라운 → 윌리암 켄트 → 험프리 랩턴
② 윌리암 켄트 → 란셀로트 브라운 → 찰스 브릿지맨 → 험프리 랩턴
③ 윌리암 켄트 → 찰스 브릿지맨 → 란셀로트 브라운 → 험프리 랩턴
④ 찰스 브릿지맨 → 윌리암 켄트 → 란셀로트 브라운 → 험프리 랩턴

정답 ④

영국 풍경식 조경가 활동연대는 찰스 브릿지맨 → 윌리암 켄트 → 란셀로트 브라운 → 험프리 렙턴이다.

27 **다음 식물병의 주요한 표징 중 영양기관에 의한 것은?**

① 포자(胞子) ② 균핵(菌核)
③ 자낭각(子囊殼) ④ 분생자병(分生子炳)

정답 ②

병원체 영양기관에 의한 것은 균사, 근상균사속, 우상균사, 균핵, 자좌 등이다.

28 **다음 중 페르시아의 이스파한(Isfahan) 왕궁의 정원묘사에 해당하지 않는 것은?**

① 마이단이라 부르는 380m×140m나 되는 장방형의 공원광장이 있다.
② 도로와 도로가 교차되는 지점에 사람의 조각물이나 화단이 만들어졌다.
③ 서쪽에는 체하르 바(Tshehar Bagh)라고 불리는 7km이상의 길게 뻗은 넓은 도로가 있다.
④ 도로 중앙에 노단과 수로 및 연못이 있고 양가에 가로수가 심겨져 있다.

정답 ②

사람의 조각물은 금기시 되어 있다.

29 **다음 중 카바메이트(carbamate)계 농약에 해당하지 않는 것은?**

① 페노뷰카브유제
② 카보설판수화제
③ 페니트로티온수화제
④ 티오파네이트메틸수화제

정답 ③

페니트로티온수화제는 유기인계 살충제에 해당한다.

30 **다음 중 균근(菌根, mycorrhiza)의 설명으로 틀린 것은?**

① 일반적으로 식물의 어린뿌리가 토양 중에 있는 곰팡이와 공생하는 형태를 의미한다.
② 토양 중 무기영양소 함량이 낮은 경우 균근의 도움으로 수목이 생존해 갈 수 있다.
③ 소나무과에 속하는 수종은 필수적으로 외생균 근을 형성하며, 천연상태에서 균근 없이는 살아갈 수 없다.
④ 토양중의 탄수화물을 흡수하여 나무의 생장을 촉진시킨다.

정답 ④

균근은 식물로부터 광합성 물질 일부를 얻는다.

31 **부귀나 영화를 등지고 자연과 벗하며 농경하고 살기 위해 세운 주거를 별서(別墅)정원이라 한다. 다음 중 우리나라의 현존하는 대표적인 것은?**

① 윤선도의 부용동 원림　② 강릉의 선교장
③ 이덕유의 평천산장　④ 구례의 운조루

정답 ①

윤선도의 부용동 원림은 조선시대 별서정원이다.
② **강릉의 선교장** : 조선시대 주택정원
③ **이덕유의 평천산장** : 중국 당나라 민간정원
④ **구례의 운조루** : 조선시대 주택정원

32 **다음 중 우리나라 조경 가운데 가장 오래된 것은?**

① 소쇄원(瀟灑園)　② 순천관(順天館)
③ 아미산정원　④ 안압지(雁鴨池)

정답 ④

안압지(雁鴨池)는 통일신라 때이다.
① **소쇄원(瀟灑園)** : 조선(1520~1530년, 전남 담양군)
② **순천관(順天館)** : 고려
③ **아미산정원** : 조선

33 **다음 중 우리나라 최초의 국립공원은?**

① 설악산　② 한라산
③ 지리산　④ 내장산

정답 ③

지리산은 1967년 12월에 우리나라 최초의 국립공원으로 지정되었다.
① **설악산** : 1982년 6월
② **한라산** : 1970년 3월
④ **내장산** : 1971년 11월

34 **다음 중 우리나라 특산수종이 아닌 것은?**

① 구상나무 ② 미선나무
③ 개느삼 ④ 계수나무

정답 ④

계수나무는 일본이 원산이다.

35 **다음 옥외 레크리에이션의 관리체계 중 서비스 관리체계에 영향을 주는 외적환경 인자가 아닌 것은?**

① 관리자의 목표 ② 전문가적 능력
③ 이용자 태도 ④ 공중 안전

정답 ④

외적환경(제한인자) : 관련 법규, 관리자의 목표, 전문가적 능력, 이용자 태도 등이 있다.

36 **다음 중 여름부터 가을까지 꽃을 감상할 수 있는 알뿌리 화초는?**

① 금잔화 ② 수선화
③ 색비름 ④ 칸나

정답 ④

칸나는 봄심기(가을화단용)
① **금잔화** : 가을뿌림(봄화단용)
② **수선화** : 가을심기(봄화단용)
③ **색비름** : 가을뿌림(봄화단용)

37 **다음 중 조경식물에 대한 옛 용어와 현대 사용되는 식물명의 연결이 잘못된 것은?**

① 자미(紫微) – 장미　　② 산다(山茶) – 동백
③ 옥란(玉蘭) – 백목련　　④ 부거(芙渠) – 연(蓮)

정답 ①

자미(紫微) – 별자리

38 **다음 중 개체군의 특성에 관한 설명으로 옳은 것은?**

① 단위 생활공간 당 개체수를 조밀도라 한다.
② 단위 총 공간 당 개체수를 생태 밀도라 한다.
③ 개체군의 분포는 균일형, 임의형, 괴상형이 있다.
④ 생존형 곡선에 있어 인간은 오목한 형태를 나타낸다.

정답 ③

개체군의 분포는 균일형, 임의형, 괴상형이 있다.
① 생활공간 당 개체수를 생태 조밀도라고 한다.
② 단위 총 공간당 개체수를 조밀도라 한다.
④ 생존형 곡선에 있어 인간은 볼록한 형태를 나타낸다.

39 **다음 중 왕버들(Salix chaenomeloides)에 대한 설명으로 틀린 것은?**

① 꽃은 6월에 핀다.
② 잎 뒷면은 흰빛을 띤다.
③ 잎이 새로 나올 때는 붉은 빛이 난다.
④ 풍치수, 정자목 등으로 이용된 한국 전통 수종이다.

정답 ①

왕버들은 단성화로 4월에 개화한다.

40 **다음 중 영국(1850~1900)에서 일어난 소정원 운동을 주도한 대표적 인물은?**

① 루우돈(John Charles Loudon)
② 베리(Sir Charles Barry)
③ 로빈슨(William Robinson)과 재킬여사(Gertrude Jeckyll)
④ 로렌스 헬프린(Lorence Helprin)

정답 ③

영국(1850~1900)에서 일어난 소정원 운동을 주도한 대표적 인물은 로빈슨(William Robinson)과 재킬여사(Gertrude Jeckyll)이다.

41 **다음 조경 유적 중 가장 굴곡이 많은 호안(護岸)을 가진 원지(苑池)는?**

① 비원의 부용지(芙蓉池)
② 백제의 부여 궁남지(宮南池)
③ 신라의 안압지(雁壓池)
④ 완도군 보길도의 세연지(洗然池)

정답 ③

안압지의 가장 큰 특징은 '호안'이다. 안압지의 남쪽과 서쪽 호안(호수의 기슭, 굴곡)은 직선인 데 반해 북쪽과 동쪽 호안은 구불구불한 곡선으로 되어 있어 어디에서건 연못 전체의 모습이 한눈에 보이지 않는다. 이러한 인공연못인 안압지는 끝을 알 수 없는 무한한 바다의 모습을 담아내고 있다.

42 **다음 중 사제(私第)의 정원으로 별당(別堂)인 십자각을 지어 조경을 조성한 사람은?**

① 최충헌(崔忠獻)
② 최이(崔怡)
③ 김치양(金致陽)
④ 김경용(金景庸)

정답 ①

십자각은 1210년 만들어졌으며, 고려사에는 다음과 같이 기록되어 있다. '최충헌이 활동(闊洞)에 자기 집을 지으면서 민가 1백여 채를 허물고 힘닿는 대로 웅장하고 화려하게 꾸몄는데 그 집터가 몇 리가 되어 대궐과 비슷하였다. 북쪽으로 시전(市廛)과 마주하는 곳에 별당을 짓고 십자각(十字閣)이라 이름하였다.'

43 다음 중 1943년 덴마크의 소렌슨(Sorensen) 박사에 의해 시작된 새로운 개념의 공원은 무엇인가?

① 모험공원 ② 교통공원
③ 장애자공원 ④ 특수공원

정답 ①

모험공원은 소렌슨 교수에 의해 도입된 개념의 공원으로 이는 어린이에게 모험심을 길러주고 어린이들이 스스로 무엇이든지 할 수 있게 조성한 장소를 의미한다.

44 다음 중 고려 말 탁광무가 전라남도 광주에 조성한 정원은 무엇인가?

① 임류각 ② 팔석정
③ 천천정 ④ 경렴정

정답 ④

14세기 후반의 광주권 누정인 경렴정은 탁광무가 못을 파서 연꽃을 심고 못 가운데에 작은 섬을 만들어 그 위에 정자를 짓고 생의 말년을 지낸 곳이다.

45 다음 중 공공건물로 둘러 싸여 있으며, 때때로 수목도 심어졌던 그리스 도시민의 경제생활과 예술 활동이 이루어졌던 공공용지를 무엇이라고 하는가?

① 아크로폴리스(Acropolis) ② 아고라(Agora)
③ 알리(Allee) ④ 불루바드(Boulevard)

정답 ②

아고라는 고대 그리스의 도시들에 있었던 열린 '회의의 장소'로 도시의 운동, 예술, 영혼, 정치적 삶의 중심지이다. 특히, 후기 그리스 시대에, 아고라는 상인들이 콜로네이드 아래에서 그들의 상품을 팔기 위한 노점, 상점 등을 운영하는 시장의 기능을 제공하였다.

46 다음 중 수목과 열매 종류가 잘못 연결된 것은 무엇인가?

① 사철나무 – 삭과(튀는 열매)
② 복자기 – 시과(날개 열매)
③ 상수리나무 – 핵과(굳은씨 열매)
④ 자귀나무 – 협과(콩깍지 열매)

정답 ③

상수리나무 – 견과이다.

47 다음 중 천이가 진행되는 장소의 식물상 교체 모델 순서로 옳은 것은?

ㄱ. 일년생 초본단계
ㄴ. 다년생 초본단계
ㄷ. 관목단계
ㄹ. 내성이 약한 교목
ㅁ. 내성이 강한 교목

① ㄱ → ㄴ → ㄷ → ㄹ → ㅁ
② ㄷ → ㄱ → ㄴ → ㅁ → ㄹ
③ ㄴ → ㄱ → ㄷ → ㅁ → ㄹ
④ ㅁ → ㄹ → ㄷ → ㄴ → ㄱ

정답 ①

천이가 진행되는 장소의 식물상 교체 모델 순서는 일년생 초본단계 → 다년생 초본단계 → 관목단계 → 내성이 약한 교목 → 내성이 강한 교목이다.

48 **다음 중 활엽수가 아닌 것은?**

① 너도밤나무 ② 박달나무
③ 편백나무 ④ 사시나무

정답 ③

편백나무는 침엽수이다.

49 **수목의 원인 중 뿌리혹병, 불마름병 등의 원인이 되는 생물적 원인은?**

① 세균 ② 선충
③ 곰팡이 ④ 바이러스

정답 ①

배나무와 사과나무의 불마름병의 원인이 세균임을 보고한 사람은 Burrill (1878년, 미국 일리노이주)로써 뿌리혹병, 불마름병의 원인이 되는 생물적 원인은 세균이라 하였다.

50 **공원의 원로나 건물 앞에 어울리는 화단의 형태는?**

① 모둠화단(carpet flower bed)
② 침상원(sunken garden)
③ 경재화단(border flower bed)
④ 기식화단(assorted flower bed)

정답 ③

경재화단은 건물의 벽, 울타리 등을 등진 공간이나 공원의 길 양쪽에 꾸민 화단을 말한다.

① **모둠화단** : 중심부에 키 큰 식물을 심고 둘레에는 키 작은 초화류를 심어 꾸민 화단을 말한다.
② **침상원** : 지면보다 한 층 낮은 정원을 말한다.
④ **기식화단** : 가운데를 높여서 사방에서 관상할 수 있는 화단을 말한다.

51 다음 중 가을에 단풍이 노란색으로 물드는 수종은?

① 붉나무　　② 붉은고로쇠나무
③ 담쟁이덩굴　　④ 화살나무

정답 ②

붉은고로쇠나무는 단풍나무과의 낙엽활엽 교목이며, 산지에서 잘 자란다. 줄기가 곧게 서고, 수피는 잿빛을 띤 녹색이며, 얕게 갈라진다. 가을이면 노란색으로 단풍이 든다.

52 다음 중 병든 식물의 표면에 병원체의 병원 기관이나 번식기관이 나타나 육안으로 식별되는 것을 가리키는 것은?

① 병징　　② 병반
③ 표징　　④ 병폐

정답 ③

표징은 병원체가 병든 식물체상의 환부에 나타나 병의 발생을 알리는 것을 말한다.

① **병징** : 병든 식물 자체의 조직변화(색의 변호, 천공, 위조, 괴사 등)를 말한다.
② **병반** : 병으로 인해 생기는 반점을 말한다.
④ **병폐** : 병으로 인해 활동을 제대로 하지 못하는 것을 말한다.

53 다음 중 교목류의 높은 가지를 전정하거나 열매를 채취할 때 주로 사용할 수 있는 가위는 무엇인가?

① 대형전정가위　　② 조형전정가위
③ 순치기가위　　④ 갈쿠리전정가위

정답 ④

① **대형전정가위** : 대형수목을 가지치기 할 시에 사용하는 가위이다.
② **조형전정가위** : 산울타리의 가지나 잎을 빨리 다듬기 위해 만들어진 가위를 말한다.
③ **순치기가위** : 연하고 부드러운 가지, 수관 내부의 가늘고 약한 가지, 꽃꽂이 때 사용하는 가위를 말한다.

54 **일본의 침전조(寢殿造) 정원에 대한 설명으로 틀린 것은?**

① 부지의 앞쪽에 침전이 위치하고 후원에는 조전(釣殿)이 있다.
② 침전 전면의 뜰은 남정(南庭)이라 하며 흰 모래를 깔고 연중행사 또는 의식의 공간으로 이용하였다.
③ 대표적인 정원으로 동삼조전(東三條殿)이 있다.
④ 주경은 연못이며, 면적이 커지면 대해의 형태로 바다의 경관이 연출되었다.

정답 ①

침전의 남쪽에 정원이 있고 그 주변은 모래로 덮여있으며, 조전은 중문랑과 이어진 남쪽의 전각으로 주로 연못과 맞닿아 있는 공간이다.

55 **동양의 조경 관련 옛 문헌과 저자의 연결이 틀린 것은?**

① 귤준망 – 작정기
② 문진형 – 장물지
③ 서유구 – 임원경제지
④ 소굴원주 – 축산정조전

정답 ④

축산정조전 전편–북촌원금제, 축산정조전 후편–이도헌추리로 연결된다.

56 **다음 중 주택정원에서 가장 정숙을 요구하는 공간은?**

① 진입공간(approach area)
② 사적공간(private area)
③ 서비스공간(service area)
④ 공적공간(public area)

정답 ②

조경은 산업혁명과 도시화의 악영향이었던 도시 위생 문제에 대처하고 노동 계층의 여가 공간을 마련해 주기 위한 개념으로 시작되었으며, 그 이전의 조경은 대개 사적(私的)인 조원(造園) 행위에 국한되었다. 그중 사적공간은 주택정원에서도 가장 정숙을 요구하였던 공간이다.

57 조경 관리계획의 수립절차 순서로 가장 옳은 것은?

① 관리목표 결정 → 관리계획 수립 → 관리조직 구성
② 관리조직 구성 → 관리목표 결정 → 관리계획 수립
③ 관리계획 수립 → 관리목표 결정 → 관리조직 구성
④ 관리목표 결정 → 관리조직 구정 → 관리계획 수립

정답 ①

조경 관리계획의 수립절차는 '관리목표 결정 → 관리계획 수립 → 관리조직 구성' 순서이다.

58 다음 설명 중 가장 옳지 못한 것은?

① 도보권근린공원은 도시지역권근린공원 보다 휴양 오락적인 측면이 강하여 이용면에서 정적(靜的)이다.
② 도시지역권근린공원은 정적(靜的)휴식 기능 및 체육 공원의 기능도 겸한다.
③ 체육공원은 동적 휴식 활동을 위하여 운동시설의 면적이 전체면적의 60% 이상 차지한다.
④ 광역권근린공원이라 함은 전 도시민이 다 같이 이용하는 대공원으로 휴식, 관상, 운동 등의 목적을 가진다.

정답 ③

체육공원은 동적 휴식 활동을 위하여 운동시설의 면적이 전체면적의 50% 이상 차지한다.

59 목재의 방부재 중 방부력은 우수하나 냄새가 강해 실내 사용이 곤란한 방부재는?

① P.C.P. ② 황산동
③ 크레오소트 ④ 황산아연

정답 ③

목재를 방부제 속에 일정기간 담가두는 방법으로 크레오소트를 많이 사용하는데, 이러한 크레오소트는 방부제 중 방부력이 우수한 반면에서 냄새가 강해 실내 사용이 곤란하다.

60 **다음 중 건축물의 특정한 층이 계획에서 정한 선의 수직면을 넘어 돌출하여 건축할 수 없는 것으로, 보행공간이나 공동주차통로 등의 확보가 필요한 곳에 지정하는 것은?**

① 건축지정선 ② 건축한계선
③ 벽면지정선 ④ 벽면한계선

정답 ④

벽면한계선은 건축물 특정 층에서 보행공간, 공공보행통로 등을 위한 건축선을 말한다. 건축물 특정 층은 벽면한계선의 수직면을 넘어 돌출하여 건축할 수 없다.

61 **조경설계기준상의 경관조경시설과 관련된 설명이 맞는 것은?**

① 보행등은 보행로 경계에서 100cm 정도의 거리에 배치한다.
② 정원등의 등주 높이는 1.5m 이하로 설계 · 선정 한다.
③ 수목등은 푸른 잎을 돋보이게 할 경우에는 메탈할라이드등을 적용한다.
④ 잔디등의 높이는 2.0m 이하로 설계한다.

정답 ③

① 보행등은 보행로 경계에서 50cm 정도의 거리에 배치한다.
② 정원등의 등주 높이는 2m 이하로 설계 · 선정한다.
④ 잔디등의 높이는 1m 이하로 설계한다.

62 **주차방식에 관한 설명으로 틀린 것은?**

① 평행주차는 주차 및 출입폭이 최소이므로 교통량이 많은 곳에 좋다.
② 직각주차는 도로폭이 넓은 곳이나 통과 교통이 없는 노외지역에 좋다.
③ 60도 주차는 45도 주차보다 대당 소요면적이 넓다.
④ 45도 주차는 직각 주차보다 토지이용도가 낮으나 차량 진출입이 용이하다.

정답 ③

주차형식별 대당 소요면적은 '평행주차 > 45도 주차 > 60도 주차 > 직각주차' 순서이며, 평행주차가 주차형식별 대당 소요면적이 가장 크다.

63 관리계획 수립 시 조경시설물의 보수 횟수 및 시기 결정의 기준이 되는 시설조건에 해당되지 않는 것은?

① 시설 재질 ② 시설 규모
③ 시설 수량 ④ 시설 규격

정답 ④

관리계획 수립 시 조경시설물의 보수 횟수 및 시기 결정의 기준이 되는 시설조건에는 시설 재질, 시설 규모, 시설 수량 등이 있다.

64 조경수에 동해가 발생되기 쉬운 조건은?

① 건조한 토양에서 많이 발생한다.
② 오목한 지형에서 많이 발생한다.
③ 유령목보다 성목에서 많이 발생한다.
④ 구름이 있고, 바람이 불 때 발생한다.

정답 ②

오목한 지형에서 동해가 많이 발생한다.

65 시설물의 점검 시 점검빈도가 가장 짧은 것은?

① 옥외 소화 설비의 소화전 누수 유무 점검
② 유희시설의 강재 용접 등에 의한 이음 부분
③ 교량, 옹벽, 울타리 및 암거
④ 각종 케이블의 매설 상태

정답 ②

유희시설의 강재 용접 등에 의한 이음 부분은 시설물 점검 시 점검빈도가 가장 짧다.

66 **흙의 함수비에 관한 설명으로 옳지 않은 것은?**

① 연약점토질 지반의 함수비를 감소시키기 위해서 샌드드레인 공법을 사용할 수 있다.
② 함수비가 크면 흙의 전단강도가 작아진다.
③ 모래지반에서 함수비가 크면 내부 마찰력이 감소한다.
④ 점토지반에서 함수비가 크면 접착력이 증가한다.

정답 ④

점토지반에서 함수비가 크면 접착력이 감소한다.

67 **식재로 얻을 수 있는 "건축적 기능"이라고 볼 수 없는 것은?**

① 공간 분할 ② 대기 정화작용
③ 사생활의 보호 ④ 차단 및 은폐

정답 ②

철제 조경시설 도장의 목적으로 물체 표면을 보호함과 동시에 보여지는 미관의 향상, 시간 및 여러 환경의 흐름에 비례하는 철제 부식 및 철제노화의 방지에 있다. 방충성 증진이 도장의 목적은 아니다.

68 **다음 중 철제 조경시설관리에서 도장의 목적이 아닌 것은?**

① 물체표면의 보호 ② 부식 및 노화의 방지
③ 미관의 증진 ④ 방충성 증진

정답 ④

철제 조경시설 도장의 목적으로 물체 표면을 보호함과 동시에 보여지는 미관의 향상, 시간 및 여러 환경의 흐름에 비례하는 철제 부식 및 철제노화의 방지에 있다. 방충성 증진이 도장의 목적은 아니다.

69 **큰 나무를 싣거나 옮기거나 또는 식재할 때 사용하기 가장 부적합한 것은?**

① 레커(wrecker)차 ② 체인블록(chain block)
③ 크레인(crane)차 ④ 스캐리파이어(scalifier)

정답 ④

스캐리파이어는 도로 공사용 굴삭 기계에서 사용하는 도구의 하나로 지반의 견고한 흙을 긁어 일으키기 위하여 모터 그레이더나 로드 롤러에 부착하는 도구이다.

70 **소나무류 새순 지르기(치기)는 주로 어떤 전정의 방법에 해당하는가?**

① 노쇠한 것을 갱신시키기 위한 전정
② 생장을 조장시키기 위한 전정
③ 생장을 억제시키기 위한 전정
④ 생리 조절을 위한 전정

정답 ③

소나무류 새순 지르기(치기)는 생장을 억제시키기 위한 전정 방법에 해당한다.

71 **건축물 관리는 예방보전과 사후보전으로 구분되는데, 이 중 사후보전에 해당되는 작업은?**

① 청소 ② 도장
③ 일상 · 정기점검 ④ 보수

정답 ④

보수는 사후보전에 해당되는 작업이다.

72 목재의 방부제로서 독성이 약하고 구충용으로 사용되고 있으나 독성이 오래 남는 단점을 지니고 있는 방충제는 다음 중 어느 계통인가?

① 유기염소계통 ② 유기인계통
③ 붕소계통 ④ 불소계통

정답 ②

목재 방충재의 특징은 다음과 같다.

- **유기염소 계통** : 방충, 개미 예방에 유효, 표면처리용, 접착제 혼입용
- **크롤나프탈렌** : 고농도가 필요, 표면처리용
- **유기인 계통** : 독성이 약함, 구충용, 독성이 오래남는 것이 단점
- **붕소 계통** : 독성이 약함, 확산법, 가압용
- **불소 계통** : 확산법, 가압용

73 도시의 팽창 및 확산을 억제하는데 가장 효과적인 녹지 계통은?

① 환상형(環狀型) ② 방사형(放射型)
③ 위성식(衛星式) ④ 점재형(點在型)

정답 ①

환상형은 녹지가 도시 외곽을 둘러싸거나 도시 한가운데를 순환하는 형태로 충분한 녹지 폭을 형성할 수 있으면 바람직한 녹지체계의 하나로 균형 잡힌 녹지체계이며, 접근성이 좋은 장점이 있으나 상대적으로 넓은 녹지 면적을 필요로 한다.

74 수목식재로 얻을 수 있는 기능은 건축적, 공학적, 기상학적, 미적기능이 있다. 다음 중 공학적 기능이 아닌 것은?

① 토양침식의 조절 ② 대기정화 작용
③ 통행의 조절 ④ 온도조절 작용

정답 ④

온도조절은 식재의 기상학적 기능에 속한다.

75 **식재기능을 공간구성과 환경조정에 관한 기능으로 구분할 때, 환경조정과 밀접한 관련이 있는 식재는?**

① 경계식재 ② 차폐식재
③ 방음식재 ④ 유도식재

정답 ③

- 공간조절 기능 : 경계식재, 유도식재
- 경관조절 기능 : 지표식재, 경관식재, 차폐식재
- 환경조절 기능 : 녹음식재, 방풍식재, 방설식재, 방화식재, 지피식재, 방음식재

76 **다음 중 식엽성 해충이 아닌 것은?**

① 노랑쐐기나방 ② 오리나무잎벌레
③ 솔알락명나방 ④ 잣나무넓적잎벌

정답 ③

구과해충으로 백송애기잎말이나방, 솔알락명나방 등을 들 수 있다.

① **노랑쐐기나방** : 나비목의 식엽성 해충이다. 나비목의 경우 대표적인 식엽성 해충으로는 솔나방, 미국흰불나방, 짚시 나방, 텐트나방 등이 있다.
② **오리나무잎벌레** : 딱정벌레목의 주요해충으로는 오리나무잎벌레, 소나무좀, 밤바구미, 소나무 노랑점바구미, 포플러하늘소 등이 있다.
④ **잣나무넓적잎벌** : 벌목에 속하는 해충으로는 잣나무넓적잎벌, 솔노랑잎벌, 솔잎벌 등 식엽성해충인 잎벌류가 대표적이다.

77 **토양의 투수성, 통기성, 보수성, 경운 작업의 용이성 등에 영향을 미치는 토양 특성은?**

① 양이온교환용량 ② 토성
③ 토양반응 ④ 염기포화도

정답 ②

모래, 미사, 점토의 함량비율로 이루어진 토성은 토양이 양분을 보유 공급하는 능력과 보수성, 배수성, 통기성, 경운의 난이 등 식물생육과 밀접한 관계가 있는 매우 중요한 토양의 기본적 성질을 지니고 있다.

78 **정형식 정원의 양식으로 옳지 않은 것은?**

① 평면기하학식 ② 노단식
③ 중정식 ④ 회유임천식

정답 ④

회유임천식은 자연식 정원의 양식이다.

79 **정원양식의 발생 요인 중 자연환경적 요인에 속하는 것은?**

① 지형 ② 종교
③ 역사성 ④ 민족성

정답 ①

기후나 지형은 자연환경적 요인에 속한다.

80 **고구려의 정원은?**

① 임류각 ② 궁남지
③ 안학궁 ④ 문수원

정답 ③

안학궁은 고구려 장수왕이 국내성에서 평양으로 천도한 427년(장수왕 15년)에 건립한 궁이다.

① **임류각** : 백제 동성왕 때 지어진 것으로 우리나라 정원 중 문헌 상 최초의 정원이다.
② **궁남지** : 백제 무왕 때 우리나라 최초 신선사상을 기반으로 한 한방형 (연)못이다.
④ **문수원** : 고려시대의 민간 정원이다.

81 **우리나라 정원의 특징으로 옳지 않은 것은?**

① 신선사상의 배경
② 풍수지리설의 영향
③ 주로 낙엽활엽수로 계절의 변화 즐김
④ 수목의 인공처리

정답 ④

우리나라 정원의 특징은 공간처리가 직선적, 신선 사상을 배경, 정원은 수심 양성의 장, 계단상 후원 또는 화계, 원림 속의 풍류적인 멋, 낙엽활엽수를 식재 계절변화 즐김, 정원이 자연의 일부, 정원의 연못 형태와 구성이 단조로움 등이다.

82 **중국 정원의 특징으로 옳지 않은 것은?**

① 대비의 혼용보다는 경관의 조화를 중요시하였다.
② 자연과 인공미를 혼용하였다.
③ 한시대의 상림원은 황제의 수렵장으로도 사용하였다.
④ 청시대의 원명원은 프랑스식 정원이었다.

정답 ①

경관의 조화보다는 대비를 혼용하여 사용하였다.

83 **일본 정원의 특징으로 옳지 않은 것은?**

① 돌과 모래의 정원
② 물과 계류를 이용한 정원
③ 나무와 이끼를 이용한 정원
④ 태호석을 이용한 석가산수법

정답 ④

태호석을 이용한 석가산수법은 중국정원의 특징이다.

84 이탈리아 정원의 특징으로 옳지 않은 것은?

① 경사지의 노단 처리 ② 비정형적 대칭
③ 대담 질서정연한 구성 ④ 차경

정답 ②

정형적 대칭이 이탈리아 정원의 특징이다.

85 벽천의 3요소에 해당하지 않는 것은?

① 토수구 ② 벽면
③ 수반 ④ 램프

정답 ④

벽천의 3요소는 토수구, 벽면, 수반을 의미한다.

86 식물과 거북이를 투명 유리상자 안에서 키우는 원예방식은?

① 테라리움 ② 비바리움
③ 그린인테리어 ④ 디시가든

정답 ②

비바리움은 반쯤 밀폐된 공간에서 식물과 함께 물고기, 거북, 도마뱀 등과 같은 소동물을 키우는 것을 말한다.

87 국가별 공동체 정원의 연결이 바른 것은?

① 미국–P–Patch ② 영국–Kleingarten

③ 독일–Capital Growth ④ 일본–Allotment

정답 ①

미국은 조례에 의해 도시텃밭 지구로 지정된 곳에서는 공동체 텃밭이 허용되며, 허가를 받은 일부 텃밭의 경우 수확물 판매도 허용된다. 또한, 2008년 새크라멘토 시와 같은 미국의 여러 도시들이 도시공원 내 일부 구역에서 텃밭경작을 허용하기 시작했다. 뉴욕의 그린섬(Green Thumb) 프로그램은 시민사회단체가 운영하는 도시텃밭을 시 정부가 지원하는 유형의 전형적인 예이다. 또한 시애틀 시에는 85개 P–패치(P–Patch) 공동체 텃밭이 있다.

88 대기오염 물질 중 미세먼지가 식물에 미치는 영향으로 옳은 것은?

① 일반적으로 10μm 이하의 입자는 미세먼지로 구분되지 않는다.

② 식물 잎 표면이 거칠 경우 먼지 입자가 잎 표면에 덜 축적된다.

③ 잎 표면이 젖어 있는 경우 더 많이 축적된다.

④ 비산재에 존재하는 붕소는 필수영양소로 식물에 무해 하다.

정답 ③

미세먼지는 일반적으로 10μm 이하의 입자와 2.5μm 이하의 입자로 구분하며 일반적으로 식물 잎 표면이 거칠 경우 더 많은 입자가 잎 표면에 축적되며, 잎 표면이 젖어 있는 경우 더 많이 축적된다. 비산재에 존재하는 붕소는 식물에 독성을 미칠 수 있다.

89 공원녹지기본계획의 내용으로 옳지 않은 것은?

① 공원녹지기본계획은 도시 · 군기본계획에 부합되어야 한다.

② 공원녹지기본계획의 내용이 도시 · 군기본계획의 내용과 다른 경우에는 도시 · 군기본계획의 내용이 우선한다.

③ 공원녹지기본계획의 수립기준 등은 대통령령으로 정하는 바에 따라 환경부장관이 정한다.

④ 공원녹지기본계획에는 공원녹지의 보전 · 관리 · 이용에 관한 사항이 포함되어야 한다.

정답 ③

공원녹지기본계획의 수립기준 등은 대통령령으로 정하는 바에 따라 국토교통부장관이 정한다.

90 수목에 있어서 제1차 년도에 자란 가지를 무엇이라 하는가?

① 차지　　② 수간
③ 주지　　④ 역지

정답 ③

① **차지** : 마차바퀴 모양을 윤생하여 나온 것을 말한다.
② **수간** : 주간이라고도 하며 초까지 뻗은 원줄기를 말한다.
④ **역지** : 반대방향으로 뻗은 가지를 말한다.

91 제초제는 농약 포장지가 어떤 색깔인가?

① 적색　　② 녹색
③ 황색　　④ 청색

정답 ③

제초제는 농약 포장지가 황색이다.

92 식물이 요구하는 다량원소 가운데 비료로 보충 공급할 필요가 없는 것은?

① N, P, K　　② C, H, O
③ N, P, S　　④ Ca, Mg, S

정답 ②

탄소, 수소 및 산소는 광합성과정을 통하여 물과 공기에서 얻어지며 나머지 13원소는 토양에서 얻게 된다.

93 다음 중 AE제에 대한 설명으로 옳은 것은?

① 응결을 촉진하여 조기 강도를 발생시킨다.
② 수화작용을 촉진하여 강도가 높아진다.
③ 독립기포를 형성하여 콘크리트의 유동성을 높인다.
④ 동결, 융해에 대한 저항성이 낮아지는 단점이 있다.

정답 ③

표면활성제인 AE제(空氣連行劑 ; 공기연행제)는 독립 기포를 형성하여 콘크리트에 대한 유동성을 양호하게 하고 재료의 분리를 막으며 동결, 용해에 대한 저항성이 크다.

94 화단구성의 재료 선택 시 옳지 않은 것은?

① 꽃과 잎이 아름다운 것을 심는다.
② 꽃이 오래 피는 것을 선택한다.
③ 성질이 강하고 관리가 쉬운 것을 심는다.
④ 키가 큰 화초류를 골라서 잘 배열한다.

정답 ④

키가 작은 화초류를 골라서 잘 배열한다.

95 사철나무는 어디에 속하는가?

① 상록침엽수 ② 낙엽침엽수
③ 상록활엽수 ④ 낙엽활엽수

정답 ③

상록활엽수에는 동백나무, 광나무, 후박나무, 사철나무 등이 있다.

96 수목에 있어서 지상부터 맨 끝가지의 높이를 무엇이라 하는가?

① 동아
② 초고
③ 수관
④ 엽장

정답 ②

① 동아 : 굵은 수간에 나타나는 부(副) 정아
③ 수관(樹冠) : 수목의 지엽이 형성하고 있는 윤곽
④ 엽장(葉長) : 수관의 최대 직경

97 다음 중 맹아력이 강한 수종이 아닌 것은?

① 가시나무
② 느티나무
③ 미루나무
④ 단풍나무

정답 ④

단풍나무는 맹아력이 약한 수종이다.

98 공원녹지기본계획의 수립에 대한 내용으로 옳지 않은 것은?

① 시 · 도지사는 공원녹지기본계획을 수립하거나 승인하였을 때에는 관계 행정기관의 장에게 관계 서류를 송부하여야 한다.
② 공원녹지기본계획을 수립하거나 변경하려면 대통령령으로 정하는 바에 따라 도지사의 승인을 받아야 한다.
③ 협의의 요청을 받은 관계 행정기관의 장은 특별한 사유가 없으면 그 요청을 받은 날부터 20일 이내에 시 · 도지사에게 의견을 제시하여야 한다.
④ 공원녹지기본계획 수립권자는 대통령령으로 정하는 바에 따라 공원녹지기본계획의 내용을 공고하고 일반인이 열람할 수 있도록 하여야 한다.

정답 ③

협의의 요청을 받은 관계 행정기관의 장은 특별한 사유가 없으면 그 요청을 받은 날부터 30일 이내에 시 · 도지사에게 의견을 제시하여야 한다.

99 **지진 등 재난발생 시 도시민 대피 및 구호 거점으로 활용될 수 있도록 설치하는 공원은?**

① 방재공원 ② 국가도시공원
③ 도시농업공원 ④ 묘지공원

정답 ①

② **국가도시공원** : 설치 및 관리하는 도시공원 중 국가가 지정하는 공원을 말한다.
③ **도시농업공원** : 도시민의 정서 순화 및 공동체 의식 함양을 위하여 도시농업을 주된 목적으로 설치하는 공원을 말한다.
④ **묘지공원** : 묘지 이용자에게 휴식 등을 제공하기 위하여 일정한 구역에 묘지와 공원시설을 혼합하여 설치하는 공원을 말한다.

100 **도시공원 결정의 실효에 대한 내용으로 옳지 않은 것은?**

① 도시공원의 설치에 관한 도시 · 군관리계획결정은 그 고시일부터 10년이 되는 날까지 공원조성계획의 고시가 없는 경우에는 「국토의 계획 및 이용에 관한 법률」 제48조에도 불구하고 그 10년이 되는 날에 그 효력을 상실한다.
② 공원조성계획을 고시한 도시공원 부지 중 국유지 또는 공유지는 「국토의 계획 및 이용에 관한 법률」 제48조에도 불구하고 같은 조에 따른 도시공원 결정의 고시일부터 30년이 되는 날까지 사업이 시행되지 아니하는 경우 그 다음 날에 도시공원 결정의 효력을 상실한다.
③ 도시공원 결정의 효력이 상실될 것으로 예상되는 국유지 또는 공유지의 경우 대통령령으로 정하는 바에 따라 10년 이내의 기간을 정하여 1회에 한정하여 도시공원 결정의 효력을 연장할 수 있다.
④ 시 · 도지사 또는 대도시 시장은 제1항부터 제3항까지의 규정에 따라 도시공원 결정의 효력이 상실되었을 때에는 대통령령으로 정하는 바에 따라 지체없이 그 사실을 고시하여야 한다.

정답 ①

도시공원의 설치에 관한 도시 · 군관리계획결정은 그 고시일부터 10년이 되는 날까지 공원조성계획의 고시가 없는 경우에는 「국토의 계획 및 이용에 관한 법률」 제48조에도 불구하고 그 10년이 되는 날의 다음 날에 그 효력을 상실한다.